都市公園政策形成史

協働型社会における緑とオープンスペースの原点

申　龍徹著

都立小金井公園（財東京都公園協会提供）

法政大学出版局

A History of Policy Formation in Japanese Urban Parks
— The Roots of Green and Open Spaces in the Partnership

Yongcheol SHIN

Hosei University Press, 2004

目　次

序　章　分析視角と課題　1
- 研究の目的　2
- 研究対象としての都市公園　4
- 分析視点と方法：分析軸としての「機能の社会化」について　7
- 政策形成史としての制約と展望　13
- 本書の構成　15

第1章　近代的都市公園の誕生と展開　21

 1.1　近代的都市公園の発祥　22
  1.1.1　啓蒙主義と公園開設　22
  1.1.2　公園開設の目的　23
  1.1.3　イギリスにおける公園法制の展開　24
  1.1.4　「レクリエーション地法」　26
  1.1.5　「都市庭園保護法」と「公園取締法」　27
  1.1.6　「都市公園運動」　29
  1.1.7　ドイツにおける都市公園思想と国民公園の整備　31

 1.2　太政官布達公園の展開　35
  1.2.1　布達以前の遊園とその機能　35
  1.2.2　啓蒙的遊園と行楽　38
  1.2.3　太政官布達公園の展開　39
  1.2.4　太政官布達第16号の内容　40

 1.3　計画公園の誕生——遊園から公園へ　43
  1.3.1　伝統的行楽文化の否定　43
  1.3.2　「10月委員会（明治18年案）」の遊園計画　44
  1.3.3　「臨時公園改良取調委員会」　46
  1.3.4　「東京市区改正委員会」の公園計画案（明治22年案）　47
  1.3.5　「東京市区改正新設計公園案（明治36年案）」　49
  1.3.6　「小公園ニ関スル建議案」　52
  1.3.7　日比谷公園の誕生と記念公園の新設　53

1.4 公園管理の原型——明治期の公園管理　56
　1.4.1　明治期における公園管理制度　56
　1.4.2　「公園取扱心得」と「町触案」　58
　1.4.3　「公園地内出稼仮条例」　62
　1.4.4　明治初期の公園における治安問題　65
　1.4.5　太政官布達公園の消滅　66
1.5 初期「公園論」の展開——牧民官思想の一断面　68
　1.5.1　「公園論」の展開　68
　1.5.2　井上友一の公園論と「公園行政」　68
　1.5.3　山崎林太郎の「公開空地」　70
　1.5.4　都市社会主義における公園観　71

第2章　都市計画公園の「計画性」と「施設化」　79

2.1 公園所管の変化と都市計画法制　80
　2.1.1　公園の所管変化　80
　2.1.2　都市計画法制と公園　82
　2.1.3　都市計画講習会と公園調査の展開　85
　2.1.4　「東京公園計画書」　88
　2.1.5　「帝都復興院」の設置　89
　2.1.6　復興公園の配置案　90
　2.1.7　「公園計画基本案」(「内務省都市計画局第二技術課私案」)　93
　2.1.8　「都市計画主任官会議」　94
　2.1.9　アメリカ型公園の影響と「公園系統 (Park System)」　95
2.2 公園用地の創出——公園地留保と受益者負担　100
　2.2.1　公園の受益者負担　100
　2.2.2　土地区画整理事業　103
　2.2.3　「土地区画整理設計標準」　105
　2.2.4　公園地留保3％の適用　105
　2.2.5　地籍の縄延と実測問題　107
2.3 公園機能の変質——東京緑地計画と防空緑地　108
　2.3.1　東京の膨張と緑地計画の成立　108
　2.3.2　「東京緑地計画」の内容　109
　2.3.3　「防空緑地」と「紀元2600年記念事業」　114
　2.3.4　恩賜公園と寄付公園　117
2.4 児童公園の形成と厚生行政の展開　118
　2.4.1　震災復興計画小公園　118

2.4.2　公園児童掛と指導管理　　120
　　2.4.3　児童公園における遊戯指導　　121
　　2.4.4　児童遊園の成立　　122
　　2.4.5　衛生行政における「公園」の意味　　123
　　2.4.6　厚生省体力局の公園事務所管　　125
　　2.4.7　「運動場施設の普及に関する件」　　127

第3章　量的拡大政策と公園機能の複合化　　135

3.1　戦災復興計画と都市公園の消失　　136
　　3.1.1　「戦災地復興計画基本方針」の成立　　136
　　3.1.2　戦災被害と公園の消滅　　140
　　3.1.3　農地解放と公用公園緑地の廃止　　141
　　3.1.4　政教分離と社寺境内地公園の消滅　　142
　　3.1.5　虎ノ門公園問題と公園管理　　144
　　3.1.6　潰廃の経緯　　145
　　3.1.7　公園の管理問題とその対応　　147

3.2　「都市公園法」の制定と量的整備の本格化　　149
　　3.2.1　「都市公園法」の制定　　149
　　3.2.2　都市公園法制定後の公園管理状況　　152
　　3.2.3　新都市計画法と都市公園整備　　153
　　3.2.4　長期的な公園計画の必要　　155
　　3.2.5　「都市公園等整備緊急措置法」と整備5か年計画　　157
　　3.2.6　量的拡大と防災機能の重視　　159

3.3　緑地計画への融合——都市緑化対策の展開　　163
　　3.3.1　急激な市街地拡大　　163
　　3.3.2　「首都圏整備法」と緑地制度の整備　　164
　　3.3.3　昭和40年代からの都市公園整備　　166
　　3.3.4　レクリエーション需要と広域公園の整備　　167
　　3.3.5　都市公園法の改正　　169
　　3.3.6　緑地計画論の展開　　170
　　3.3.7　「緑のマスタープラン」の策定過程とその内容　　172
　　3.3.8　「緑の基本計画」の登場とその特徴　　175

3.4　公園財政の変遷　　179
　　3.4.1　初期公園の財政構造　　179
　　3.4.2　独立採算制の崩壊と一般財源化　　180
　　3.4.3　東京都の公園事業と予算の近況　　182

第4章　戦後都市公園政策における社会的機能の成立　191

4.1　都市公園の区分とその成立過程　192
- 4.1.1　東京都の都市公園構成　192
- 4.1.2　国民公園と国営公園　193
- 4.1.3　都立公園の成立と管理形態　197
- 4.1.4　時期別整備の特徴　199
- 4.1.5　美濃部都政の公園政策　202
- 4.1.6　海上公園の整備　204

4.2　市町村立公園の成立と区立公園の現状　208
- 4.2.1　市町村立公園の開設　208
- 4.2.2　市部の公園緑地整備　210
- 4.2.3　区立公園の誕生　216
- 4.2.4　都制施行当時の公園管理　217
- 4.2.5　地方自治法の改正と公園移譲　219
- 4.2.6　公園移譲の基準　222
- 4.2.7　区立公園の現状　224

4.3　市民参加と新しい都市公園づくり　230
- 4.3.1　市民参加と「ワークショップ形式」の公園づくり　230
- 4.3.2　市民の森公園：武蔵野市　232
- 4.3.3　羽根木プレーパーク：世田谷区　234
- 4.3.4　くさっぱら公園：大田区　236
- 4.3.5　本町プレーパーク：豊島区　238
- 4.3.6　ハーフメイド方式（二段階整備）　239
- 4.3.7　「PFI」とリサイクル公園の整備　241

4.4　分権改革の中の都市公園政策　244
- 4.4.1　緑地政策体系　244
- 4.4.2　地方分権改革と都市公園　249
- 4.4.3　分権論の中の都市公園問題　250

第5章　緑とオープンスペースにおける管理の社会化　259

5.1　都市公園の整備と管理　260
- 5.1.1　都市公園の整備と管理に関する答申　260
- 5.1.2　都市公園の管理内容　263
- 5.1.3　公園管理の内容規定　265
- 5.1.4　都市公園の利用管理　267
- 5.1.5　都市公園の安全管理　269

  5.1.6　公園における破壊行為 (Vandalism)　270
  5.1.7　都市公園政策の評価　271
 5.2　協働型社会の都市公園の整備と管理　273
  5.2.1　社会資本整備としての都市公園　273
  5.2.2　「特定非営利活動促進法」（NPO 法）　276
  5.2.3　まちづくりと都市公園づくり　279
 5.3　都市化における都市公園の機能　280
  5.3.1　都市化と公園緑地　280
  5.3.2.　都市公園政策における管理の社会化　282
  5.3.3　つくり続ける都市公園——里山の実験　283
  5.3.4　自治体政策としての都市公園づくり　286

終　章　営造物施設から市民文化へ　295

 1.　都市公園における機能の社会化　296
  ■ 遊園から公園へ（遊観と教化）　297
  ■ 都市計画公園（都市衛生と防災）　298
  ■ 体力向上施設（防空と運動）　299
  ■ レクリエーション・景観形成（都市緑化）　299

 2.　公園管理から公園経営へ：管理の社会化　301

 3.　市民文化としての都市公園　307

 あとがき　311
 都市公園関連年表　315
 参考文献　317
 索　引　331

序　章　分析視角と課題

■研究の目的

　本書は，都市における包括的な「公的空間（public spaces, open spaces）」を念頭に置きながら，「緑とオープンスペース」の中核である「都市公園」を検討対象に取り上げ，その歴史的変遷の過程を「機能の社会化」という観点から再構成し，その「政策形成」の具体的過程の問題点を提示するものである。そのうえ，今後の政策論的課題として「管理の社会化」という視点を提示する。具体的に言えば，近代的公園制度の始まりとされる明治6（1873）年の太政官布達第16号から平成6（1994）年の「緑の基本計画」の策定に至る約120年の公園制度の歴史の中で，それが担ってきた機能の変化を「機能の社会化」として位置づけるとともに，分権化を背景とする今日の時代にふさわしい包括的な公園管理の視点を「管理の社会化」に求め，従来の「消極的な管理」から有機的な管理への変化を提示するものである。

　人口の7割近くが都市に住む都市型社会の進行にともない，都市空間における「緑とオープンスペース」の重要性は日々増すばかりであるが，そのほとんどの部分を占めている都市公園の制度・政策・行政は，明治以降の集権的整備の仕組みに安住してしまい，都市の公園は市民権を得ないまま，財政のゆとりがある場合にのみ取り上げられる「思いつき行政」の代名詞となっている。しかも，その原因は明治維新前後の欧米諸都市の視察・見聞によってつくられた近代的都市公園のイメージ，言い換えれば，「文化」ではなく，「文明＝施設（営造物）」として位置づけられてきたことにあり，そのため，都市公園の法制度をはじめ，政策から日常の管理活動に至るすべてにおいて利用者である市民の視点が欠けていたと言わなくてはならない。すなわち，「集権的制度・欧米規範の計画性・消極的管理」によって特徴づけられる明治以降の都市公園政策の歴史的形成過程は，市民文化の反映という公園の「文化的制度化」の過程ではなく，欧米との比較論理に基づく量的拡大政

策を通じての「施設化・画一化」の過程であったといえる。

　他方，江戸期以降の公園（遊園）に求められてきた「遊観」機能は，時系列な社会変化の中で，「都市衛生・防災・防空・衛生（体育）」機能がそれぞれつけ加えられる，いわゆる「機能の複合化」を通じて，現在は「緑とオープンスペース」の4系統（防災・レクリエーション・環境保全・都市景観の形成）として定着しているが，その構成原理は「存在機能」と「利用機能」という設置（者）と利用（者）を機能的に分離することを通じて成り立っているのが特徴である。

　ところが，この存在機能と利用機能の分離という従来の機能論の認識においては，公園自体をある種の政策の結果（施設物）として無批判的に受け止める傾向が強く，モノの存在が地域社会においてもつ意義や機能，そして参加としての過程の必要性に対し否定的であった，といえる。その理由を明らかにするのが本書の第一の課題である。

　そのうえ，江戸期以降の遊観機能から現在の緑とオープンスペースの4系統に至る公園機能の変化は「存在機能の優位」と「利用機能の制限」による機能的分離を説明するため，従来の「存在機能」（設置論・配置論）と「利用機能」（管理論）に「社会的機能」という新たな軸を立て，その三つの機能の変化を説明する。それは，明治以降の都市公園政策の歴史的変遷をその「対象」と「主体」において，社会の環境変化に対応する合理化の過程，すなわち「機能の社会化（functional socialization）」として位置づけることになる。

　さらに，従来の公園の管理において典型的に見られる歪められた管理活動，言い換えれば，あまりに財政状況の変化に敏感な組織構造のため，管理活動の目標をもっぱら施設物のメンテナンスに限定する傾向が非常に強かったことが指摘できる。そのため，規模の小さい公園ほど管理されないまま放置されるという公園の機能低下の最大の原因を公園の管理活動が提供するという自己矛盾に陥る。本書では，このような歪められた管理現象を「消極的管理（passive management）」と呼び，それに対して政策全過程への市民参加を有機的システムとし積極的に捉える「管理の社会化」を協働的かつ応答的な管理のあり方として提示する。

　分権改革の本格化という社会構造の変化を踏まえ，自己決定・自己責任の

原則に沿った制度改革はすでに進められているが、今後の自治体の公共政策の柱として位置づけられる緑とオープンスペース（都市公園）政策のビジョンと仕組みについてはいまだ議論は深められておらず、また、過程ではなく結果としての生態的な緑の縦割り的整備がもたらす悪循環に対し明確な答えを出していない。

本書では、このような問題構造の解明とともにすでに進行しつつある都市公園機能の変化（社会的機能）とそれに対応する仕組み（管理の社会化）の視点を提示し、開かれた有機的システムとしての緑とオープンスペース政策のあり方を論じる。

■研究対象としての都市公園

1990年代以降、中央・地方政府によって提示された多くの行政計画ないし主な政策において登場する共通のテーマは、経済規模に見合う「生活の豊かさの向上」、すなわち、ゆとりと豊かさを感じる生活資本の整備および充実であった[1]。この表現には、経済水準に見合う生活の質的満足度を高めていこうとする社会変化への対応とともに、これまでの経済成長を優先的に行うために維持されてきた成長本位の全体的で画一的な社会構造に対する反省と見直しが含まれている。それは、明治維新・戦後改革に続く第3の改革として、地域の個性と市民文化を反映する分権的な仕組み、すなわち「地方分権」への構造転換を促す画期的なものであった[2]。とくに、全体人口の7割が都市に住む「都市型社会[3]」の深化にともなう都市装置（インフラ）の充足に対する社会的要求が高まり、緑豊かな生活環境の整備は重要な課題として位置づけられ、すべての行政施策の中で取り組まれているのが現状である。なかでも都市公園・緑地などの緑環境に関するニーズは従来の自由時間の増大やレクリエーションなど個人の余暇生活の充実のためだけではなく、長寿・福祉社会への対応、安全で快適なまちづくりなど緑豊かな社会構造においては必要不可欠な根幹施設として位置づけられるようになった[4]。

こうした社会変化をうけ、都市の緑や自由空間（open spaces）を規定してきた法制度の改正も行われるようになった。とくに、平成6（1994）年に「都市緑地保全法[5]」が改正され、すべての都市の緑地をその対象とする「市町村

（特別区を含む）の緑地保全および緑化の推進に関する基本計画（「緑の基本計画」）」が市町村・区によって策定できるようになった。すなわち，「市町村は，都市における緑地の適正な保全および緑化に関する措置で，主として都市計画区域内において講じられるものを総合的かつ計画的に実施するため，当該市町村の緑地の保全および緑化の推進に関する基本計画を策定することができる」（法第2条の2第1項）とする法令の改正であった。従来の建設省通達に基づく都市の緑化対策としての「緑のマスタープラン」に対して，この「緑の基本計画」は，緑化を法律によって定めた上，自治体の「固有事務」として位置づけたことにその最大の特徴がある。

他方，この「都市緑地保全法」の改正をうけ，平成7（1995）年7月に都市計画中央審議会からは「今後の都市公園等の整備と管理は，いかにあるべきか」についての答申が出され，この答申には「都市公園等の管理の課題と今後の方向」について次のような内容が述べられていた。

> 都市公園等は，施設の持つ諸機能が十分に発揮され，いつでも誰でもが安全，快適に公平で，楽しい公園利用が可能な管理や運営がなされるべきである。しかし，近年，管理水準の低下，施設の老朽化等により本来の利用が阻害されたり，トイレ等の公園施設内における防犯等安心感の低下が生じている。また，公園利用に関する規制が，市民の自己責任の自覚や公園への市民参加を阻害しているとの指摘や，公園，公園施設等の供用時間に柔軟性を欠き，サービスの提供や経営（マネジメント）の視点に欠けているとの指摘もあり，時代の新しいニーズに対応した都市公園等の管理運営が求められている。

都市公園などに生じているさまざまな問題を指摘し，その解決の方向性を提言しているこの答申は，都市における緑豊かな公的空間，すなわち，オープンスペースのあり方を問う重要な意味をもつものである。その理由は，社会情勢の変化の中で都市における総合的かつ計画的な緑化を推進するためには，従来の行政による公共施設の緑化だけではなく民有地などを含む都市におけるすべての緑とオープンスペースをその対象とし，市民・企業という多

元的な整備主体の想定とその主体間の連携・協働（パートナーシップ）の重要性を強調しているからである。それは，都市の緑とオープンスペースにおける整備の「主体と対象」に関する制度・政策の転換であり，明治以降続いてきた「強い公的介入」からの脱皮を象徴する動きである。

上記の「都市緑地保全法」と都市計画中央審議会の答申「今後の都市公園等の整備と管理は，いかにあるべきか」は，従来の公園緑地の整備や管理運営に対し今後の都市における公園緑地のあり方の転換を示したものであり，公園緑地の整備・運営の主体が従来の行政から行政を含む多様な主体間の連携・協働（パートナーシップ）への変化を意味しているが，法制度上における整備主体としての市町村の想定は明治以来の最大の転換であるといえる。

ところが，本書の対象となる「都市公園」という用語については，制度的な概念規定と一般的な認識との間には大きな認識上の開きがあるといえる。すなわち，それは都市の中に存在する公園のように思われがちな社会一般における「都市公園」の概念とはかけ離れ，制度上の都市公園は「都市計画法」という非常に後見的な法制度の中で規定されている。この「都市公園」は，昭和 31（1956）年に制定された「都市公園法」およびその施行令によって規定されているが，実際のところは「都市計画法」や「地方自治法」などいわゆる「上位法律」による制度的な高い規定性をその特徴とする。

> 「都市公園」とは，次に掲げる公園又は緑地で，その設置者である地方公共団体又は国が当該公園又は緑地に設ける公園施設を含むものとする。
> 1. 都市計画施設（都市計画法（昭和 43 年法律第 100 号）第 4 条第 6 項に規定する都市計画施設をいう。次号において同じ。）である公園又は緑地で地方公共団体が設置するもの及び地方公共団体が同条第 2 項に規定する都市計画区域内において設置する公園又は緑地
> 2. 次に掲げる公園又は緑地で国が設置するもの
>   イ　一の都府県の区域を越えるような広域の見地から設置する都市計画施設である公園又は緑地（ロに該当するものを除く。）
>   ロ　国家的な記念事業として，又は我が国固有の優れた文化的資産の保存及び活用を図るため閣議の決定を経て設置する都市計画施設

である公園又は緑地(7)

　この都市公園法の規定による都市公園は，「都市の中において，都市計画区域の中に設置されるものおよびそれに準ずるもの」であり，それ以外のものは都市公園ではないとされている。この定義は，都市公園を空間や機能概念として捉えるのではなく，施設概念として捉えているのが特徴であり，各種の行政文書においては「営造物公園」という用語で説明されることが多い。
　この都市公園の種類には，閣議決定に基づく環境省所管の「国民公園」をはじめ，都市林，特定地区公園までが含まれており，平成14（2002）年現在，全国8万2858か所，面積約9万8974haが整備されている。図1の公園の分類が示すように，後述する「地域制公園（自然公園）」を除く都市のほとんどの公園がこの都市公園の範疇に属することになる。

図1　公園の分類

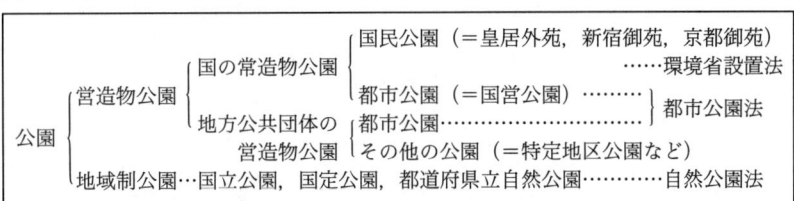

出典：日本公園緑地協会，1999：87頁

　他方，この「営造物公園」である都市公園に対しては，「自然公園法」（環境省所管）に規定される自然公園，すなわち，国立公園・国定公園・都道府県立自然公園がある。つまり，一般的な用語としての公園は「営造物公園（都市公園）」と「地域制公園（自然公園）」に大別されている。
　このような公園の区分は，公園の形成における割拠性，言い換えれば，縦割り行政によるものであり，公園の機能や地域的条件などとは関係なく区分けされた設置者の設置上の都合にすぎない。

■分析視点と方法：分析軸としての「機能の社会化」について
　都市空間において「緑とオープンスペース」の根源である都市公園を取り

表1 都市公園の種類

種類		種別	内　容
基幹公園	住区基幹公園	街区公園	主として街区に居住する者の利用に供することを目的とする公園で，誘致距離250mの範囲内で1カ所当たり面積0.25haを標準として配置する．
		近隣公園	主として近隣に居住する者の利用に供することを目的とする公園で，1近隣住区当たり1カ所を誘致距離500mの範囲内で1カ所当たり面積2haを標準として配置する．
		地区公園	主として徒歩圏内に居住する者の利用に供することを目的とする公園で，誘致距離1kmの範囲内で1地区当たり1カ所面積4haを標準として配置する．
	都市基幹公園	総合公園	都市住民全般の休息，観賞，散歩，遊戯，運動等総合的な利用に供することを目的とする公園で，都市規模に応じ1カ所当たり面積10〜50haを標準として配置する．
		運動公園	都市住民全般の主として運動の用に供することを目的とする公園で，都市規模に応じ1カ所当たり面積15〜75haを標準として配置する．
特殊公園			風致公園，動植物公園，歴史公園，墓園等特殊な公園で，その目的に則し配置する．
大規模公園		広域公園	主として一つの市町村の区域を超える広域のレクリエーション需要を充足することを目的とする公園で，地方生活圏等広域的なブロック単位ごとに1カ所当たり面積50ha以上を標準として配置する．
		レクリエーション都市	大都市その他の都市圏域から発生する多様かつ選択性に富んだ広域レクリエーション需要を充足することを目的とし，総合的な都市計画に基づき，自然環境の良好な地域を主体に，大規模な公園を核として各種のレクリエーション施設が配置される一団の地域であり，大都市圏その他の都市圏域から容易に到達可能な場所に，全体規模1000haを標準として配置する．
国営公園			主として一つの都府県の区域を超えるような広域的な利用に供することを目的として国が設置する大規模な公園にあっては，1カ所当たり面積おおむね300ha以上を標準として配置，国家的な記念事業等として設置するものにあっては，その設置目的にふさわしい内容を有するように整備する．
緩衝緑地			大気汚染，騒音，振動，悪臭等の公害防止，緩和もしくはコンビナート地帯等の災害の防止を図ることを目的とする緑地で，公害，災害発生源地域と住居地域，商業地域等とを分離遮断することが必要な位置について公害，災害の状況に応じ配置する．
都市緑地			主として都市の自然的環境の保全ならびに改善，都市景観の向上を図るために設けられている緑地であり，1カ所あたり面積0.1ha以上を標準として配置する．ただし既成市街地等において良好な樹林地帯等がある場合あるいは植樹により都市に緑を増加または回復させ都市環境の改善を図るために緑地を設ける場合にあってはその規模を0.05ha以上とする．
都市林			主として動植物の生息地または生育地である樹林地等の保護を目的とする都市公園であり，都市の良好な自然的環境を形成することを目的として配置する．
緑道			災害時における避難路の確保，市街地における都市生活の安全性および快適性の確保等を図ることを目的として近隣住区または近隣住区相互を連絡するように設けられる植樹帯および歩行者路または自転車路を主体とする緑地で幅員10〜20mを標準として，公園，学校，ショッピングセンター，駅前広場等を相互に結ぶよう配置する．
広場公園			主として商業・業務系の土地利用が行われる地域において都市の景観の向上，周辺施設利用者のための休息等の利用に供することを目的として配置する．

出典：日本公園緑地協会，1999：88頁

上げ，その歴史的変遷をマクロ的な「政策形成の過程」として理解するための枠組みの提供を目的とする本書では，明治6年（1873）の太政官布達第16号をその始発点とし，今日までの都市公園政策の流れを「機能の社会化」という視点に立ち，都市公園行政を支えてきた「制度・計画・管理」という三つの側面を批判的に検討することを通じて，その歴史的変遷を「政策形成 (policy formation) の過程」として読み直すことを主な課題とする。まず，関連する概念から整理しておこう。

ここでいう政策とは，「問題解決の手法」であり，「目的と手段の体系」である。政策形成とは「社会的問題を解決していくために必要な社会的・地域的合意を共有する過程（プロセス）」として認識する。したがって，「政策形成」とは，さしあたり「市民社会の中で生じる問題を多元的主体が社会的・地域的合意を通じてその解決を模索する諸過程」と定義する。

また，「機能」とは，都市公園に対して期待する効果・効用のことである。公園緑地を扱う数多くの書籍では効果・効用・価値などの言葉を多様に使用しているが，本書においてはこれらを一括して「機能」という言葉で表現する。通常，「機能」とは，「相互に連関し，全体を構成する各因子が有する固有の役割。物のはたらき。作用」とされているが，都市公園を含む広い概念としての「緑とオープンスペース」の領域では，「防災・レクリエーション・環境保全・都市景観の形成」を「4系統」とし，それを一般的な機能と見なしている。

他方，都市公園制度の発祥期である明治初期の遊園においては，「遊観（遊び歩いて見物すること）」が唯一の機能として求められていたが，都市公園の歴史的変遷により現在は上記の「緑とオープンスペース」の4系統（防災・レクリエーション・環境保全・都市景観の形成）に複合化されている。この遊観から4系統への変化を，本書では機能の変遷過程として扱う。

そのうえ，従来においては都市公園を含む公園緑地の機能は大きく「存在機能」と「利用機能」によって大別されてきた。そこでの「存在機能」とは公園緑地が存在することを通じて都市機能，都市環境など都市構造上にもたらされる効果のことであり，「利用機能」とはその公園緑地を利用することを通じて利用者である市民にもたらされる効果として考えられていた。都市

公園を含めた公園緑地の機能に対するこのような二分法的区別は，大きな変化なく現在も維持されているようにみえる。

ところが，このような考え方および議論には，つぎのような二つの大きな欠点を含んでいると考えられる。まず一つ目は，存在と利用による一見有効的な分業のように見える設置・管理者と利用者の分離では，政策環境の条件変化によって規定されてきた都市公園の機能変化がいかなるものであったのかを説明するのにきわめて不十分であるといえる。すなわち，都市公園において求められる機能はなぜ変化してきたのか，また，どのような条件・経路から生まれてきたのか，などのいわゆる「変化 (change)」を説明することへの理論的枠組みが抜けていることである。

もう一つは，社会において都市公園をはじめ多くの公園緑地が政策ニーズとして認知・計画・実施を経て，存在するまでの過程が省略されていることである。言い換えれば，都市生活に欠かすことのできない都市装置としての都市公園がどのようなプロセスを通じて生活の場に存在しているのかについての社会的過程の研究が不十分なことである。

以上の問題点を生み出した主な原因としては，都市という密集空間において憩いの場ないし衛生的見地から発生した欧米諸国の近代的な都市公園とは異なる日本の都市公園独特の歴史的背景が考えられる。すなわち，明治6 (1873) 年の太政官布達以来長い間，中央政府の優越的・後見的仕組みによって設置・管理されてきたことにその最大の原因があるといえる。それは，王室から自治体へという担い手の変化を都市公園の発展形態とする欧米諸国の場合と異なり，日本独特の事情から都市公園は，空間や機能概念からではなく，教化や防災などの意図をもつ「施設物」として規定されてきたからである。つまり，明治維新以降の富国強兵を最優先にしてきた歴史的背景が都市公園の一般的発展を妨げ，憩いの場としてよりも防災・避難場所としてのイメージを作り上げてきたのである。

そのうえ，昭和初期の「東京緑地計画」上の「空地性」と「永続性」をその原則としながらも，支配層による恩恵と「国民教化」の思想的背景が近代的都市計画の導入による集権的な設置観念と結合し，欧米との比較論理に傾いた量的整備の慣行を支えてきたことがあげられる。たとえば，最初の都市

公園計画の原型をつくった「東京市区改正事業」における都市公園の整備目標量の算出は，当時の欧米主要都市における整備量がその規範とされていた。そうした考え方は今日でも根強く，都市公園計画における整備目標には，欧米諸国の都市における整備状況がかならず参照されており，いかにもその整備水準の低さをアピールし，量的整備の当為性を強調しているように見受けられる。

　他方，この歴史的な集権的仕組みや欧米との比較論理に基づいた規範性およびそのための量的拡大とともに設置観念の優越をもっと悪化させる原因は他にもある。それが，都市公園における管理の問題，すなわち「消極的管理」である。都市公園法における都市公園管理には，大きく「施設物の維持に関わる管理」と「利用に関わる管理」とに区分できるが，この区分の視点が「設置者の視点」に立っていること自体に大きな問題がある。

　以上のような「歴史的集権性・欧米規範性・消極的管理」によって構造化されてきた都市公園の歴史を政策形成の過程としてマクロ的に再構成する本書では，この三つを「制度・計画・管理」にそれぞれ対比し，「機能の社会化」(14)という分析軸に収斂させていきたいと考えている。すなわち，「都市公園の制度における集権性，欧米との比較論理に基づく計画性，利用者の視点を欠いた管理性」の三つを都市公園における機能の変化に合わせ分析することを通じて，その三つの要因がいかに「社会的なもの」へと変化してきたのかを立証する。制度を支えてきた強い計画の観念とその制度の変化を促す管理の問題は，一見対立的に見えるが，それは「管理」の概念を狭義に捉えるからである。制度に対する計画と管理の緊張関係は固定されたものではなく，時代状況や社会変化の強弱による相対的なものである。

　制度のみによって計画と管理が変化するのではなく，社会において求められる機能が変化することによって制度・計画・管理が変化する場合もある。また，この機能を変化させる要因はそれが意図的であるか否かを問わず社会的環境であり，それぞれの社会環境において必要とされる「機能」の変化を媒介として行われる制度・計画・管理の変化はマクロ的な政策形成の循環過程であると考えられる。

　そのうえ，「自己選択・自己責任」を重視する分権型社会の幕開けにとも

ない，従来行政によって一方的に進められてきた都市公園政策は，新たな社会構造に対応して行くための仕組みを考えなければならない時期を迎えている。そのため，「存在」としても「利用」対象としても，都市公園のすべての側面・機能が社会的に認識・共有されてゆくことが必要である。こうした「社会的存在」としての公園の「社会的機能」の把握は，市民社会の視点に立って公園の機能を捉えることでもある。この視点からこそ，設置の後見性のゆえに市民の視点を排除してきた制度・計画・管理に対するアンチテーゼも可能となり，これからの都市空間ビジョン，都市公園政策の民主的な検討と計画立案，そしてその実現も可能となろう。つまり，都市公園をその「社会的機能」の面から捉え，問題にするということは，都市公園・緑地がどのようなプロセスで生み出され，どのように利用され，機能してゆくのかを，社会的に問いかけてゆくことでもある。

　本書は，このような問題認識に基づいて，これまでの都市公園研究における社会的過程論の欠如を埋めると同時に，新たな都市公園政策の仕組みを提供するために都市公園の歴史的変遷過程を「機能の社会化」として捉える基礎作業として位置づけられる。すなわち，初期の遊園・公園において求められた機能が，量的な拡大を重視する「存在機能（存在することによって得られる効果）」から「緑とオープンスペース」における4系統へと変化してきたことに注目し，その変化の内容が利用形態の変化やその整備などの管理活動における市民参加などの諸社会的過程を重視する「社会的機能」へと移行される機能的変化，言い換えれば「機能の社会化」であったことを証明することを通じて個別的な歴史的変遷を政策形成史として読み直すための基礎作業である。

　一つの制度が形成され，消滅せずに長い年月を経るのは，その制度が持つ機能ないし社会的価値が広く支持されているからである。その社会的価値は，きわめて多くの要因によって構成されるもので，その中には歴史的・社会的合意も含まれている。時代の変化と社会の変化にともない行政に対するニーズも変化し，その規定軸である法制度も変化せざるをえない(15)。すなわち，社会的変化に対して法制度がそぐわない，管理活動が適切に対応・変化しない場合，その社会的機能とその合意は失われ，新たな政策に生まれ変わるかさ

もなければ消滅することになるが，制度それ自体に期待されている機能はさまざまであり，一つの制度における機能変化を分析することはそれほど簡単ではない。明確な制度的基盤を持たない明治期の移植文明としての都市公園はとくにそうである。

　そのうえ，日本の都市公園の歴史的変遷には，法制度だけでは説明できない複雑な要因が介在している。複雑な要因とは，たとえば日常的必要性の乏しい西洋文明の象徴として移植されたこと，現実には従来の名所・旧跡が公園に代用されたこと，予測不可能な自然災害や戦災により得られた空間・空地の整備という「偶然性」が公園づくりの契機となったこと，等々。

　江戸期以来，遊園的性格の強かった公園機能は，それぞれの時代の社会的変化を背景にしながら，その機能の社会性を獲得してきた。これら公園機能の社会性は，現在の行政の環境をめぐる新たな社会変化，すなわち，「地方分権」，「政策評価」，「市民活動」などを背景とする「協働型社会」の流れに応答しなければならない状況に置かれている。しかも，この変化は市民の文化水準と視点を重視する成熟社会にふさわしい構造転換のもっとも必要な部分であり，経験していないというよりはむしろ度外視されてきた本来的都市公園機能のレビューであることを強調しておきたい。

■政策形成史としての制約と展望

　ところが，都市公園の政策的形成過程の分析をめざす本書は，次のような制約をもつ。都市公園行政に関する研究の先例は乏しく，しかもその多くは建築・造園などの分野に限定されていることから，本書は「行政史」としての公園行政の全体像を持たないまま，歴史研究の主な部分を援用しながら分析を進めざるをえない。そのうえ，これら資料の多くが公園や緑地の「存在機能」の側面から接近したもの，すなわち「計画史」が多く，「公園史」の場合においても歴史的な記述に止まっていることが多い。

　他方，これまで都市公園自体が総合的な都市施設の対象として学際的に分析されたことはなく，緑地や緑化の附属分野として扱う研究が多いのもその特徴の一つである。近年，「社会的共通資本」という視点から取り上げられることが多くなったとはいえ，トータルな視点からの問題提起は少ないのが

序章　分析視角と課題　　13

現状である。それは，後述するように，ほとんどの都市公園の所管が都市計画部局ないし土木・建設局などに属しており，独立の部署がおかれる場合はほとんどない現状からもわかる。このような都市公園に関する研究の現状において，「存在機能」の重視から利用者の視点を重視した「利用機能」へと研究範囲を広げたり，視点を変化させたりすようになってきたものの，都市公園を行政施策の結果として前提する傾向はいまも強い。

そのため，社会資本整備としての都市公園を一連のプロセスとしてみる視点が欠如しており，存在機能と利用機能の相互性やその機能的統合を試みる研究はほとんどないのが現状である。その原因は，都市公園の政策的優先順位が低かったことや対象としての体系性──理念，制度，計画，財源など──が確立されていなかった現状にあると考えられる。しかし，もっとも重要な原因は，都市公園政策を「社会的プロセス」として捉えていないことにある。ここでの「社会的プロセス」とは，都市公園の整備にかかわる諸過程を政策形成のプロセスとして考えることであり，市民参加や活動の仕組みなどが「開かれたシステム（open system）」として取り組まれていく過程を意味する。

このような視点を検討する理由は，都市公園の整備が後見的仕組みによって画一的に進められ，都市公園の計画・設置・運営管理がそれぞれ異なった縦割りの組織によって行われてきた現状を体系的に分析する視点がほとんど提起されていなかったところにある。また，利用者の視点や参加が保障されない「営造物」としての都市公園の設置形態が強調され，運営管理とその内容がもっぱら施設の管理という，管理する行為あるいはその結果だけを重視する傾向が強いからでもある。

このような現状分析を踏まえ，本書においては都市公園に与えられてきた多重的な機能の変遷過程を歴史的に分析することによって，存在機能と利用機能の統合的な視点，すなわち，利用者である市民の視点と，その「社会的機能」を最重要システムとして保障する市民参加制度という新たな視点を提起して，明治期以降の連続線上における機能の変化を「機能の社会化」として位置づける。そして，明治期以降の近代日本において展開されてきた都市公園の歴史的変化が「施設としての公園」から「文化としての公園」に向け

て行われてきた「政策形成の過程」であったことを明らかにする。

　本書全体を通じて提起される「施設としての都市公園」から「市民文化としての都市公園」への変化としての「機能の社会化」の視点を，単に公園行政における問題提起としてではなく「緑とオープンスペースの管理」のあり方に代表される今後の分権型・協働型社会における行政管理の本質的要素を探る重要な手がかりとしたい。

■本書の構成

　明治初期から現在までの都市公園政策の歴史的な変遷過程を取り上げる本書は，分析上の便宜のために時間の流れに沿って時代を区分している。しかし，これらの時代区分はもっぱら時系列的な区分であり，とくに断りのない限り従来における通説としての公園史の範囲を超えるものではない。[21]

　まず，「序章　分析視角と課題」においては，一般的な都市公園の歴史的変遷を行政学の視点から「政策形成」過程としていかに再構成するかについて，その背景・視点・方法などを概説する。

　「第1章　近代的都市公園の誕生と展開」においては，欧米における近代的都市公園の生成とその要因・役割を見た上，太政官布達による初期公園制度の定着過程を考察する。また，現在の都市公園の管理上の特性を規定する初期の公園管理について述べ，現在の都市公園政策の原型を探る。

　つづく「第2章　都市計画公園の「計画性」と「施設化」」においては，明治末期から輸入される「公園思想」と，近代的都市計画の芽生えとともに造成される都市計画公園の内容を計画面から分析する。また，土地区画整理における受益者負担による公園用地の調達など「旧都市計画法」を土台とする一連の「計画化」上における都市公園の位置づけとその機能の変遷を概観する。また，都市公園の機能の変質が明確に行われる戦時期を中心に，文化であるはずの公園が法制度上の「施設」として変貌していく過程を考察する。また，小規模公園として高度成長期において急激に増加する児童遊園・児童公園の原型が，この時期に厚生省の衛生行政の一環として位置づけられたが，その理由は何であったのかについても詳述する。

　そして，「第3章　量的拡大政策と公園機能の複合化」においては，戦後

の計画化がいかに構築されていくのかを中心に述べる。まず，終戦後の混乱状況の下での復興計画と戦前の公園ストックが消滅する原因について述べ，その対応として管理法的性格の強い「都市公園法」(1956年)の制定と「都市公園等整備緊急措置法」という量的拡大政策による集権的整備の過程を見る。つぎに，急激な都市化への対応策として提示されながら縦割り行政によって計画づくりに止まってしまった「緑化政策」(主には「緑のマスタープラン」から「緑の基本計画」)の流れを説明する。また，独立採算によってはじめられた公園の財政的仕組みについてその内容を補助金との関係において概説する。

以上の第1章から第3章までが，主に時系列的な変化に沿って歴史的な変遷を扱ったのに対し，「第4章 戦後都市公園政策における社会的機能の成立」においては，市民参加を土台とする新たな機能としての「社会的機能」がどのように形成されたのかに焦点を当てる。そのため，現在の都市公園の構成とその時期別整備状況を整備主体の側面から類型化し，その内容を都立・市立・区立に分け考察する。また，その考察にあわせてどのような変化がいかなる経路から生じているのかを事例の中から分析していく。

「第5章 緑とオープンスペースにおける管理の社会化」では，都市公園にまつわる管理の問題を取り上げる。従来の「施設物の維持」という消極的管理によって生じている問題の内容を具体的に指摘したうえ，その個別的問題を解決するための条件を包括的に示す積極的管理としての「管理の社会化」という視点を提示する。また，都市内の緑としての都市公園だけではなく都市郊外の里山，市民農園などの制度的空間のほかに神社，校庭，空き地(遊休地)，民有地において公園のように機能している空間などとのネットワーク化により緑の豊かさを体験的に実感できる仕組みづくりについて述べる。そのうえ，市民参画とネットワークという人的なつながりによる有機的な参画システムとしての「管理の社会化」は，分節された地域社会をその実現単位とすることから，まちづくりとの連動がもつ意義についても触れる。

最後の「終章 営造物施設から市民文化へ」においては，営造物施設から市民文化施設への政策形成過程として，都市公園における機能の変化を中心に分析してきた本書の結論と，今後の課題を提示する。すなわち，公園機能

の変遷から見た都市公園政策の歴史は，「機能の社会化」を媒介する政策形成過程であるという結論と同時に，そこから導かれる都市公園における「管理の社会化」が今後普遍化される分権型・協働型社会における都市公園政策の課題であることを提示する。

(1) たとえば，平成2（1990）年の「公共投資基本計画」（閣議了解）や平成9（1997）年の東京都の「生活都市東京構想」など。
(2) 地方分権推進委員会の「中間報告」においては，今回の地方分権改革のマクロの背景・理由を「中央集権型行政システムの制度疲労」とし，その要因として「変動する国際社会への対応」，「東京一極集中の是正」，「個性豊かな地域社会の形成」，「高齢化・少子化社会への対応」の四つをあげている。地方分権推進委員会「中間報告」（第1章第1節），1996参照。
(3) この「都市型社会」の概念および位置づけについては，松下圭一『現代政治の基礎理論』東京大学出版会，1995：41頁以降参照。
(4) 平成8（1996）年に総理府が行った「生活環境・生活型公害に関する世論調査」において，快適な生活環境づくりを進める上での重要な要素としては，豊かな緑（59.8％），公園・広場・遊歩道などの公共施設（38.7％）が，また生活環境に関する国や自治体への要望としては，良好な環境をつくるための施設（緑地・下水道など）を整備する（45.4％）が選ばれた。
(5) 「都市緑地保全法」は，昭和30年代を中心に大都市において緑地の激減が社会的な問題になったため昭和48（1973）年に制定された法律である。この法律は，「都市における緑地の保全および緑化の推進に関する必要な事項を定めることにより，都市公園法等の都市における自然的環境の整備を目的とする法律と相まって良好な都市環境の形成を図り，もって健康で文化的な都市生活の確保に寄与すること」にその目的がある（同法第1条）。
(6) この「強い公的介入」の意味については，渡辺俊一『都市計画の誕生：国際比較からみた日本近代都市計画』柏書房，1993を参照。また，都市公園の研究において，この明治以降の公園に対する「公的介入」の特徴を「欧化」の思想として思想史の側面から説明したのは白幡洋三郎である。白幡は，明治期以降の都市公園の成り行きをドイツの都市公園と比較し，その共通点を「自然発生的性格ではなく近代的意図によって支えられた欧化の意識」の現われとして分析している。白幡洋三郎『近代都市公園の研究：欧化の系譜』思文閣，1995。本書が，日本の都市公園，なかでもとくに東京の公園をその対象として取り上げる最大の理由は，明治以降の近代的都市施設として移植された都市公園の定着はこの近代的計画の上で可能であったからであり，帝都である東京において求められた都市公園の原型が全国の規範として作用したと考えているからである。
(7) 「都市公園法」第2条第1項，昭和31（1956）年法律第79号。

(8) 松下圭一『政策型思考と政治』東京大学出版会，1991：10頁。また本書でいう「政策」とは，問題領域が個人の解決能力を超える「政府政策」，すなわち，制度主体が基本法に基づく手続きを通じて公認の正統政策となったものに限定する。

(9) 言うまでもなく「政策」それ自体の定義は相当困難である。本書はその厳密な定義や概念規定の分析よりその変化に焦点を合わせていることからこれ以上の議論には踏み込まないこととし，以下の文献を参考されたい。もっとも通説的な概念提示としては，大森彌「政策」『政治学の基礎概念』（日本政治学会編）岩波書店，1979を，政策概念の類型については，下村郁夫「政策概念の探求（上・下）」『自治研究』良書普及会，1996：2月号・5月号。

(10) 西尾は，決定作成（decision making）の連鎖過程を，政策作成権限者の主観的選択の積み重ねとしての「政策作成（policy making）」と多元的な政策作成者間の行為を求めていく過程として「政策形成（policy formation）」とで区別し，両者の区別は観察者の視覚設定の問題であるとする。西尾勝『行政学の基礎概念』東京大学出版会，1990：168-169頁。

(11) 新村出編『広辞苑』岩波書店，1976：543頁。

(12) 都市計画中央審議会「今後の都市公園等の整備と管理は，いかにあるべきか」答申，1995。

(13) 日本公園緑地協会編『公園緑地マニュアル』（平成10年改訂版），1999：3頁。

(14) 「計画」の概念については，西尾勝「行政と計画」『行政計画の理論と実際』（日本行政学会編），勁草書房，1972：2-63頁。

(15) 「およそ，制度はそれ自体が目的ではない。いかなる制度といえども，すべて，一定の政策を，もっとも効果的に実現するための手段であり，枠組である。したがって，ひとたびでき上がった制度であっても，これを永久に改めてはならないことではない。必要が生ずれば，制度自体は，常に改変のメスを加えられる運命にある。いわば，制度は，運行を容易ならしめる軌道の意味をもっているといってよい」（辻清明『公務員制の研究』東京大学出版会，1991：1頁）。

(16) この「行政史」についての確たる定義はいまのところ見あたらないが，本書では「個々の行政活動と環境要因の因果関係を丹念に解明すること」（西尾勝『行政の活動』有斐閣，2002：173頁）という一般的な行政史の役割と，「一般に行政史として理解されているものの多くは特定分野の政策の展開史であり……その政策展開を促したと思われる社会経済的環境や政治状況の変化に力点が置かれる」（今村都南雄，1990：289頁：『比較行政研究』（年報行政研究25）の書評）という今村の批判的指摘をふまえた上で，「行政史というものが……一つの意味のある世界として，多少とも自立性をもった歴史」（西尾隆，1988：はしがき）として理解する。この行政史として書かれた代表的な研究としては，イギリスの道路行政の歴史を分析した武藤博己『イギリス道路行政史：教区道路からモーターウェイへ』東京大学出版会，1995が取り上げられる。

(17) 本書における主な歴史的記述は，以下の文献に基づいている。頻繁に引用している

文献は以下のものである。①東京都『東京の公園（80〜120年）』1965-1995，②日本公園百年史刊行会編『日本公園百年史（総論・各論）』1978，③佐藤昌『日本公園緑地発達史（上・下）』都市計画研究社，1977，④前島康彦『東京公園史話』東京都公園協会，1989，⑤末松四郎『東京の公園通誌（上・下）』郷学舎，1981。
　なお，本文および註においては，総論・各論，上・下はそれぞれa・bとして表示した。
(18)　「社会的共通資本」に関しては，以下の文献が参考になる。宇沢弘文・高木郁朗『市場・公共・人間：社会的共通資本の政治経済学』第一書林，1992および宇沢弘文・茂木愛一郎編『社会的共通資本：コモンズと都市』東京大学出版会，1994。
(19)　この社会資本整備論的立場から公園緑地などを捉えようとする動きや現況を詳しく論じているものとしては，石川幹子「社会資本整備論としてのランドスケープ研究」『造園雑誌』58(3)，1995を参照。
(20)　本書では，政策形成のプロセスを8段階に分けて考える立場をとる。詳細は，武藤博己編著「自治体の政策形成・政策法務・政策評価」『シリーズ図説・地方分権と自治体改革④　政策形成・政策法務・政策評価』東京法令出版，2000：6頁以下参照。
(21)　公園緑地に関する時代区分は，佐藤昌『日本公園緑地発達史（上巻）』都市計画研究所，1977：VI，VII頁に詳細に紹介されているが，本書では主に都市公園の機能変化に重点を置き，時代を三つ（太政官布達公園期・旧都市計画期・戦後）に区分している。

第1章　近代的都市公園の誕生と展開

1.1 近代的都市公園の発祥

1.1.1 啓蒙主義と公園開設

19世紀の欧米諸国,なかでも都市公園づくりを積極的に推進していたのは,主にイギリスとドイツであった。二つの国における都市公園政策の展開は,ともに日本において展開された近代的都市公園の規範でありながら,その位置づけおよびその機能は必ずしも同一のものではなかった。

語源から見れば,英語の「park」は,王室,貴族所有の狩猟用の広大な土地を指す言葉であり,フランス起源の「パルク(parc)」という言葉は,イギリスにおいても,ドイツにおいても,「貴族たちの領地内の庭園と林地が一体となった部分」を指す言葉として用いられていた。[1]

やがて,啓蒙主義が時代の支配的な思潮となり,君主や貴族たちは私的所有の庭園の一部を市民に公開するようになる。その例としてよく挙げられるのがイギリスにおいてはハイド・パーク(1635年),セントジェームス・パーク(1666年)であり,ドイツにおいてはヘレンハウゼン(1714年)などである。

しかし,この17,18世紀に行われた庭園の部分的公開は一般市民のためではなく,啓蒙専制主義に典型的に見られる恩典の一種であり,その本質は支配層の威厳誇示かつ恩典の強調にすぎなかった。現在の都市公園の意味からして,都市という空間における近代的都市公園の造成が本格的に行われるようになったのは,19世紀半ばのことである。その目的は,大きく分けて「都市の保健衛生」問題への対処と「民衆教化」の必要性からであった。前者の例としては,産業革命後の都市問題が発端となった深刻な衛生問題(コレラの流行)[2]などに対する都市衛生・環境問題の一つの解決策(政治的には都市自治体の影響力増大や労働者階級のレクリエーション問題などを契機とする都市改

良運動)として登場する「イギリス型都市公園」[3]であり，後者は，300個以上の領邦から一つの国家形成に向け，愛国心育成の装置(教化施設)として，公園という施設造成に積極的な取り組みを見せた「ドイツ型都市公園」である。

ドイツ的官僚制を規範として受け入れた明治政府にとって理想とされた近代的都市の公園は，近代国家の形成にともない公園を「国民教化装置」として位置づけていたドイツの公園が都合のよいものであったと考えられる。その例としては，日比谷公園設計案における日本庭園の否定とドイツの公園設計を取り入れた本多静六の設計案が採択されたことや，大正期の後半から昭和前期において，頻繁にみられる各種「記念公園」や国民体力向上のための厚生行政などの点を指摘できる。ここには，「啓蒙」という共通の思想的基盤が潜んでいた。[4]

明治維新前後，多くの知識層が欧米諸国を留学・視察した。その際，必ずその印象を記録として残しているのが，「近代的技術文明」と都市内の「公園」であった。西洋の近代的文明を積極的に受け入れた明治新政府にとって，都市の中にきちんと整備されていた，当時の欧米都市における公園の姿は，その時代的背景はともかくまさに近代的文明の象徴として映ったに違いない。当時の海外見聞録などに多く残っている公園関連の記録がそれを物語っている。[5]

1.1.2 公園開設の目的

欧米の近代的都市における公園づくりの歴史は，産業革命以降の都市環境改善・福祉国家化と軌を一にしているが，本格的な公園開設は異なった目的によって進められていた。たとえば，行政学の母胎として知られている官房学の生地・ドイツにおいては，都市空間における公共的空間としての公園を単なる空地としてではなく，また伝来の広場や遊歩道とは違う空間としての公園づくりを行政の役割として取り上げていた。

それは，18世紀ドイツ，キール大学の哲学・美術教授であり，ドイツにおける都市公園の成立にきわめて重要な理論的基盤を与えた，ヒルシュフェルト (Christan Cay Laurenz Hirschfeld, 1742-1792) の国民公園，すなわち「フォルクスガルテン (Volksgarten)」の考え方によく現われていた。彼は，「現

代行政の進歩の下では，その市域や近郊に公共の遊歩道を持たない市を見いだすのは難しくなるだろう」とした上で，「行政の理論的な原則に照らせば，このフォルクスガルテンは市民の重要な要求であると見なすべきであろう」と主張していた[6]。

このような彼の考え方が，その後のドイツ都市公園づくりに取り込まれ，各地域において積極的な都市公園政策が展開されていた。公園を市民教化の装置とする啓蒙主義的観点と，それの担い手としての都市自治体の想定は，少なくとも，この時期すでに都市公園政策が行政の重要な一環であったことを物語る。

他方，イギリスにおける公園政策は，19世紀前半の造園著作家の代表であった，ラウドンの言葉から示唆される。彼の言葉を借りれば，「英国においての公園は，政府の考えによるというよりはむしろ，民衆の精神（Spirit of the people）から生まれたものである」とされ，その背景に政治的自治の歴史が刻まれていることを強調した[7]。このことは，ドイツやフランスなど大陸系の都市公園が，時代の統治者また都市自治体により，都市公園づくりが意図的に推進されたのとは異なるイギリスの事情を示唆している。以下においては，イギリスにおける都市公園の法制度の形成とその流れを中心に見ておこう。

1.1.3 イギリスにおける公園法制の展開

中世において，賭博に類するゲームの禁止などを含んだ1388年の「労働者の法律（Statute of Labourers）」が，レクリエーションに関連する最初のものであるといわれている。しかし，一般市民の自由な利用を目的とした公園づくりが始まるのは，19世紀に入ってからであった[8]。

イギリスにおける都市公園の成り行きは19世紀の産業革命がもたらした工業化と深く結びついていた。人口10万を越える大規模な工業都市の誕生とそこに集まってきた労働者によって都市内部においては貧富の格差が広がり，貧困と過密が劣悪な生活環境を生み出していた。19世紀半ばにすでに200万都市となっていたロンドンは，この劣悪な生活環境に対し健全な娯楽と良質な環境を提供するための「公共の庭」を計画した。このはじめて計画

図 1-1　リージェント・パークの野外音楽棟

出典：武藤, 1991：10 頁

された公共の庭が市民の利用を前提とした初めての都市公園「リージェント・パーク (Regent park)」であった。

イギリスにおける近代的都市公園の発達は、社会における衛生的観念の向上および人道主義の発達と軌を一にしていると言われているが、公園設立を法律的基礎の上において促進させようとした動きは、1830年代を中心に本格化する。1833年における英議会の特別委員会の報告書、また、この翌年の新興都市の非衛生的な環境の改良問題を取り上げた国立委員会の報告などの影響で、1848年に「公衆衛生法 (Public Health Act)」が制定された。その中には、中流階級以下の人々にとって必要な「公共の遊歩地」、「体育・慰楽」などを自治体の手によって整備するよう呼びかけていた。

各法律はそれぞれ特徴を持ち、適宜改正されながら公園の発展に寄与していくこととなる。その中で、とくに注目されるのは、1860年の「公共改良法 (Public Improvement Act)」である。この法律はわずか7条文でありながら、その内容においては、1863年の「都市庭園保護法 (Town Gardens Protection Act)」とともに、公園に関するもっとも重要なる法制、すなわち1875年の「公衆衛生法 (Public Health Act)」の改正を促す要因となる。その第164条のわずか2項の規定によって、地方自治体が初めて「公共歩道および遊園 (Public Walk and Pleasure Ground)」を設けることができるようになった。条項の内容には、「公共歩道および遊園を地方自治体が買収するかあるいは借地し、

表1-1　19世紀イギリスにおける公園関連法制

年度	法律名
1836	Enclosure Act
1845	General Enclosure Act
1847	Town Improvement Clause Act
1848	Public Health Act
1859	Recreation Ground Act
1863	Town Gardens Protection Act
1863	Public Works (Manufacturing Districts) Act
1866	Metropolitan Commons Act
1871	Public Parks, School and Museums Act
1872	Park Regulation Act
1875	Public Health Act
1876	Commons Act
1877	Metropolitan Open Spaces Act

それらを維持管理・改良し，費用を分担すること，およびこれらの取締のために条例を作ること，この条例を違反した者の退去について規定することの権限を地方自治体に与えたもの」なども含まれていた。[13]

1.1.4 「レクリエーション地法」

1875年成立の「公衆衛生法」は，その中に都市計画の初期法制が織り込まれており，都市計画上重要なものであった。また，公園がこの中に含まれていることは，公園が都市における公共施設として認識されていたことの証拠である。すなわち，産業革命による都市への人口集中とともに，その都市労働者の余暇時間の利用としてのレクリエーションの必要が認められるようになり，そのための土地が必要となったことを意味している。

とくにレクリエーションに関しては，1820年代から30年代にかけて中間階級を中心に流行していた。この時期のレクリエーションに対する認識の改善は，「社会の改良（improvement）」に関わるものであった。言い換えれば，大衆的なレクリエーションへの関心は，当時の改良主義・道徳主義など，合法的なレクリエーションを主張する活動家たちの主たる関心対象であった。当時における「レクリエーション」の意味は，「再・創造」を意味し，「心における再充電およびより良い生活のために必要な精神」として認識されるよ[14]

うになっていた。

　このような社会認識に対応して登場するのが，1859年の「レクリエーション地法（Recreation Ground Act）」である。この法の前文は，「青少年の統制あるレクリエーションおよび児童のための遊戯場として密住地に近い土地を使用するための贈与を便ならしめる法律」と示し，都市計画的見地からの公園用地を取得する重要性が，当時から考えられていたことが読み取れる。[15]

　この時代の公園の主目的は，静的なレクリエーションであり，公園の観念もまた「散歩，体操および遊戯」の範囲であった。これは後のスポーツ，ゲームなどの動的なレクリエーションのための公園とは多少趣を異にしているが，レクリエーションを対象とする公園についても，1863年の「都市庭園保護法（Town Gardens Protection Act）」の制定・法制化とともに公園の機能として含まれるようになった。

1.1.5 「都市庭園保護法」と「公園取締法」

　公園の初期管理においては，王室・貴族所有地の開放によって公園的利用が行われていた土地は，1863年の「都市庭園保護法」の適用を受けていなかったが，後述するように，1872年にいたって，これらの王立公園に関する法律として「公園取締法（Park Regulation Act）」が制定された。

　まず，「都市庭園保護法」は，「市および特別市内の一定の庭園または装飾地の保護のための法律」の略称であり，全8条から構成されていた。条文の主な内容としては，第1条には，「広場内の庭園などは首都建設委員局または他の法人当局によって維持される」という，公園管理に関する義務の規定が取り上げられていた。すなわち，「公園の管理が不十分ないし他の原因によって管理が疎かにされたところでは，これらの土地を管轄する首都建設委員局および市または特別市内の法人が，この庭園または装飾地の管理をする」との趣旨を掲示し，これらの主体が公園管理に対する義務を負うというものであった。他には，「侵入に対する保護」（第2条），「庭園などの維持に関する条例」（第4条），「庭園の毀損に対する罰金」（第5条）などが含まれていた。

　ところが，この「都市庭園保護法」においては，第7条に例外規定があり，

その内容は王室財産などの除外であった。除外された王室財産の内容には，①女王に属する庭園，装飾地またはその他の土地，②一時的に建設委員長の管理下にある，または1851年の「王室土地舗装法」によって一時建設管理官として行動している者の管理下にある庭園，装飾地またはその他の土地，③国会による公共法または私法によって，適当な管理と保護のための特別規定が設けられている庭園，装飾地またはその他の土地などであった。[16]

この王室財産関連の例外規定は，1872年の「公園取締法」，すなわち，「王有公園及王有庭園の取締に関する法律」において補完されるようになった。その条項は全部で15条から構成されており，1863年の「都市庭園保護法」において除外されていた王室所有の庭園，公園などの管理の徹底・補完を期するために制定された法律であった。主な内容は王室公園の管理に関するものであり，王室公園の管理および営繕を所管する営繕大臣（Ministry of Works）が所管する公園について，その取締方法などを規定したものである。この法律の特徴としては物的施設に関する規定が無いことおよび後述する公園管理官に警察官同様の権限を与えたことなどであった。[17]

この法律のもう一つの特徴は，公園管理官の設置を規定したこと，「公園管理官（Park Keeper）」とは，「本法の通過前に公園管理官として任命された者，または本法によって規定された公園の管理官として任命された者」を指していた。第7条の規定「公園管理官の権限，義務および特権」においては，「公園管理官は，法によってとくに与えられた権限および免除特権（Immunity）の他に，管理官としての管轄の公園内においてその公園を管轄する警察区域内での警察官と同様の業務と責任を有する」とし，その義務としては「自己の任務の遂行上自己の行動に関して，随時委員長から受け取った法的命令に従わなければならない」とされていた。また，制服を着用し，その助手とともに，「公園内において，規則に違反する行為をしたと管理官が判断した違反者を逮捕状なしで拘引することができる」と規定されていたが，それは，違反者の氏名住所が不詳で公園管理官がその身分を確認できない場合に限るとされた。[18]

さて，前述した「公衆衛生法」では，1890年に遊園に関する権限を拡張し，公共歩道および庭園を閉鎖すること，および入場のための料金をとること，

地方自治体の区域の内外にわたり私人が設けた歩道および遊園を買収またはそれらに新しく施設を加えることができるようになっていた。[19]

　この法律は，その後改正され拡大していく。1907年に，アイス・スケートの保護，ゲームのための土地にベンチを置くこと，建物を建てること，公園管理官に警察権を与えること，条例を作ること，河浜に関する取締条例を作ること，などが追加された。この1907年の「公衆衛生法」の改正によって，遊園・公共歩道という従来の言葉に代わって「公園（public park）」という新しい言葉が，法律上使用された。すなわち，法律用語としての「公園」は，近代的都市公園の発祥地であるイギリスにおいてさえ20世紀に入ってから登場したのである。

　イギリスにおける都市公園の発達は，工業生産，すなわち産業革命をきっかけとして急速に進行した。とくに，イギリス都市公園において，もっとも重要な時期であった「ヴィクトリアン公園（Victorians park）」は，産業革命による時代の変化を，物質的側面よりもむしろ精神的側面において受け止めていた。それは，一つの世紀の変わり目ではあったが，都市においての「大きな公園（large park）」が，過密都市生活における「自由空間（open space）」問題を解決するには，適切でないことに気づいたことである。すなわち，周りに小さなレクリエーション地を造ることや廃墟となっている空地をレクリエーション用に換えていくことなどは，都市生活に自由空間が必要であることを認めたものであり，世論における大きな変化であった。

1.1.6 「都市公園運動」

　イギリスにおける「都市公園運動（The Park Movement）」は経済的・社会的要因の変化の結果であったが，もっと重要な点は，それが政治的な枠組みの変化，すなわち都市問題に対する自治体の影響力の拡大を意味しているところにあった。[20]この都市公園運動は，これまでの公園開園が主に支配階級の恩典的性格あるいは後見的な観念に基づいていたことへの反発に根ざしていた。というのは，この時期までの主な公園の開園は地域的に偏在していたのである。たとえば，当時の社会において，ロンドンの西側（ウェストミンスター寺院の西方）は，上流階級が住むところであったから，当時の公園は主

に上層部の利用が多かった。

　この時期，下層階級は主にロンドンの東側に住んでおり，彼らは不健全な生活環境での生活を強いられていた。彼ら下層市民のための公園開園は，1845年のヴィクトリア公園，1857年のバッターシー公園の開園がその嚆矢であった。[21] ヴィクトリア公園はロンドンの東側に位置し，バッターシー公園はロンドンの南側にある。この二つの公園が画期的であったのは，その開設目的が，これまで恵まれていなかった社会階級としての労働者のために造られたことにある。[22] その結果，王室・貴族所有地の開放時代から慈善（家）などによる寄付時代を経て，自治体による本格的な都市公園づくりが，1870年代以降行われることとなった。すなわち，都市空間において，レクリエーションの必要性が制度上において認められたこと，およびその運営管理の担い手が自治体であったことを意味していた。[23]

図1-2　ロンドンの主な公園とオープンスペース

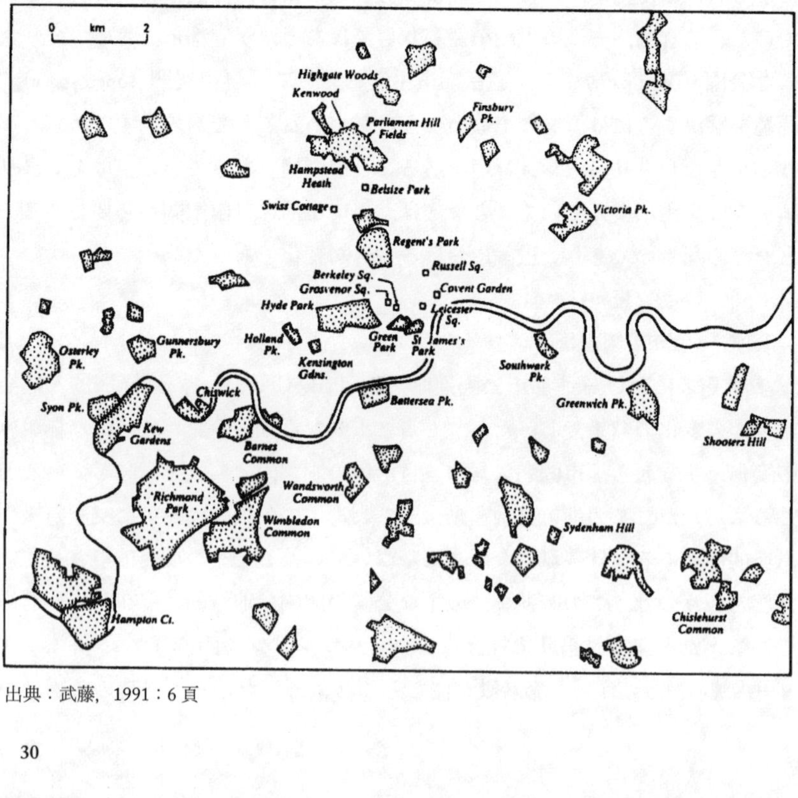

出典：武藤，1991：6頁

公園法制の変遷を中心に概観したイギリス公園の形成過程は，次の2点において豊富な示唆を内包している。
　第1に，公園の開設や整備を促す要因が，産業革命以後の「都市問題」への対策として取り上げられていることである。言い換えれば，都市における公園の必要性は，工業生産力の拡大とともに増大したのであり，「衛生的側面」という消極的な認識から「レクリエーション重視」という積極的な認識への変化という時代背景を反映していた。都市公園の初期形態として，王室・貴族所有の庭園を一般に開放したのが，啓蒙主義的恩恵という時代背景を反映したものであったとすれば，都市の衛生問題をきっかけとしたレクリエーションのための地域的公園の必要性は，産業革命のヒズミの是正と改善という時代背景を反映していた。
　第2に，公園の必要性がだれの手によって充足されていたのかであるが，公園開設の主体は，王室・貴族から，土地所有者，自治体の順に変化していて，それは上で見たように法制度の変化をともなっている。非日常的な公開から日常的な利用へとその必要の要因が変化するにしたがい，それに対応する諸制度も変化した。また，初期の公園管理には警察権同様の権限が与えられていたし，公園のもつ社会的機能が管理内容において保障されていた。すなわち，機能変化にともなう利用実態，法制度，管理内容などは，社会的状況の変化に連動していたのである。

1.1.7　ドイツにおける都市公園思想と国民公園の整備

　19世紀を通じて，ドイツでは，公共の緑地（とくに都市公園）を「民衆啓蒙の場」と見なし，それが持つ教育的機能の強調や愛国心育成の場としての意義づけがなされていた。それは，造園界だけではなく，社会において広く見られる現象であった。公共緑地の理念は，「啓蒙と愛国心」という18世紀末のドイツ思想界の深い関心の中から生まれたのであった。[24]
　ドイツにおいて，当初から公開を目的として自覚的に設置された公園は，18世紀の終わり頃までほとんど存在しなかった。市内にいくつかの庭園はあったが，これらは貴族や諸侯の私園・庭園であり，公開されていなかった。中世から市民の野外レクリエーション用に存在してきた，シュッツェンヴィ

ーゼ (Schutzenwiese) やビュルガーヴィーゼ (Burgerwiese), フォルクスヴィーゼ (Volkswiese) などと呼ばれる緑地が各地に存在していたものの, それらは自然発生的なものであった。しかも, 市の城郭の外側に位置しており, 日常的な利用には不便であった。家屋が密集している市の囲郭内から, 市門 (境界) までは相当の距離があり, 手入れに出向くためには馬や馬車が必要で, 労働に追われていた市民にとって, 日常的にそれらを利用する時間的余裕はなく, 縁遠いものであった。

　また, イギリス同様, 王室庭園や貴族の私園などが一部公開されたが, 利用の際には厳しい制限があった。たとえば, 1714年に公開されたハノーヴァー王ゲオルク・ルードヴィヒの宮殿と庭園の布達文には, 彫刻や設置物の破壊禁止, 犬の持ち込み禁止, 鳥への投石および捕獲禁止などの項目があり, そのうえ「大噴水の周りに置いてあるベンチ類は貴人および身分ある来客用であるから, かかる人々が利用しない時のみ使用すること」などと書いてあった。[25]

　この時期の公園公開は, 市民の利用を第一義に考えたものではなく, すでに述べたように, 啓蒙専制主義において見られる「恩典」をその思想としていた。すなわち, 支配層の威厳誇示と恩典が, 私園・庭園を公開する目的であった。たとえば, ドイツ都市公園の基礎, フォルクスガルテン (国民公園)

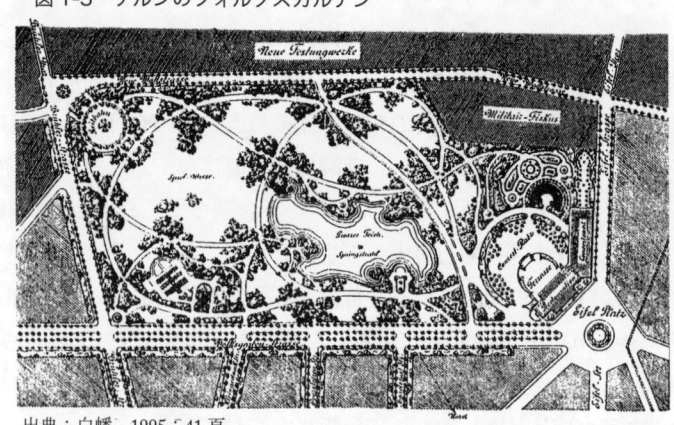

図1-3　ケルンのフォルクスガルテン

出典：白幡, 1995：41頁

の成立にきわめて重要な理論的基盤を提供したとされるヒルシュフェルトの考え方に，当時ドイツで期待された都市公園の啓蒙的かつ教化的役割が鮮明に現われている。[26]

また，彼の国民公園に対する考えの中には，このような啓蒙的かつ教化的な装置としての公園は，民衆を上流市民の教養と愛国心とを併せ持った，国民に育て上げる役割を果たすものであった。したがって，そこには公園の設置に関する行政の役割が強調されていたと考えられる。[27]

他方，都市自治体が決議し，公共の費用で設置された最初のフォルクスガルテンは，マグデブルクのフリードリッヒ・ウィルヘルムスパルク（Friedrich Wilhelmspark）であり，6年間の工事の末，1830年に完成された。「手入れされた自然」と「市に貢献した人物の記念像」の組み合わせによる，「民衆教育にとってきわめて重要な意義を持つもの」としての都市公園の登場であった。ここにきて「教化装置」としての公園は，都市自治体における重要な市政項目となり，公的事業であるとの考えが強く打ち出されることになった。[28]

こうした初期公園に対する「民衆教化」の機能は，19世紀を通じて各種公園設置に深く関わっていく。そのうえ，1840年を前後として，ドイツ都市公園のもう一つの特徴である「記念公園」が，各地に設置されることになる。もちろん，民衆教化の色が強い初期公園にも公園の大きさおよびその性格に応じて，その市出身の偉人の記念像や重要な歴史的出来事を記念した記念碑，愛国者像を設けるほかに著名な学者・文人などの名前が公園名に付けられることはあった。だが，市当局がその設置主体として積極的な取り組みをはじめるのは，この1840年代以後の記念公園においてであった。

1840年，ベルリン市において初めての公園設置が決定され，ベルリン市役所の報告書に「はじめてこの時期に，役所が一つの分野に注意を向けたのであった。法による絶対的・強制的なものでもなく，住民の要求によるものでもなく，役所がこの都市公園分野へ向かうことを促した。フリードリッヒ大王の戴冠（1740年）百年祭記念のため，市の東部に公園を設けることが決定された」と示されており，この公園設置の要因が都市計画的な保健衛生面よりは，むしろ国民教化を目的とした記念事業的な面にあったことがわかる。[29]たとえば，この公園フリードリッヒスハイン（Friedrichshain）の設計者であ

第1章　近代的都市公園の誕生と展開　33

図1-4 ヒンボルトハイン，マイヤーが1873年に手を加えた設計図

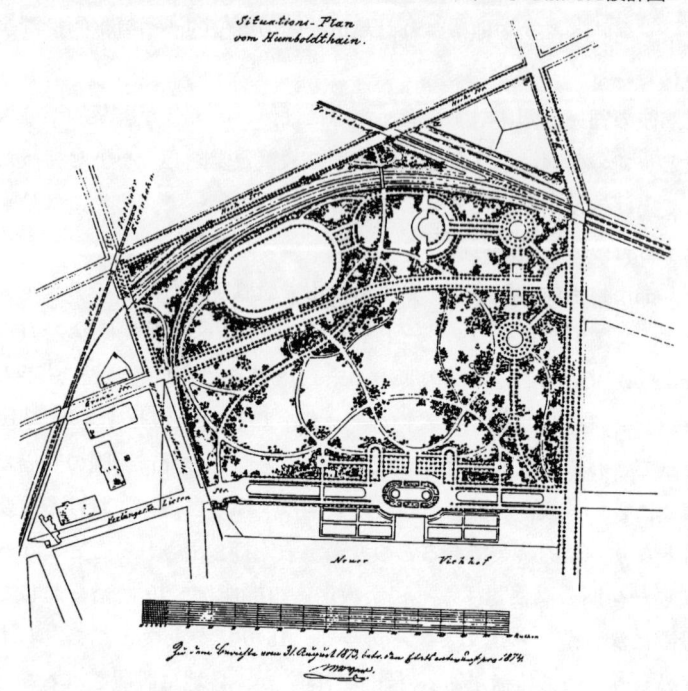

出典：白幡，1995：144頁

ったマイヤー（Gustav Meyer）は著書の中で，「今日，国や地方官庁の側において，都市の公共広場を庭園風に整備することや，散歩道やフォルクスガルテンを設置することが当然のことながら特別に注意されるようになった。というのは，それらは保健衛生上必要であり，また国民道徳的かつ美的教育の手段であるからだ」と述べていた。すなわち，イギリスの造園学者であるラウドンが，ドイツ公園政策の特徴を指していた「都市統治者が設置したもの」は，この時期定着したものであった。

　1860年代から70年代にかけての時期は，ドイツ都市公園政策にとって，一つの転換期であった。1860年代は，ドイツ各地の大都市に都市公園が設置された時期である。しかし，これらの公園は都市の持つ機能や住宅・道路などを全体的に扱った都市計画上のものではなかった。すなわち，この時期まで都市公園の機能は本質的に「民衆教化」であり，散歩に疲れて休むベン

チの木陰や道に沿って見上げた視線の方に待ち受けていたのは，国王・偉人・学者の記念像および彫刻であるか，さもなければ教訓の言葉に溢れた記念碑であった。

ところが，1870年代に入ると，公園を含めた都市公園緑地に関して都市計画的視点が都市自治体の間で芽生えはじめた。ほぼ1860年代の終わり頃から公共的公園を担当するために各都市の土木・建築局（Bauamt）に造園家が雇用された。それは，1870年に初めてマイヤーが造園職（Gartendirektor）を得て以来，各都市の行政が緑地，公園を重要な政策と見なしてきた結果であった。

つまり，18世紀後半のヒルシェフェルトに始まり，レンネ，マイヤーなど，19世紀の著名な造園家のほとんどが，都市公園の主な意義を民衆教育の観点から認識していた。それに加え，1870年代に始まる都市計画において，公園開設の視点ないし公園政策が「民衆教化」を本質的目的としていたことには変わりがなかった。

1.2 太政官布達公園の展開

1.2.1 布達以前の遊園とその機能

日本では，明治維新の前後に多くの知識層が，留学や視察を目的に，欧米都市を訪れていた。近代的都市を初めて見る彼らにとってヨーロッパの諸都市は，ヨーロッパ諸国が経験した産業革命以降の都市問題や政治経済的社会変動の産物としてよりは，蒸気によって動く汽車・汽船・工場と，それらによって生み出される迅速な交通・物資輸送と情報の行き来が実現していた欧米都市の外見こそが，近代文明として映ったに違いない。

すでに，1830年代のコレラ被害を経験した当時のヨーロッパ諸国では，1840年代から60年代まで都市改造の機運が飛躍的に進んでいた。都市改造が一段落した19世紀後半においてヨーロッパを訪れた日本の識者たちの目に映ったのは，電気・水道・道路などの近代の文明によって整備された近代的都市であった。とくに，都市の中ではきれいに整理されていた公園に目を

奪われたに違いない。機械文明と近代的な都市設備こそ西洋の力であると考えたはずである。

  又，街内に遊園地と唱，所々広場有り。平常は諸人此に輻輳し娯楽し，又軍事ある時には兵卒の屯所となるよし……

    此遊園は巴里府諸遊園の如く美潔ならずといえども其大なる事世界比なし。平常は諸人遊興の場所となり，事ある時は兵卒の屯所となるよし……（前島，1989：25頁）。

図1-5　江戸の遊観所

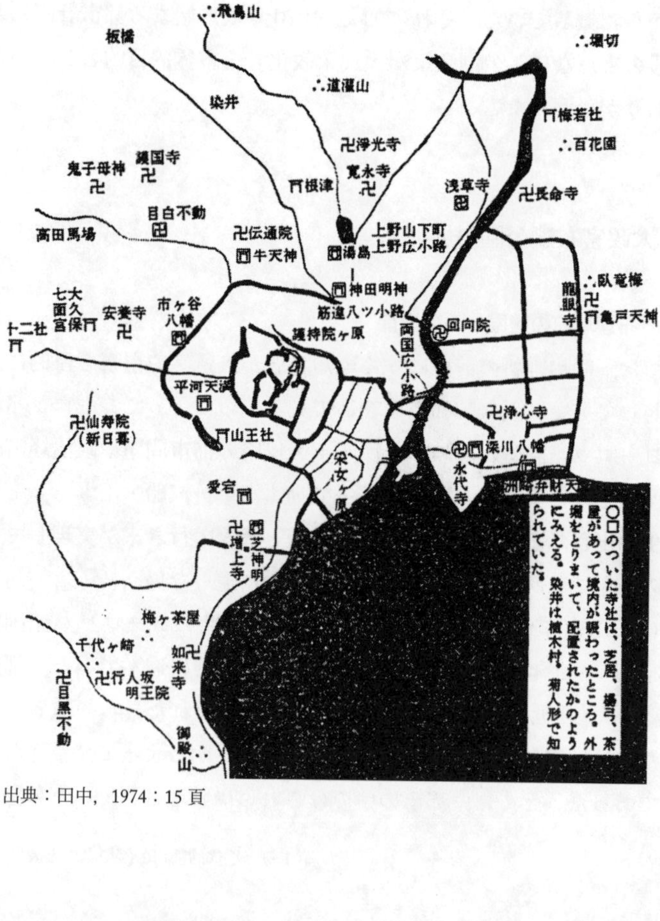

出典：田中，1974：15頁

しかし，上の文章が示しているように，彼らが目にしたのは一応「完成された」公園の姿であり，その都市公園が造られるまでの実際の過程ではなかった。この時期の見聞録に記されている西洋の都市公園の和訳には，ほとんど「遊園」が当てられていたことからも当時の公園に対する認識がわかる。
　理想としての公園の外観だけが素朴に受け取られ，以降長い間，日本における都市公園のイメージを創り上げることになる。では，このような観念的・理想的な公園観がどのような形で太政官布達にかかわっていくのかを，太政官布達前後の社会状況から見てみよう。
　公園法制が始まる明治6（1873）年の太政官布達以前の江戸は，すでに100万以上の人口を持つ巨大都市であった。この東京が，都市としての形をなすのは徳川家康が江戸の造築に着手した慶長8（1603）年以降のことであり，各地から詰め掛けてきた商人たちによって消費都市として膨張をつづけ，三代家光の末頃，すなわち幕府成立の基礎の固まった頃の江戸の民衆の中には，市域内外の名所古跡を遊び回る風習が出始めたとされる（東京都，1975：2頁）。
　太政官布達の内容にも見えるように，この時期「群集遊観」のために「勝区名人ノ旧跡等」の場所が，社会の中に定着していたことがわかる。そのうち，もっとも「行楽」の地として有名なところとして，寛永2（1625）年に幕府の祈願所である東叡山寛永寺に桜が植えられ，寛永末頃には江戸随一の桜の名所として親しまれてきた「上野の忍ヶ丘」（現上野公園）や，享保2（1717）年以来，八代将軍吉宗の「慰楽」策の一環として，隅田川東岸の堤上に桜や柳，桃などを列植させ，御用の桜と唱えて見廻清掃人を常置して保護にあたらせた「隅田川」などが取り上げられる。これらの名所は，吉宗による「慰楽」の手段として採用され，江戸に「行楽」の観念を，観桜とその場所を通じて普及せしめたのである。その他に，品川御殿山・飛鳥山・中野の桃園などが造られた（東京都，1975：4頁）。[32]
　ところが，観桜のために用意された江戸の名所に共通するのは，それらが当時の市街地から遠く離れたところに散在していることである。その理由は，市街地の中には，従来の神社仏閣という伝統的遊園としての空間と，「火除地」という防災的空間がすでに存在していたからである。[33]
　「火除地」は，火災の延焼を防ぐための防火地帯として，明暦大火以来の

火災のたび，名所・旧跡に強制的に配置したもので，道沿いの町家を立ち退かせて道路幅を一定区間だけ広げて広場としたものである。火除地は，普段は近隣住区の息抜きの場所としても機能し，一般には「広小路」とも呼ばれていた。この「広小路」には，桜並木など造園的修景施設はなかったが，家屋が密集した市街地域の中において，身近な散歩場，社交場，市場，納涼広場として機能していた[34]。

また，これらの観桜の名所，火除地（広小路），神社仏閣に加え，江戸の中央公園とされた，護持院ヶ原（原っぱ）や神田川を中心とする神田上水（江戸川）ならびに，多くの運河などに沿った豊かな臨水空地，崖地，林地，草原，社寺の林苑などが公開され，江戸は比較的多くの自然空間や神社仏閣が公園の機能を代替していた。さらに，江戸後期以降に発達した園芸趣味にともない，民営の各種花苑が繁昌したことも都市全体が一つの公園として機能した要因であった（東京都，1985：10頁）。

1.2.2 啓蒙的遊園と行楽

近世の江戸には，都市の中に公園的機能を果たす多くの自然環境があり，「行楽」という言葉が示すように，遊山・祭礼・芸能・物見・商いなどの行われる場であり，日常生活からの解放と観覧を同時に満足させる空間であった。しかし，この時期に造られた多くの遊園は，近代的な都市公園の初期形態において見られる君主ないし貴族階級による民心維持のための啓蒙的公園の原型でもあった。

欧米社会においての初期公園の発展は，この啓蒙主義的恩恵に沿ったものであり，将軍吉宗による民衆の「慰楽策」としての遊園づくりも，この点においては共通的している。この時期を中心にした，王侯貴族や各藩侯，藩主などによる私苑・庭園の開放が，その事実を裏づけている。この時期に開放された庭園としては，南湖（現福島県立公園内），偕楽園などが有名である。

江戸時代における「戸外慰楽」の場は，主に自然的環境の観覧であり，とくに花見については，「群衆・群桜・群食」[35]によって特徴づけられるように，「静態的」なものであった（東京都，1975：14頁）[36]。封建社会において，庶民には保健・衛生・健全体育など必要としないという封建的思想が，動態的な

ものの発展を妨げていた。すなわち、「歩く」・「見る」ことだけが行楽として一律に行われていた（東京都、1985：15頁）。

1.2.3　太政官布達公園の展開

「太政官」とは、明治18（1885）年の「内閣官制」制定前の国政を掌る最高府であって、その機構は変更を重ねる。この時は、明治4（1871）年7月に改正された官制であった。太政官布達第16号の文書は、太政大臣が正院、すなわち、太政大臣府から府県に下達したものである。この太政官布達によって始まる公園制度の背景には、当時の明治政府が財政確立のため全国の民有地に国税を課する「地租改正」という大事業があった。

この「地租改正」は、江戸幕府時代の「米納」を一律に「金納」へ変更するために、全国の土地に対して「官公有地」と「民有地（課税地）」に区別したものである。そのため明治政府は、全国の官公有地を調査し、民有地と決定したものに対しては、その反別面積、地価、税額を表記した「地券」というものを発行した。[37]

では、太政官布達の目的は何だったのか。これに対しては、いくつかの説があるが、どの説も説得的な史実を欠いており、共通して要因として取り上げているのは、明治新政府が没収した旧幕府旗本の郭外（江戸城外郭の外）など一千数百か所にも及ぶ膨大な土地の処理に公園地を当てたということだけである。なかには、このような土地政策としての公園制度の誕生は「国民統合の一環」であったとの見解もある。[38]

公園制定の成因となったと考えられる当時の社会的背景として、以下のことが挙げられる。すなわち、①公設の公共遊園や市街地の広小路のごとき、自由空地が都市生活に必要であるという観念、②永年にわたる無計画的な都市造成が招いた都市の老朽化に対する嫌悪、③幕末明治の交にわたり、泰西の文物に直接触れてきた帰朝者による近代的都市事情、とくに公園や市民の公共慰楽設備に関する外国の実情の紹介、④新文明の輸入によって近代化をはかろうとした明治政府の対内策、などが取り上げられる（東京都、1985：16頁）。

しかし、公園制定の直接的な動機は具体的に、①明治新政の標榜した近

代国家の首都たる東京をはじめ主要都市は，対外的・対内的にも急速に整備し近代化する国策としての必要が生じていたこと，②維新後の大改革により大量に開放もしくは公収された幕藩関係の所領，料地，施設地，社寺境内・周縁地など，いわゆる「上地処分」された土地の再利用が必要であったこと，③国内の開港都市（とくに，横浜・神戸）において，すでに計画または実施をみた内地人・外人共用の近代的遊歩園の効用が普及していたこと，などが説得力をもつ，といえよう（前島，1989：15頁）。[39]

　他方，明治6（1873）年の公園制度布達の直接的なきっかけは，明治元（1868）年から論難の対象となっていた，上野旧寛永寺境内の処理をめぐって講じられた臨時策との意見もある（日本公園百年史刊行会，1978：76頁）。

　しかし，公園制度の狙いがどこにあったのかは史実の上では定かではない。ただ，この公園制度の始まりが，近代都市における公園の設置という理念とは反対に，現実的には従来の名所を基盤として公園という名を与えたことだけは異論のないところである。[40]

　以上のことからみて，近代的都市公園制度の始まりとされるこの「太政官布達第16号」は，当時明治政府が抱えていた旧幕府地の処理という現実的な土地管理の問題と，集権的国家の建設の条件としての近代的諸制度および設備の導入・移植，伝統的遊歩施設の確保という政治的・社会的条件があいまった産物であったと考えられる。[41]

1.2.4　太政官布達第16号の内容

　太政官布達第16号の内容は，次に示すとおりであるが，布達としては簡単な内容が指示されていた。この布達の基本的な性格は，布達の宛先が府県となっていることから，一般的な布告としての命令されたものではなかったことにその特徴がある。すなわち，公園という制度を始めるという一般向けの布告文としてではなく，地方官たる府県知事に公園の候補地を調べ上申するように求めた行政内部の連絡文書である。この布達の内容を詳細に見ると，この時代に公園というものをいかに捉えていたのかが読みとれる。まず，この布達を現代語で読み直してみよう。

東京・大阪・京都をはじめ，人口の密な場所で，これまで多くの人々が群集して遊覧の場としていた古来の景勝地や旧跡，たとえば，東京では浅草寺や上野寛永寺の境内，京都では八坂神社・清水寺の境内，嵐山のような場所，すなわち，従来から特別免税地の扱いを受けてきた社寺境内や公有地の類があるところは，このたび改めて，すべての人々にとって永く偕楽の場所となる，公園に制定することになったので，各府県においてはこのような趣旨に沿って適地を選定し，その景観状況を細大にかかわらず調査した上で，図面を添付して公園とするの可否を大蔵省に伺い出るようにせよ。

図1-6　太政官布達第16号

```
　　　　　　　　　　　　　　　　　　明治6年1月15日
　　　　　　　　　　　　　　　　　　太政官布達第16号
　　　　　　　　　　　　　　　　　　　　　　府　県　へ
　　三府ヲ始，人民輻輳ノ地ニシテ古来ノ勝区名人ノ旧跡地等是迄群集遊観ノ場所
東京ニ於テハ金龍山浅草寺，東叡山寛永寺境内ノ類，京都ニ於テハ
八坂山，清水ノ境内，嵐山ノ類，総テ社寺境内除地或ハ公有地ノ類　従前高外除地ニ属セル分
ハ永ク万人偕楽ノ地トシ，公園ト可被相定ニ付，府県ニ於テ右地所ヲ択ヒ，其景
況巨細取調，図面相添ヘ大蔵省ヘ可伺出事
```

出典：日本公園緑地協会，1999：8頁

　その宛先が府県となっており，「三府」，すなわち，東京府，大阪府，京都府のように人口の多い都市部をはじめ，人々が集まり群がる場所のうち，従来から「群集遊観」の場所であった所を選ぶことなど具体的な事例を取り上げ，指示していることがわかる。
　ところが，この布達には別達などの添付は一切ない。公園地としてふさわしい場所や公園地の詳細な調査，大蔵省への報告などの指示が記されているだけである。公園地の所有関係や管理方法などの詳細には一切触れていないことからみて，布達における公園の性格が準備されたものではないことが推測される。このことは，公園地とはいえ従来の名所や遊観地が主な対象であり，またその所有が政府のものである以上，公園候補地の選定とその認定だけで公園制度は成立するとの見通しがあったように考えられる。

「社寺境内除地或ハ公有地ノ類」,「従前高外除地ニ属セル分」という表現によってその思惑がわかる。すなわち,「高外除地」,「公有地」というものは,徳川幕府において多くの社寺に対して,将軍の「朱印状」による土地所有権の確認政策の一環として行われ,明治政府においても,私有地の認証があるもの以外のすべての土地を上地させ,官有地に属させた政府所有の土地を表わす言葉であった。とくに,布達にある「公有地」とは,社寺の朱印地でもなく除地（税金が免除された土地）でもないが,従来から公共の用に供せられている道敷,堤塘敷,溜池,土揚敷,一里塚や郷倉敷地などの土地で免税されているところであり,幕府時代においていわゆる「無年貢地（検地帳から除かれた土地,除地）」と称していたものであった。この布達では,公園とすべき土地は官有地であるとの認識が定着していたと考えられる（日本公園百年史刊行会,1978：79頁）。

　ところが,この太政官布達の内容においては,明確に公園の概念が示されていない。公園地としてふさわしい場所の条件だけでは,公園をいかに定義していたのかは読みとれない。その後,「公園」の概念としていち早く登場したのは,明治7（1874）年の太政官布達第120号によって定められた「地所名称区別」によるものであった。すなわち,明治9（1876）年の内務省議定地理寮発議による「地所名称区別細目」において「公園地ト称スルモノハ各府県ニ於テ伺定メタル衆庶偕楽苑ナリ」と記載されており,これが公園を定義した最初のものであった（佐藤,1977a：3頁）。このように,近代的公園制度の発祥とされる太政官布達はその内容から見て,明治初期の社会的動揺を和らげると同時に「和魂洋才」という側面を考慮したものであった。

　つぎに,太政官布達の行政的手続きとその性格についてであるが,とくに,大蔵省に報告させた後はどうするという細目指示もなければいつまでに報告せよという期日指定もない。おそらく,当時の政府は公園に関する立案・開設・維持方法などの一切を府県令に委ね,公認権だけを握ればよいという考えであったと考えられる。というのは,公園開設の土地が官有地であり,管理者が政府の任命する地方官たる府県知事だったからである。そこから,「地盤国有としての国営の公園」という観念が,この時期すでに存在していたことがうかがえる（前島,1989：34頁および日本公園百年史刊行会,1978：80頁）。

しかし，このような公園制度の始まりを告げる太政官布達は，管理体制ならびに公園に対する社会的認識の欠如により，明治後期にいたってその限界が明確に浮き彫りとなった。そのため，実際上その機能を失うことになる。

1.3　計画公園の誕生──遊園から公園へ

1.3.1　伝統的行楽文化の否定

　上では，近代的制度としての都市公園の誕生とその制度的根拠であった太政官布達が出された社会的状況等を中心に，どのような機能が近代的公園の初期形態に求められていたのかを欧米（イギリスおよびドイツ）と江戸期以降を中心に検討した。

　ここでは太政官布達の連続線上にありながらも性格の異なった公園を近代的都市計画思想の上において生み出そうとした「市区改正期」とその計画的思想の土台であった「旧都市計画法期」を中心に，初期の近代的都市計画上における公園の機能がどのように定着ないし変化していくのかを中心に見ていく。この東京市区改正をはじめとする初期の都市計画法に基づく計画的公園づくりは，戦後における都市公園行政の土台を形成しており，その諸特徴の一部はいまもなお残っている。

　明治維新以後，急変していく社会状況の中で，公園が伝統的な遊園ではなく近代的な都市施設としての地位を獲得するのは，制度の力では制御できない自然的・人為的災害を契機としてであった。とくに，「関東大震災」を契機として都市空間における火除地としての空地に対する認識の高まりが，従来の行楽・遊観・遊覧のみならず，防火地帯ないし避難場所という非日常的な空間としての公園の誕生を促すことになる。

　しかし，このような公園開設の必要性が新たな社会状況の変化に順応して行われたとは言いがたい。なぜなら，この時期に必要とされた公園は，従来社会内部において維持されてきた伝統的な機能が制度と現実において分解される過程の産物で，言い換えれば，伝統的な行楽文化の優位が否定され，新たに輸入された都市衛生と教化の機能が伝統の上に移植される過程にあった。

たとえば，従来の名所を公園として制度上規定する際，伝統的「遊観・行楽」思想と融合していた社寺境内を中心とする遊観・行楽の機能は軽蔑・否定され，場所の提供という意味しか持たなくなったのである。つまり，伝統に基づく公園の文化的機能は西洋的教養の強調という行政意図によって塗り替えられていった。

このような問題点を内包しながらも，都市における公園はなくてはならない都市装置として，その重要性と社会性を獲得していた。近代的都市計画の原形である「東京市区改正」事業の中での公園計画はその証左であった。当時，都市空間において生じるさまざまな問題に対応する形で公園計画が盛り込まれていくが，他方においては「都市社会主義」の立場からの公園論議も盛んに行われていた。

1.3.2 「10月委員会（明治18年案）」の遊園計画

社寺境内や名所において行われていた遊観場所の行政追認に留まっていた公園開設の成り行きは順次変化していた。すなわち，都市問題という新たな社会状況の変化とそのための近代的都市計画の必要性がその変化原因であった。明治15（1882）年に東京府が行った市区改正の立案項目の中には，道路，河川，鉄道，架橋の計画が含まれていた（東京都，1985：31頁）が，まだこの段階では，公園に関する項目は見当たらない。公園に関する事項は，明治18（1885）年になって，はじめて審議されることになった。太政官布達の公園とは異なる，必要とされる場所に公園を計画的に造るという考え方は，明治18（1885）年頃にはすでに芽生え始めていた（前島，1989：83-85頁）。すなわち内務省の中に設けられた「東京市区改正設計審査会」において，はじめて大都市東京における公園の計画的必要性が検討された。とくに，この「東京市区改正設計審査会」の原案説明書の中に現われた公園概念は，従来の太政官布達公園とは違う都市計画の理念によるものであり，公園計画における新たな考え方が見られる。すなわち，公園について，「人口稠密ノ都府ニ園林及ヒ空地ヲ要スルハ，其因由一ニシテ足ラスト雖モ，第一ニ衛生ヨリ論スレハ……衛生ニ関スル巨益ノ外，首都ヲシテ首府タルノ壮観ヲ煥発セシムルコト，出火天変ノ際，人民廻避ノ場所ヲ得ルコト……」（東京市区改正委

員会，1919：17-20頁）と説明し，都市における公園の必要性を衛生上の問題においたうえで，公園設置の基準が具体的に設けられた（佐藤，1977a：159頁）。

　この明治18（1885）年10月に出された「東京市区改正設計審査会」の市区改正案，すなわち「10月審議会案」（旧設計）が持つ意義は公園の設置基準やその理論的背景が具体的に明示されたことにあるが，その理論的根拠は当時の欧州4大都市（ロンドン・パリ・ベルリン・ウィーン）における都市公園の整備面積・人口・空地面積であった。その基準は，都市において必要な公園の面積を欧米の4都市の空地対比人口で割出し，人口2万人に対して一つの空地が必要であるという比較から得られた。そこから，当時人口が88万であった東京には小遊園およそ45か所と市街地における大遊園11か所で，計56か所の公園が必要であるという結論を出したのである。それは，面積にして約124万坪であり，1人当たりの面積が1.4坪（4.62㎡）という計算である（佐藤，1977a：160頁）。

　しかし，このような大規模の計画公園が審査会案のとおり実行されることはなかった。都市の中に公園の必要な理由が社会的な認識としてそれほど強かったとはいえず，また計画性の面においても拡張しつつある都市規模を考慮したものではなかったからである（小寺，1952：64頁）。

　「東京市区改正審議会」が内務省内に設けられたのは，明治18（1885）年のことであった。この「東京市区改正審議会」（以下，「審議会」）は同年2月20日の第1回会議を皮切りに同年10月に議事を終了するまで全13回の審議を行い，「市区改正品海築港意見書，市区改正案，市区改正修正案解説，修正諸表，図面」を復申するとともに「東京市区改正局」の設置に関する意見も出された。その市区改正案では，「其遊園ヲ設クル所以ノ者ハ，戸口稠蜜ノ場所ニ在テハ有害ノ気散漫シテ，為ニ大気ヲ汚敗シ，人身病夭ノ媒ヲナスニヨリ，適宜ノ場所ニ園林或ハ，空地ヲ設クルノ準備ナカル可カラス……未ダ衛生上ノ目的ニ達セルコト遠キヲ以テ，……更ニ大小数十箇所ノ遊園地ヲ設ケムコトヲ要ス」（東京市区改正委員会，1919：26頁）と遊園（公園）の意義を説明していた。

　そのうえ，この「審議会」の遊園（公園）案に関する説明の中には人口密度が高くなったことを理由に，主に衛生問題対策として公園が考えられてい

た。この衛生問題以外に,「災変の際の避難場所,車馬混雑の場所に開通の道を設けその共益を得る」との記述も見られ,公園の機能を「衛生・防災・交通難解消」の順番で考えていたことがわかる。つまり,①衛生上の必要,②首都の美観上の必要,③非常時の避難場所としての必要,④鮮魚・野菜などの市場用途に供用,⑤交通の渋滞を緩和する上での必要,などであった(東京都,1975:28頁)。

他方,この「審議会」において議論された内容についていえば,道路・河川・橋梁・港湾など新しい都市づくりの諸計画は知事上呈の原案を審査し取捨選択したのに対し,遊園(公園)・市場・劇場・商工会議所・共同取引所などの設置は,委員の建議にかかわるものであった。日比谷公園が計画公園の一部として採択されたのも,このような委員建議によるものであった。

1.3.3 「臨時公園改良取調委員会」

東京では,明治22(1889)年の「市制町村制」の施行にしたがい同年6月に市会が成立した。市政執行者は東京市参事会東京府知事という変則的な特別市制であったが,市区改正事業は国の代行機関である府知事によって執行されることとなった。

東京市における市区改正設計の公園事業に関しては,市制執行後の8月に「臨時公園改良取調委員会」が設置された。同委員会は,市参事会,市会および公民等の中から選ばれた6人の委員によって構成された。当時公園に関する事務は,庶務課が担当し,公園費の収支残金を公園改良準備金に充てる仕組みであった。設置後2年間の委員会の議論は,47回の会議,実地調査27回,定めた改良計画は86件,臨時問題の評決96件にのぼり,公園の改良に関する全般的な取り調べを行っていたことがわかる。その後,浅草公園など8か所の公園に対する詳細な改良案が報告され,同委員会は一応解散することになった。

ところが,明治31(1998)年に市会議員の建議により,再び公園の改良・取り調べに関する委員会の設置案が提出された。その結果,翌年3月に5人の委員による「公園改良取調委員会」が設けられ,事実上第2期目に入ることになった。この「公園改良取調委員会」の建議文においては,「市区改正

ノ設計ニ於テ本市公園地ニ指定セラレタルモノ大小四十有九，而シテ直ニ公園ノ体ヲ備ヘ，民衆偕楽ノ地タルモノ果シテ幾許カアル」（前島，1989：99 頁）のような指摘がなされていた。これは，市区改正設計の公園事業が進捗しないことへの非難であった。このような状況の中で，第2次公園改良取調委員会は，日比谷公園の新設を決議，布達の公園について調査・報告が同年10月に市会議長に提出された。（東京都，1975：33 頁）。

1.3.4 「東京市区改正委員会」の公園計画案（明治22年案）

明治21（1888）年に公布された「東京市区改正条例」は，東京の市区改正（都市計画）に関する最初の法律であり，その内容は，①東京市区改正委員会を設けること，②その委員会は内務大臣の監督の下に属すること，③市区改正のための特別税を賦課すること[(44)]，④官用に供しない官有河岸地を東京市に下付することなど，とされていた[(45)]。

この条例に基づく「東京市区改正委員会」においては，各種の計画が審議された。その中で，都市公園に関する計画の審議は，前述の明治18（1885）年の「東京市区改正設計審査会案」を修正した形で明治22（1889）年に決定され，翌明治23（1890）年に内務大臣に報告・告示された。前計画（明治18年計画の旧設計案）で用いられた「大遊園，小遊園」の区別を一律に「公園」として定め，その計画箇所と規模を次のように決定した。すなわち，①公園49か所，②合計面積約100万坪（うち要買収面積21万8000坪），③用地買収費および建物移転費167万円弱，がその主な内容であった（佐藤，1977a：162頁）。

この決定は，都市公園政策史上，太政官布達に続く重要な意義を持つものであった。その決定内容を明治18（1885）年案に比較して見れば，①大遊園1か所を削除し，その代わりに新たに「日比谷公園」を加えたこと，②小遊園43か所のうち半分以上の25か所を削除し，その総面積において15万1000坪の減少となったことがはっきりわかる。すなわち，近代的洋風公園である「日比谷公園」1か所の建設のために小公園25か所を犠牲にするほど日比谷公園に期待された機能は大きいものであった。

また，明治18(1885)年案では総工事費が計上されていたが，明治22(1889)

年の都市計画公園の決定においては用地買収費と移転補償費の見積額は計上されていたものの，公園工事費が除かれている。この時期すでに用地の確保が困難であり，まず公園用地の手当てを急がざるをえない状況が生じていた。「先用地後工事」の政策慣行が始まるのもこの時期の特徴である（佐藤, 1977a：160頁）。

そのうえ，この明治22（1889）年の都市計画公園の決定は，明治18（1885）年の「東京市区改正設計審査会案」に比べて，現実的かつ具体的であった。すなわち，都市における公園の必要性を都市衛生面から捉えており，市街地内のオープンスペースの確保が都市環境の重要な要素であることを意識し，市心部だけではなく周辺区部まで相当数の公園を配したこと，「日比谷公園・富士見」のような中央公園的施設を計画したことなどから，そういえる。

しかし，この「市区改正設計計画公園案」の公園計画は，①市街地における小公園の削除，②計画公園の用地の半数が従来の寺社境内地であること，③計画公園用地の約7割が『江戸名所図会』に載っている場所であったことから，公園用地の取得が容易であるという現実の経費問題が重視され，事実上は太政官布達の継承となった。しかも，明治27, 28年の日清戦争とその他国力充実のための諸施策優先という時代状況の渦中で公園計画は放棄されてしまった。明治22（1889）年の「市区改正設計計画公園案」のうち，その後の15年間に公園として実現したのは，坂本公園（1784坪），下谷公園（1

図1-7　東京最初の市街地の小公園（坂本町公園，明治22年開設）

出典：東京都，1985：38頁

万6432坪），緑町公園（7915坪）など6か所にすぎなかった（東京都，1975：37頁）。理念的には太政官布達公園とは違う近代的・計画的な公園造成をめざしながらも，限られた資源の利用という面から，江戸時代以来の名所を用地として利用するという現実的妥協案に変更せざるをえなくなったのである。

　この計画の変更は利用しうる資源が限られているという現実的な状況によって生じた結果であるが，以後の都市公園政策の展開においては致命的な要因として作用することになる。つまり，日清戦争下の当時の社会状況から，都市における公園を贅沢なものとして見下ろす「公園贅沢論」が生まれてきたのである。⁽⁴⁶⁾

　明治22（1889）年の市区改正旧設計が公示された時期は政治体制に大きな変化があった時期である。これより先の明治18（1885）年には旧来の太政官官制が廃止され，その代わりに内閣が置かれた。また明治19（1886）年には各省官制が布かれて国家行政の基本構造が確定される一方，明治21（1888）年には「市制町村制」が制定されるなど，明治期の地方制度の体系が一応完成を見る時期でもあった。

　このような社会情勢の変化のなかで，条約改正などの対外的要因もあり，帝都たる東京の改良論議が急激に台頭しはじめた。この東京の改良は，従来の部分的・個別的改良ではなく，国家機構の全面的改革に対応する体質変化を帯びるものであった。

1.3.5 「東京市区改正新設計公園案（明治36年案）」

　市区改正旧設計が公示された後，日清戦争の勃発により国家財政は戦費に重点が置かれ，社会投資に関する財政の支出は最小限に抑えられた。しかし，日清戦争の勝利とともに首都改良の市区改正に関する世論は再び高まり，膨張した東京の改良は至急を要する課題となった。

　この膨張してきた東京に対し，「市区改正縮小促進に関する建議」の中では，「［市区改正］条例の精神である営業衛生通運等永久の便利は［市区改正が進まないことによって］支障を生じさせている。……現行のままでは事業の早期完成は困難である……設計を変更縮小し最も重要な路線等を選び，その他は一旦廃止し，速やかに事業を完了すべし」（［　］は引用者）（末松，1981：97頁）

という意見が出された。

　市区改正委員会は構想を新たに検討し,「東京市区改正新設計公園案」(以下,「新設計」)として公示した。この「新設計」において,「公園ハ将来益々其必要ヲ感スルヘキヲ以テ之ヲ削減スルハ惜シム所ナリト雖モ, 市区改正経費ノ膨張ヲ避クル為メ其最モ必要ナルモノノミニ止メ, 他ハ之ヲ削除シ其設置スルモノト雖モ止ムヲ得サルモノヲ除クノ外, 官有地範囲ニ止メ, 民有地ノ部分ハ之ヲ減縮スルコトトセリ。新設計ニ於テ公園ノ区域ヲ変更セスシテ其面積ニ異動ヲ生ジタルハ坪数調ノ結果タルニ過ギス」(東京市区改正委員会, 1987：第190号) と説明されていた。

　この「新設計」の説明のとおり, 新たな計画公園として18か所の公園が定められた。その順番としては, 第1に日比谷公園, 第2に麴町公園の他, 緑町公園が第18に書かれていた。総工事費用は79万円あまりであった。この「新設計」の公園18か所は後に4か所 (氷川公園, 四谷公園, 市ヶ谷公園, 白山公園) が加えられた形で「市区改正委員提出修正案」として提出され, 確定された。

　市区改正における「新設計」の公園計画は, なるべく必要な公園に絞って計画されたが, 明治36 (1903) 年の日露戦争の開戦は, またもや公園事業の進捗を妨げる大きな要因となった。そうした中で,「新設計」の公示から2か月後の同年6月に, 日本の公園史上初の洋風公園と称される「日比谷公園」が開園され, これが東京市区改正新設計において得られた公園関係事業の最大の収穫であった。

　他方, この新設計公園事業の特徴の一つは, この時期の公園事業の重点が従来型公園の改良工事であったことである。すなわち, その創設以来30年を経過していた太政官布達公園は, いまだ社寺境内をその基盤としていた。そのため,「新設計」の公示後は旧来の公園の移転や改良が積極的に行われるようになった。たとえば, 明治33 (1900) 年には市会議決を受けていた「芝公園」の改良が行われ, 4万8000円あまりの予算で公園内の社寺, 民家, 寮などを買い取り, 園内の不法居住者を追い払うこととなった。翌年には「深川公園」において同じく居住者に対する返地命令を発して, その補償費用として6000円が支給された。その後, 明治40 (1907) 年には「浅草公園」

図 1-8　東京市区改正全図（1912 年頃）

出典：石川，2001：206 頁

において公園の左右にあった浅草寺支院など一部社寺が同公園に属していた他の付属地に移転するなど，浅草公園の大改良が図られた（前島，1989：97 頁）。

　ところが，日清・日露戦争などにより社会状況が急変していく時代となるにつれ，都市公園のような都市設備に関する社会的認識は次第に公園贅沢論に流れ，明治 36（1903）年の市区改正新設計における計画公園の規模は大幅に縮小される。すなわち，明治 36（1903）年 3 月に告示された東京市告示第

36 号では，都市計画公園の数 49 か所から 22 か所に減らされ，総面積も 66 万 7000 坪にするという大削減であった。この新設計の数字にしたがえば，東京の都市計画公園は既設の太政官布達による 5 大公園の面積 52 万坪を差し引く結果，新設の公園計画はわずか 13 万坪にすぎないものとなる。現在の東京における都市公園面積の絶対的不足は，この時期の計画決定がその一因である。

　この市区改正新設計計画の縮小の直接的な原因の一つは，明治 31（1898）年の「東京市制」施行によるものであり，従来東京府の所管であった公園事務は東京市役所の新設とともに完全に東京市の事務として扱われることとなった。しかし，東京市としては巨額の用地買収費を必要とする公園計画は，財政負担を考え，大幅に縮小せざるをえなくなった。

　東京市区改正新設計公園の特質としては，①都心部に日比谷・富士見の両公園の如き大面積の公園を中央公園的施設として計画したこと，②区部以外，郊外地域（郡部）に飛鳥山・品川・王子などの公園を設けたこと，③審議会が都心部を中心において考えたのに対し，周辺区部にも相当の数の公園を計画していたこと，などが上げられる（小寺，1952：72 頁）。

1.3.6 「小公園ニ関スル建議案」

　他方，新設計公園計画で注目されるのは，「小公園」の設置に関する機運の高まりであった。東京市区改正新設計による公園の新設が軌道に乗り始めた頃，すなわち明治 40（1907）年 5 月の市区改正委員会において，市内小公園の増設に関する諸意見が出された。たとえば，「御茶ノ水公園」の追加に関する具申書の中に，「市内人家ノ日ヲ遂フテ密ヲ加ウルノ結果各所ニ小公園ヲ設ケ市民逍遙ノ地ト為スハ極メテ必要」という意見が見られ，急速に進展する小公園増設機運の一部を看取することができる[47]。

　その後，小公園の増設に関する世論の高まりは，明治 43（1910）年に「小公園ニ関スル建議案」の形で市区改正委員会において議案として可決された。すなわち，前述の明治 43（1910）年 3 月の「東京市公園改良委員会報告」と密接な関係のあった公園関連の議論は，東京市が中心となって児童遊園計画を打ち出し，これを東京市区改正委員会に提案したのである。

この「小公園ニ関スル建議案」においては，児童遊園の必要を「児童ノ多クガ倒(到)ル処通路ヲ馳駆遊戯スルガ如キ，是レ一ハ慣習ノ然ラシムル所ナル可シト雖，一ニハ恰好ノ広場之(ナ)シキニ因ラズンバアラズ」と指摘した上で，その対策として「市内適当ノ箇所ヲ選定シ，更ニ幾多ノ小公園ヲ設置スルハ寔(まこと)ニ緊要ノ事ナルト信ス」と建議されていた。「東京市区改正委員会」においては，小公園問題を調査する委員5人を選び，場所の選定以外のことは，この「小公園調査委員会」に一任した。「小公園調査委員会」の調査結果は，明治44（1911）年7月に報告され，その日議決された。調査報告書は，「各区を渉り候補地をもとめ，数回の会議を重ね実施のために審議はしたが，その多くが民有地であり，経費の関係上実施が容易ではない。そこで，直ちに設計案に追加するものを報告する」と述べていた。

1.3.7　日比谷公園の誕生と記念公園の新設

　日本初の近代的洋風公園として知られる日比谷公園は，従来の遊園ないし社寺境内を公園化するのとは異なる計画性をもって，その姿を現わした。この近代的洋風公園の出現は，神社仏閣の境内や名所によってつくられてきた公園のイメージを変えるできごとであった。日比谷公園の成立は，太政官布達に示されたような江戸時代以来の「群集遊観」とは本質的に異なる，近代的都市施設の一部としての認識をもたらすきっかけとなった。すなわち，伝統的な「盛り場」としてではなく，近代都市の弊害であるさまざまな悪環境を改良し衛生・保健ないし都市民のための健全な余暇利用施設として，また公平に利用できる場所として公園が造成されるようになったのである（東京都，1985：53頁）。

　日比谷公園が初期都市計画事業，すなわち東京市区改正の対象となった契機は，明治21（1888）年に開かれた東京市区改正委員会においてであった。同委員会の議論の中で取り上げられた「第1等道路第1類」の路線審議において，この路線にあたる陸軍日比谷練兵場跡を公園とすることから始まる。この日比谷公園となった区域は，幕末時代には御用屋敷・諸大名の屋敷で，明治4（1871）年頃から陸軍操練場となり，一般には日比谷練兵場と呼ばれていたところであった。

明治22 (1889) 年の5月に告示された「市区改正設計（旧設計）」の「公園ノ部」第1に挙げられていた日比谷公園は，その市区改正設計告示の後，一部の用地が陸軍省から内務省へ引き継がれ，同 (1889) 年12月および明治26 (1893) 年2月の引き渡しを踏まえ，東京府の公園地として確定されたのは明治29 (1896) 年の5月であった．当初，練兵場内公園敷地の総面積は約5万7000坪あまりであったが，後に市区改正道路敷地として5900坪あまりが除かれ，最終的な公園用地は5万1000坪であった．

　明治33 (1900) 年に東京市において助役を委員長とする「日比谷公園造営委員会」が設置され，同 (1900) 年11月に各委員に事務分担が依頼された．その設計者は，ドイツの公園づくりに精通していた本多静六が担当し，翌年の明治34 (1901) 年に設計原案に基づき予算案が修正可決された．その結果，総額17万5000円，2か年の継続事業として日比谷公園の造営工事が始まった．

　当時，造園工事の責任者には設計者の本多静六がなり，助手として本郷高徳が詳細図面を担当した．また，工事主任と現場監督は，田中鋭太郎，白石信栄であった．この時期は市区改正設計の告示から8年が経過していたが，東京府は用地の引き継ぎに先立って，明治26 (1893) 年から告示を通じて，地元の麹町区長に日比谷公園用地の管理を担当させていた[48]．この最初の洋風

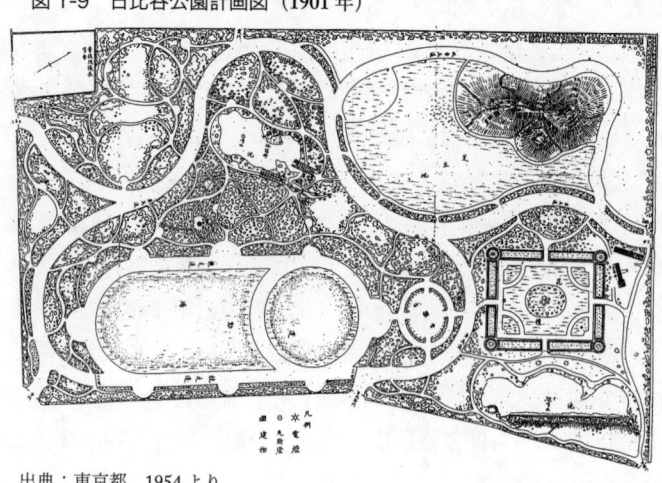

図1-9　日比谷公園計画図（1901年）

出典：東京都，1954より

公園に設置された園内施設は，車道と歩道に分離された道路・水道・噴水・洋風と和風の庭園・遊戯場・競走場・街灯などがあり，他にも日本の公園の音楽堂の嚆矢となる音楽台や唯一の公園文化財である公園管理事務所が設置された（東京都，1985：50 頁）。

　日比谷公園の造成は，日本における近代的都市施設としての公園の位置づけを最初に与え，以降の公園造成を活気づける要因にもなった。路面電車敷設のための都心部の道路整備や上水道の整備などが，市区改正の成果として取り上げられたことに関連して，日比谷公園の新設が取り上げられていた。すなわち，日比谷公園の新設は，明治中期以降から東京市区改正にまつわる一連の動向が終息する大正 5（1916）年までに達成された最も大きな成果であった。とくに，大部分の市区改正公園，すなわち，面積にして 2000 坪から 1 万坪の公園計画が原案どおり実現されなかったことを考えれば，この日比谷公園（面積約 5 万 4000 坪）の新設は，通常の公園開設という次元を超えていたことがわかる（越澤，1992：18 頁）。

　初期日比谷公園では，開園と同時に掲示板が設置され，①荷車の出入り，②馬車・人力車の空車のままの入園，③行商の立ち入り・広告看板，④芸人などの立ち入りなどが禁止されていた。また，入園を妨害すること，および不体裁な服装での入園も禁じられていた。乱雑にならないことを原則に，コーヒー・喫茶店・ミルクホール・盆栽の植木屋などの出店を認め，来園者への配慮と同時に収入源とした。ちなみに，日比谷公園内の「松本楼」も日比谷公園の開設とともに許可された喫茶店であった。これらのことから，当時管理者責任を負っていた東京市の日比谷公園に対する姿勢がうかがえる（東京都，1985：51 頁）。

　一方，当時の公園造成の特徴の一つは，各種「記念公園」の設置である。そこには江戸時代以来の遊園（公園）の後見性が継承されていた。すなわち，従来の遊園・公園には非日常的な行楽を通じての「社会秩序」の維持という消極的な啓蒙性が強調されたのに対し，この時期の記念公園ならびに恩賜公園には積極的な啓蒙性が見られる。

　公園が各地において記念事業として設定・設置される動きは，明治期後半から顕著になる。もちろん明治期初期において，各地域で何かの特筆すべき

事件や事柄，たとえば耕地整理や新道開設などがあった場合に，その記念として公園を造成することはすでに行われていた（丸山，1994：121頁）。

しかし，この時期から本格化する記念公園の造成は，従来の記念公園とはその性質を異にしていた。なかでも天皇の即位大礼，皇太子の地方行啓(ぎょうけい)は，明治・大正・昭和期を通じて国民的関心事であり，皇化遠陬(えんすう)（都から遠く離れた地）に及ぼすという聖徳信仰の精神から発したものであった。しかも，遠隔の比較的開発が遅れていた地方都市において行われる皇室関係記念公園事業は，その後の「紀元2600年記念事業」と結びついてゆくのである。

すなわち，明治期後半以降各種の記念公園の新設が活発に行われるようになるのは，①皇室関係者の御慶事・行幸(ぎょうこう)記念，②戦捷(せんしょう)記念，③博覧会・共進会開催記念，④紀元2600年記念などを名目としていた。これらの記念公園の積極的な建設は，戦前における天皇の神格化に根ざした啓蒙主義の一環であり，国家統治における象徴化でもあった（日本公園百年史刊行会，1978：149頁）。

また，明治20年代より大正初期にかけて旺盛に行われていた殖産興業政策の影響を受けての記念公園事業は，近代的見世物の場となった博覧会，共進会，展示会の形でも進められた[49]。その跡地が公園に改造されることもしばしばあった（大霞会編，1980：572-578頁）。

1.4 公園管理の原型——明治期の公園管理

1.4.1 明治期における公園管理制度

江戸期以来の公園的性格を持つ遊園などにおける取締り規則の先駆といえるものは，太政官布達第16号の以前にも存在していた。とくに，万人偕楽のために設けられていた水戸の偕楽園においては，利用者に対する「入園者心得」が定められていた。しかし，太政官布達によって公園制度が正式に出発した以後の公園に関する管理規則は，太政官布達からわずか4か月後に東京府において定められた「公園取扱心得」が最初であった。

明治期における公園の管理制度は，全国レベル，自治体レベル，個別レベ

ルによって異なっていた。個別レベルでは,「公園管理規則」,「公園管理規程」,「公園維持規則」,「公園依存規則」,「公園取締規則」,「公園取締方」,「公園取締人心得」,「公園使用条例」,「公園使用規則」,「公園地所借用者心得」などさまざまな名称で,管理のための規則などが定められた(金子,1991:318-319頁)。

この時期の代表的な管理規則としては,「上野公園休憩所規則」や「奈良公園案内人取締規則」が挙げられる。自治体のレベルにおいては,東京府の「公園取扱心得」,「公園出稼仮条例」,「公園地使用条例」の他,大分県「公園地取扱心得書」,兵庫県「公園管理規則」などが定められた。また,全国レベルでは,明治後期になって,市町村の公園使用および使用料の取扱方を指示した「公園地内使用及料金徴取ノ件」の訓令と,県からの照会に対して,県もしくは郡の公園について営造物規則により管理すべしとした「郡県ニ於テ公園維持保存ノ件」がある。明治初期に公園管理にあたる公園取締人の職掌に関しては,「公園取締規則」が準用されていた。

このような公園管理の諸規則からして,①公園の利用に関しては,取締りという観点で明治以前から「心得」を定めていたこと,②公園の使用に関しては,明治初期から使用料や借地料の規定があり,また,その日常的な維持管理が行われていたこと,たとえば,公園の環境のため「見苦しい商売」,「不体裁な商売」,「妨害となる商売」などの制限,営業時間の制限,工作物の制限,園内の清掃や散水の実施など,③公園の管理方法については,明治期において公園内の日常的な清掃や保守,取り締まりなどを目的として,「取締人」「監守人」「看守人」「世話人」「公園守」「園丁」などの呼称の管理人が設置されたこと(これらは,使用人と借用人の義務的な性格の場合と,一つの職種として確立した場合などがあった),④公園の財源に関しては,明治期から公園使用料に関わる事項,枯損木などの公売による管理費支弁に関わる事項,さらに「公園基金設置」「債権購入銀行預入」などの財源運営に関わる事項,などが規定されていた(金子,1991:322頁)。

そして,明治6(1873)年の太政官布達による公園の認可は年々増え続け,明治20(1887)年には全国で82か所の公園が設けられていた。初期公園の管轄は内務省の地理局地籍課で行い,明治20(1887)年頃から公園の管理に

関する実態把握も始められた。最初の公園管理に関する内務省訓令は，明治20（1887）年10月に出された「府県管理ノ公園等維持保存経費徴収方法並ニ其所属建物取調方ノ件」である。この訓令では，「府県公園に関わる維持保存方法や坪数，現存する建物などを取り調べについては同年の12月まで，経費に関わる収支，予算，精算などは毎年内務省に報告する」ものとされていた（佐藤，1977a：131頁）。

ところが，この82か所の公園の立地や規模にはばらつきがあり，上野公園のように25万坪という規模のものから名古屋市の波越公園のように300坪に足らない公園までその格差は大きかった。また，これら公園の形成期ともいうべきこの時期の公園の形や用地においても，従来の名所地から社寺境内・城址など，全体としては，地域的立地条件や社会的条件が反映されていた。このような，自然的立地条件や社会的な条件の反映は，同じ布達によったものであっても，東京の上野・芝・浅草・深川のような市街地内に開設されたいわゆる「都市公園的タイプ」と，大阪の諸公園のように交通の不便な近郊田園地帯に立地する「郊外公園タイプ」という異なる形態を生み出した（高橋，1975：5頁）。

太政官布達公園は，前述の通り，国有地に国が，国の機関である府県に許可して設置した公園であるので，今日でいうところの国が直接管理する営造物公園，すなわち，国営公園であった。したがって，公園管理の主体は府県が原則であり，直接府県が管理してきたのである。

しかし，行政分担の明確でなかった明治初期には，その管理を管下市町村あるいはその組合に委任していたものが少なくない。たとえば，大分県納池公園では，明治13（1880）年に県において定めた「公園地取扱心得書」を関係村長に通達している。これによれば，土地の貸渡し，枯損木売払い代金の納入，地形の変更など重要な事項は郡において行い，直接の管理は地元において行われたことがわかる（佐藤，1977a：114-116頁）。

1.4.2 「公園取扱心得」と「町触案」

このような管理的背景をもつ初期の太政官布達公園は，東京をはじめ11府県に及んでいた。とくに，この太政官布達第16号に対し，東京府知事大

久保は公園設定の「町触案」と「公園取扱心得」を太政官正院に上申することになった。これは今でいう一般的な行政規則としての告示案と公園管理指針である。この上申書が東京における公園設置管理についての最初の規定である。

　しかし，法規たる内容をもつものに関しては，上野公園に対する内務省博物局発議，すなわち，明治9（1876）年3月3日付「上野公園地貸地仮条例」に始まり，さらに東京府の他の4公園に対しても，明治11（1878）年「公園地内出稼仮条例」が定められた。当時，条例制定権そのものが中央省庁に属していたため，地方庁の内務省への申請は，後の「東京府公園地内出稼仮条例」に準拠したものであった。

　明治初期の東京府において定められた最初の公園管理に関する規則は，明治6（1873）年5月の「公園取扱心得」であるが，これは東京府が公園経営の職員として「出稼人」を公募した時に，営繕会議所の案の中に見えた「町触案」（告示案）とともに添付されたものであった。

　　　　　　　公園取扱心得
一，公園中ニ於テ一時展観物ヲ置キ或ハ百花草木ヲ植ヘ遊人休息ノ為メ出茶屋ヲ設クルノ類，其他見苦シカラサル商業ハ，現場見分ノ上地所貸渡，午後第五時限リ渡世差許候事。但，竈ヲ築立，居住スル儀不相成事。
一，借地人地税上納ニ及バズト雖モ，公園周囲ノ堀垣及通路等損潰ノ節ハ，相当之割合ヲ以テ出金修理セシムベキ事。但，公園ニ属スル臨時ノ雑費同断。
一，公園取締之者各所一名ヅツ可差置事。
一，在来花木ノ類衰廃ニ不及様培養方精々致注意，風損老朽之分ハ其近傍ニ附テ新規栽植等適宜可取計事。
一，毎夕遊人退散ノ後ハ，火之元ハ勿論借地ノ周囲ヲ入念掃除シ，取締之者ヘ相届可引取事。
一，公園内ニ存在セル社祠堂塔及ビ祭祀法務ニ必要之建物等ハ，祠官寺僧ニテ進退可為致事。

一，東叡山，飛鳥山ノ如キ是迄居住人無之地所ハ，新規家作住居等不相成事。但，番人清掃人ハ別段之事。

一，金竜山，富岡八幡社ノ如キ在来居住人有之地所ハ其敷地ノ坪数商業ノ次第相糺シ，居住無差支場所ハ可差許候ヘ共，新規家作住居ノ儀ハ勿論，今後建増等ハ不相成事。

一，公園内居住人ハ其地近接ノ（町村）へ入籍可為致，尤地租ハ上納ニ不及候ヘ共，其区入費ハ相当可取立事。

一，借地人園内ニ於テ不取締之所業有之ニ於テハ，一時借地ノ者ハ不及申，在来住居ノ者タリトモ其品ニヨリ場所為立払可申事。

一，会議所詰，又ハ所戸長ノ内ヨリ総締之者一両名可申附置事。
右之通可相心得事。

　また，後述の「公園地内出稼仮条例」の規定の中には，「官員の指示を受けよ」と述べていることから，所在区務所には当然公園担当の官員が1〜2人はいたであろう。それは，府同局においても，第一課が明治11（1878）年に長野県士族曲尾光竜という者を公園金支弁で，月給12円で雇入れ，浅草・芝・深川3公園の巡視を命じたこと，さらに明治13（1880）年には，同課の雇宮長安を公園巡視に命じ，同じく月給12円で主として芝公園の巡察に当てていたことなど当時の官庁文書に散見しているところから推察できる（前島，1989：56頁）。

　ちなみに，明治13（1880）年に東京府が開拓使庁の照会に回答した当時の資料によれば，この時期に定められた地代，公園借地料は浅草公園が1坪につき1か月金1銭8厘，芝公園が1銭2厘，深川公園が金2銭であった[50]。

　他方，東京府は，5大公園を開園すると同時に，この管理指針に基づいて公園内の借地人から借地料を徴することとした。この借地人は「公園出稼人」と呼ばれ，徴収した地料は公園の管理財源としたという。太政官布達にともない東京府が上申した「公園取扱心得」以降，昭和31（1956）年に「都市公園法」が制定されるまでの間，都市公園に対する管理規則の変遷を東京に限って時代順に並べれば表1-2のとおりであった。

　この管理法の変化から見て，公園に対する管理規則が明確に定着するのは，

表1-2　東京における公園管理規則の変化

年号	年度	規則名
明治期	明治 6年	「公園取扱心得」
	11年	「公園地内出稼仮条例」
	24年	「市町村ニ於テ維持保存スル公園地内使用及使用料徴収方」
	38年	「深川公園，湯島公園歳ノ市地料徴集方」
大正期	大正 6年	「公共団体ノ管理スル公共用土地物件ノ使用ニ関スル件」
	6年	「東京市公園使用条例」
	7年	「東京市公園使用条例細則」
	14年	「東京市公園特殊施設使用条例」
	15年	「東京市公園使用料条例」
昭和前期	昭和10年	「東京市公園臨時売店使用料」
	10年	「公園現場ノ取締及公園ノ一時使用ニ関シ区長ノ管理事務」

明治期ではなく大正期の東京市においてであることがわかる。とくに，大正6（1917）年の「公共団体ノ管理スル公共用土地物件ノ使用ニ関スル件」は，戦後の昭和31（1956）年に「都市公園法」が制定されるまで，公園の管理に関する唯一の包括的な管理規則であった。

　このような公園の管理体制に関する出発点として，先の「公園取扱心得」を位置づけたが，この最初の公園の指定およびその管理方法に深く関わったのが「営繕会議所」である。この営繕会議所は，明治維新以降も東京府民に引き継がれて，営繕会議所と称し，府の監督のもとに，府民有力者数人によって運営されていた（東京都，1985：22-23頁）。

　ところが，公園の理想的経営を望む政府の考えに対して，府県においてはその設置，運営，管理方法について相当の混乱があったとみられる。明治7（1874）年1月に大阪府は，「公園取扱振り」はどうしたらよいかを東京府に照会・諮問している。その内容を概略すれば，①公園地経営，管理はすべて府でやっているのか，もし神官や僧侶に取り扱わせているものがあれば，それはどういう点か，②公園経営の経営費支出方法，③公園地の純然たる土地管理に関する疑問点，④公園地管理の官員，園夫，作業員の有無とその手当などについてであった。しかし，これに対する東京府の回答は，いまだ確定した方策はなく，民間の請負いを考慮中であるとし，会議所の公園経営案の写しを送付したに留まっている（前島，1989：51-52頁）。このように，明治初期の公園管理は中央政府の理想と地方の現実との間に開きがあり，内

務省による本格的な管理体制が整うのは相当後のことであった。

1.4.3 「公園地内出稼仮条例」

公園管理に関する規則は，実際の適用を目的としたものではなく，公園の経営に際しての運営方針という性格であったことに注意しなければならない。この「町触案」ならびに「公園取扱心得」に続いて，実際の公園管理に関する具体的な法規としては，明治11（1878）年12月に公園の所在する各区宛に通達された府知事布達「公園地内出稼仮条例」がもっとも古いものである。東京府においては，この条例に基づいて，公園管理を行っていたが，他の市ではこの条例を準用する形で諸管理規則を定め公園の維持運営に当てはめてきた。

    東京府公園地内出稼仮条例
第一条 凡ソ公園地内ニ出稼セムト欲スルモノハ建家築造ノ模様等詳細図面ヲ作リ地所拝借ノ義願出ヅベキ事。但公園ハ衆庶偕楽ノ場所ナルヲ以テ建物ハ成丈ケ雅致ヲ添ヘ景色ヲ損セサル様注意可_致且ツ落成ノ上ハ掛リ官員ノ検査ヲ受クベキ事

第二条 本庁ニ於テハ詮議ノ上実施差支ナク且園内ノ繁盛ヲ助クヘキモノト思量スレバ相当ノ借地ヲ許可スベキ事

第三条 借地許可後三十日以内ニ現場着手セザルモノハ直チニ返地セシムベキ事。但借地料ハ居住ノ有無ニ不_拘第十二条ノ割合ヲ以テ徴収スベシ

第四条 借地ノ内タリトモ建物ヲ自儘ニ取拡グルハ勿論模様替ト雖モ許可ノ上ニ無_之テハ着手不_相成_事。但雨漏修繕ハ此限ニアラズ

第五条 出稼ノ家屋ヘ他住居同様垣墻ヲ周ラス等ハ固ク不_相成_筈ナレドモ実際止ヲ得ザル場合有_之ニ於テハ出願ノ上官員ノ差図ヲ受クベキ事

第六条 出稼常住人ノ外ハ一切宿泊不_相成_事

第七条 常住出稼人其人員姓名居住後三日間ニ可_届出_事。但出入共其都度届出ベシ

第八条　夜間ノ営業ハ当分午後十二時限ノ事

第九条　借地内ト雖モ立木ハ其大小ヲ不論伐採或ハ植替等一切禁止ノ事。但私費ヲ以テ樹木植栽致度節ハ其時々ニ伺出ル事

第十条　借地内ハ勿論其近傍ト雖モ借地人ニ於テ時々草取掃除致シ不潔ナラザル様注意可レ致事

第十一条　借地内ノ溝渠ヘ塵芥ヲ棄テ或ハ淤泥ヲ停滞セシムル等大ニ健全ヲ害スルヲ以テ各自深ク注意シ毎月一回出稼人申合掃除スベシ且ツ強風ノ節ハ勿論常ニ往来ヘ水ヲ灑ギ塵埃飛散セザル様可レ致事

第十二条　借地料ハ十五日以前許可ノモノハ全月分十五日以後許可ノ者ハ下半月分ヲ上納可レ致事。但返地モ本文同様十五日前後ヲ以計算スベシ

第十三条　借地料ハ毎月廿八日限リ無ニ相違ニ区務所ヘ可レ差出ル事

第十四条　地所借用ノ儀一旦許可スト雖モ園中都合ニ因リ引払ノ儀相達節ハ其種類ニ応ジ日数二十五日以上五十日以内ニ建家取毀テ元形ニ直シ返地可レ致事

第十五条　借地転貸スルハ厳禁タリ故ニ私費建設ノ家屋売買ハ本人ノ自由ニ任スト雖モ其儘後住者ヘ譲渡セント欲スルトキハ双方連署以テ返地更借トモ速ニ可レ願出ル事，但取毀チ売買ハ其時々届出ベシ

第十六条　園内ノ清潔ナルト家作ノ之ニ称ヒ営業ノ其当ヲ得ルトハ最モ繁盛ヲ来ス所以ノモノナレバ臨時出稼人集会協議シ取締方及ビ実際有益ノ事業ト見込候件ハ区務所ヲ経テ府庁ヘ開申スベキ事

第十七条　前条ノ趣意ニ違背スルモノハ日数十日以上二十日以内ヲ限リ引払可レ申付ル事

　では，明治6（1873）年の公園制度の始まりとともに用意された「公園取扱心得」が，なぜ明治11（1878）年に至って条例の形で通達されたのか。その背景には，当時公園に関するさまざまな問題が生じていたことを物語っている。すなわち，明治政府における公園の事務掌握が明治7（1874）年11月に大蔵省から内務省地籍寮に移ったことにより，以前から未解決のままであった公園管理に関する政府と東京府との意見対立が表面化しはじめたのである。

太政官布達による公園地の選定過程において，明治政府と東京府の間ではいくつかの点で対立していた。欧米の近代的な公園設置を念頭においていた明治政府の思惑と，公園経営はあくまで税収によるものにしたいという東京府の方針が対立していたのである。言い換えれば，帝都たる都市の公園は，貸附地収入などを経営の手段とするのではなく，税収により整備・管理したいというのが東京府の意見であった。結局，国内の諸事多難と民費支出が過多であるとの意見が政府において優越し，東京府は民間的な経営方法が取り込まれていた営繕会議所の経営案に落ち着かざるをえなかった（前島，1989：49頁）。

しかし，この民間的手法を重視する公園経営に関する統一的な方針としての諸規則が定まらないことへの懸念から，東京府は独自の経営方針を打ち出すに至った。その内容は，「一旦議定した以上根本方針が決まらなくとも放任することは出来ない。芝・浅草・上野などの公園地は年限を付して民間の経営請負希望者に委任して漸次園内を整備する。……府が独自の経営を行う際障害となるような権利の発生を防ぐ……公園の名称は一般に受けられないので〈花園〉ないし〈遊園〉にするのも一つの方法である」（東京都，1985：26頁）というものであった。

他方，明治政府と東京府との間で公園の経営方針が定まらないうちの明治7（1874）年12月に「地所名称区別」が改正された。これは，一種の土地法的な性格のもので，当時の東京府はこの「地所名称区別」を利用し経営方針の根本的解決を図った。これにより，東京府が憂慮していた公園地の貸し渡しに際し，将来生じかねない公園地の財産権問題が避けられるようになったものの，根本的な問題解決策ではなかった。このように，公園の規模または性格によって管理体制が一定ではなかったことや，地元では従来どおりの管理が行われていたことがうかがえる。

そうした中で，東京府は明治11（1878）年10月に前述の「公園出稼仮条例」を定め，公園所在区の区務所にその事務を担当させた。この「公園出稼仮条例」の主な内容としては，出稼人の家屋や宿泊など公園内の生活にかかわる内容と，その手続きに関する禁止条項などが含まれていた。[51]

昭和8（1933）年の公園管理状況によれば，全国108か所の明治期創設公

表 1-3　明治年間創設の地盤国有公園管理状況調

管理の形態	
開設以来府県管理の公園	24か所
当初地元管理であった公園を後に県管理に変更した公園	3か所
府県管理であったものを市町村制施行によって市町村管理とした公園	35か所
開設以来地元の管理の公園	41か所
計	103か所

出典：佐藤，1977a：120頁

園の管理形態はさまざまであった（佐藤，1977a：120頁）[52]。表 1-3 が示すとおり，明治期の公園管理は，大面積の公園，重要な公園などは直接府県が管理しており，その他は地元（当初は町村小区）あるいは戸長が実質的な管理を行っていた。また，管理費用は地元において負担するか，あるいは使用料，枯損木払い下げ代金のある場合は，これを県または郡において収納し，その金額を地元に公園管理費として還元した。しかし，官有地の公園を府県が市町村に譲与処分した事実は見当たらず，管理権を市町村に委任していたにすぎなかった。

1.4.4　明治初期の公園における治安問題

　明治 6（1873）年の太政官布達によって設置された各公園においても，公園管理上の治安問題は考慮されるべき事項であった。この時期，各公園の例規，たとえば，東京府知事が井上大蔵大輔宛の上申書の中には，「園内取締ノ義ハ警察寮へ打合之上夫々取許可申候ニ付」（東京市，1932：502頁）という内容が示されている。この公園地の治安維持に関する東京府の態度には，巡回をもって公園を管理しようとする考え方が現われていた。この考え方に基づき，東京府は営繕会議所に公園経営の方法を諮問した後，租税寮と具体的な公園取扱案の検討を始めた。その結果，租税寮から公園取扱案が提出されるが，その中に治安維持に関する項目が見受けられる。その内容は「公園取締ノ者各所壱名ツ，可差置……公園取締ノ義ハ園内居住人ノ中可然人体相選，各所一名ツ，可相設，尤居住人無之場所，又ハ相当之人体無之候ハ，別段人選可申付事」というものであった（東京市，1932：516-553頁「各公園例則」参照）。

前述したとおり，東京府における公園内の監視および治安維持には園内に居住する人から選出し，その管理に充てたのだが，このことは後の「公園出稼人」と呼ばれる人々のことであり，その中から取締人を選ぶということは会議所ないし当該の区から選ぶことであった。しかし，この取り締まりに関して，江戸から東京へと都市空間が変化するにつれ，警察・消防とともに行政組織としての管理形態が変化し，公園的機能を果たしてきた遊園の内部に別の取締人を置くことから，警察とは違う役割の変化があったとされる（土肥，1994：73頁）。

初期公園制度において，「盛り場」的性格に対する取り締まりでは，公園地および公園予定地内に居住する不法者やテキ屋（野師）が公園地内の営業人とともに深刻な問題の一つであった。しかし，初期公園の経営がこの盛り場にかかわる収入によって補われていたことからそれほど積極的なものではなかったと考えられる。太政官布達以降，東京において指定された5大公園の内，管理上の取り締まりが問題となっていたのは，従来から盛り場としての性格が強かった浅草，深川公園だけで，上野・芝・飛鳥山は花見客が押し寄せる時期以外は閑散なところであった。

1.4.5　太政官布達公園の消滅

ところが，明治23（1890）年に「官有財産管理規則」が施行されることによって内務省の公園管理に対する対応は変化しはじめた。すなわち，市町村管理の公園の取り扱いについて，明治24（1891）年内務省訓令第464号が発せられた。その内容は，放置されていた従来市町村の公園管理の監督を，内務省が明治20（1887）年の「内務省訓令第44号」[53]に引き続き，再び明確にしようとしたもので，「とくに使用料徴収などは，営造物規則，使用料細則を制定して，これに基づいて行うべし」と指示したものであった。

しかも明治22（1889）年に「市制町村制」が公布されたことに影響され，従来の公園に関する行政事務は，府県あるいは郡に伺いを立てて処理していたものが，市町村の裁量によって処理できるようになった。「地盤国有地」である公園地自体の委譲や移管・委託慣行などに変化はなかったものの，府県管理であった公園の管理事務の多くが，市町村に移管された。その結果，

市町村における公園開設は年を追って増加することになる。公園の新設は，明治30年以前は府県営公園15か所，市営公園31か所，町村営公園40か所の計86か所であったものが，明治31（1898）年以降大正12（1923）年までに，府県営公園18か所，市営公園115か所，町村営公園338か所の計471か所に増えていた（佐藤，1977a：125頁）。

　太政官布達公園の制度的終焉は，地域的管理が定着していた当時の社会状況と公園がもつ自治性，すなわち，公園設置・運営・管理における市町村の自立性によるものであったといえる。元来，地元管理が優勢であり，「市制町村制」の施行以後，市町村において独自的に設ける公園の数が多くなったため，太政官布達による公園制度制定の目的と実体は乖離していた。言い換えれば，「地盤国有地において設けられる遊園」という太政官布達における公園の「観念」と現実はすれ違っていたのである。そのため，公園開設に関する内務省の認可は事実上不要となっていた。明治39（1906）年の内務省訓令第712号[54]および各地方長官宛の内務省衛生局長通達により，中央政府による公園設置・改廃は内務省の認可を必要としない，今でいう自治事務となったのである。すなわち，太政官布達以来，内務省の認可によって公園を設置することを廃止したものであって，府県市町村は自由に公園を設置し廃止して差し支えない旨を公的に定めたものである。

　従来の社寺境内および古来の名所が主な物的基盤となり，新たに移植された公園制度は，日比谷公園という最初の近代的洋風公園の開設によって近代的な都市施設へとその機能を変化させていく。初期公園制度を規定してきた太政官布達公園は，制度的定着性はなく，制度上の目的と実体のズレが原因となり，その意義をなくすことになる。

　やがて，太政官布達公園において求めた近代的公園制度の進展は，東京市区改正以降の都市計画と戦争といった人為的な営みよりも自然的な契機によって具体化されていく。「自然的契機」とは関東大震災である。

1.5 初期「公園論」の展開——牧民官思想の一断面

1.5.1 「公園論」の展開

明治以降大正期を中心に，公園に関する論議はさまざまであったが，大きく「都市行政学者」と「社会学者」による都市問題・都市計画としての公園論（都市論・衛生論）と，造園および公園の純粋な計画論・技術論が主流となる技術者側の公園論（設計論・配置論）に両分される。

都市問題ないし都市論からの公園論には，井上友一，山崎林太郎，三宅磐，片山潜，安部磯雄，片岡安，池田宏，関一などが中心であった。都市問題に関する外国文献の紹介が頻繁に行われ，外国の都市における公園の位置づけやその管理に関する内容が主に議論された。

他方，実際の公園づくりに関与して造園計画論ないし技術論を中心に公園を捉えていたのは，福羽逸人，小沢圭次郎，長岡安平，鏡保之助，福田重義，武居高四郎，折下吉延，本多静六，田村剛，上原敬二，北村徳太郎らである。これらの人々は，直接公園の設計や施工などに参加しており，公園行政の中心人物として定着していくことになる。なかでも，本多静六は日比谷公園の設計案を作った人で，その施工にも中心的役割を果たした人物であり，北村徳太郎はドイツの事例から学び1人当たりの公園面積の算出を試みた人物で，戦前から戦後にかけて公園緑地行政を掌握した中心人物であった。

ところが，この時期の公園論においては海外事例の紹介が中心であり，公園の位置づけは普遍的な都市装置ではなく，恩恵の一種として考えられていたことが特徴である。後述するように，社会教育的意味合いが強いものとしての牧民官思想の一片面を投影していた。

1.5.2 井上友一の公園論と「公園行政」

この時期，公園に関する諸議論の中で，比較的公園の本質について詳細に論述していたのは，内務省参事官であった井上友一であった。井上友一は，主に地方行政・地方自治に精通し，後に神社局長（地方局の府県課長を兼職）・東京府知事となった人で，内務省在職時代にイギリスのハワードの田園都

市を紹介した人物でもあった。

　公園の本旨に関する諸論の中で,「市民に健全なる娯楽を与えて風致の親善を促し市民をして高尚なる美術に接近せしめ……郊外に広潤なる運動場大公園を造り日々黄塵を呼吸する青白色の市民に清新なる空気を与えることは現今の急務たり」(佐藤, 1977a:227頁)と述べ, 都市の「肺臓」となる公園の必要性を公衆衛生面から強調した。

　井上の公園論は, 公衆衛生や都市衛生の観点から公園の必要性を強調したのは他の論者と共通しているところであるが, 公園の本旨が地方行政の中にあることを主張したことが重要な特徴であった。すなわち, 都市における公園の本旨について,「近世自治の公園行政は健康保健主義から更に社会教育主義を採るに至ったもので特に米国において著しく, 要するに欧米公園制度の発達は, 第1期に健康保健, 第2期に各種装飾に依る美術娯楽主義が加味し, 第3期には運動奨励の意義に重きをおいた社会教育主義となった」(井上, 1909:170-174頁)と述べ, 公園は公衆の保健および社会教育上不可欠の施設であると主張した。この見識から, 太政官布達以来数百にのぼる公園の設置については,「未だ体育奨励の動きは見られないし, 動植物園・美術館・音楽堂・図書館などの社会教育的奨励も感じられない」と批判した上で, 公園に関する事務を自治行政の中において「公園行政」という独立した一分野としてあげていた。

　明治42(1909)年の『自治要義』, 明治44(1911)年の『都市行政及法制』において「公園行政」,「娯楽行政」,「遊園行政」などの語が使われているが, その趣旨は「近世遊園行政は実に保健的理想より一変して更に訓育的理想を新興せり」ということである。すなわち,『自治要義』においては公園の種類を「逍遙園」と「運動園」と大別していたものを『都市行政及法制』においてはその「逍遙園」を「公園」に改め, とくに児童運動園を強調する一方,「近世の児童運動園は〈構成的防止的慈悲〉であり, 都市の保健行政と風化行政に著しく役立つ」と述べている(井上, 1911:434-442頁)。また, イギリスのコモン(Common)やドイツの「国民的遊林(Volkshein)」, アメリカのメトロポリタン公園(ボストン)などの事例を取り上げ, 土地公有の必要性を力説するとともに公園地の公有化についても論説した(佐藤, 1977a:229頁)。

第1章　近代的都市公園の誕生と展開　　69

また井上は，当時の欧米諸都市では「児童公園制度」が新興していることを紹介し，児童公園は「児童の遊戯によって天然の活力を増し，又児童の悪風に対し感化善導の効が大きい」ことをつけ加えていた。とくに，米国の事例を引きながら，「閑地利導」（レクリエーション地）という言葉を用いて，健全なるレクリエーションの必要を強調していた。

　井上の公園論では，公園が従来の保健衛生上からの必要性に加え，「社会教育」・「国民教化」の側面からも重要になってきたことに注意を促した。そして，公園の機能面においては運動施設の整備が急務であり，とくに「児童運動園」は児童の健康のみならず訓化にも役立つことが強調されている。

　また，国民にレクリエーションを与えることは勤労とともに重要であり，公園がその機能を果たす所以で「都市の土地における公有地拡大政策をもって公園を増大すべき」と論じていた点から，その主張は，公園論の展開のみならず実際の公園整備においても重要な位置を占めていたと考えられる。

1.5.3　山崎林太郎の「公開空地」

　近代公園が制度的に設けられた明治期は，主な公園問題に関してその規範を欧米の諸都市に求めていたことは周知のことであるが，その中で，欧米都市を本格的に調査しようとする試みが，明治43（1910）年に東京市において行政調査の形で行われた。この調査の報告書として『欧米都市の研究』が山崎林太郎の著者名で刊行され，そこでは欧米都市，とくにイギリスの事例が集中的に書かれている。

　たとえば「第7　現代都市の状態」に，ロンドンの公園事情がパッターシー公園の写真とともに詳細に記されている（山崎，1912：226-231頁）。公園の統計，面積別配分表，公園内の施設，公園に関する行政法などで，とくに公園行政の法制度について「公共衛生法および公開空地法」が詳細に紹介されている。その一部として，「公園は一般の公共衛生法及公開空地法（Open Space Act）により行政上普通之を公園及公開空地（parks and open space）と称す，其構造設計は普通公園と呼ばれているものは，広き芝生地に花園・泉池・樹林等を配し，東京市の日比谷公園其類なり，普通保養運動場（recreation ground）と呼ばれているものは樹林と芝生広野のみ，多くは屋外遊戯場に供

せられ，又市街中は小園又は方形芝生の空地（square）は，附近住民の専用に供せられているものとし，而して予は此等を茲に一切公園と総称す」（佐藤，1977a：231頁）と書かれている。オープンスペースを「公開空地」と訳しているが，後に池田宏はこれを「自由空地」と訳している。[55]

また，ロンドンにおける公園の利用に関して，「我国に於ける公園は，寧中流上流の社会に属する者の逍遙娯楽の場に供せられ，然れとも英国の公園は，寧中流以下の下層民の娯楽の場に供せられる。而して英国の公園を設けたるは実に彼に寝台と竈とより有せざる借家人，安宿の外に身を安ずる場所なき労役細民をして清新の空気に浴し心身の健全を保たしめんことを主たる目的として作られたるなり」（佐藤，1977a：231頁）と述べ，公園の設置・利用が中流以下の市民の居住状態によって促進されたものであり，「公共衛生法」によって管理されていることも書き忘れなかった。すなわち，「欧米の文物制度に心酔して，実情の情勢を見ないでその制度だけを移してくるのはそれほど意味のあることではない」と述べ，公園の本質は英国のように「広天地の青草上に身を横へて自ら心身の労を忘れる」ことにあると考えていた。[56]

1.5.4　都市社会主義における公園観

明治21（1888）年の東京市区改正条例の施行以後，大正初期にかけて都市問題に関する多くの著作が現われるようになった。もちろん，これらの著作の多くは欧米の都市論や社会論を紹介するもので，公園問題などに関するものは，明治中期から末期に「都市社会主義」の影響を受けた，都市紹介論の中に現われる。[57]その代表的な著者は，片山潜と安部磯雄であった。

片山潜は『都市社会主義』において，ロンドン，パリ，ニューヨークの事例を引用しながら東京の公園の姿を論じ，とくに小学校庭の公園的利用などを力説した。都市の中における公園に対して，「公園は都市生活の上に於て必要なるものなり。市内の美観を備へるが為のみならず，市民の公衆衛生の点より必要なり。……抑も市内公園は貧民の娯楽場なり。公園の有無は市民公衆衛生に大関係を有せり。若し貧民の家借屋に居住するも，其の最近の所に公園を有し，此所に散歩して清鮮なる空気を呼吸し，以て其の精神を慰め，身体を静養するには，実に彼等に取りて必要なるものなり」と述べ，都市社会

において公園が必要な理由を「衛生」と「リフレーシュ」の観点から強調した。そのうえ,「市たるものは公園制度に対しては大いに研究すべきである」と述べ,東京市における公園の改善を強調した(片山,1903：168-178頁)。

　他方,安部磯雄は明治41(1908)年の『応用市政論』において,公園の紹介に1章を設け欧米諸都市の事例を述べており,その内容は,公園の必要・公園設計法・公園の維持費・小公園・小児専用の運動場・ニューヨーク市の桟橋・散歩用の大道路・欧米諸都市ならびに東京市の公園の収入・公園の設計と小運動場・日比谷公園などの順に論述されていた。その主張をとりわけ当時の東京市の公園事業に限定してみれば,東京市の予算につき公園収入のみに依存する公園の維持・特別会計への批判,公園設備のための税の新設の必要性,大公園よりは小公園と小運動場の設置などであった(安部,1908：223-242頁)。

(1) 東京都『東京の公園120年』1995：2頁。
(2) 当時の都市衛生の深刻さは次の通りであった。「産業革命後のイギリス都市部における生活環境,とりわけ労働者の保健衛生ならび衛生状態に関する王立委員会の設置は1840年代の状況を象徴している。その主なものとしては,1840年の「大都市の保険衛生に関する特別委員会(Select Committee on the Health of Towns)」,1842年の「英国の労働者の衛生状態に関する報告書(救貧法委員会)(Report on the Sanitary Condition of the Labouring Population,チャドウィックレポート)」,1844～45年の「大都市および過密地区の現状に関する王立委員会(Royal Commission on the State of Large Town and Populous Districts)」などが取り上げられよう。また,これらの王立委員会などを通じて報告された,当時の衛生状態は,平均死亡率においてはっきりと現れていた。グラスゴーにおける死亡率は,1821年に39人に1人であったものが,1838年には26人に1人に上昇している。10歳以下の子どものそれも1821年に75人に1人であったものが,1839年には48人に1人へと上昇したという死亡率からその状況がわかる」(W. アシュワース著,下総薫監訳『イギリス田園都市の社会史』御茶の水書房,1987：63-73頁)。
(3) イギリス型都市公園の特性は庭園式都市公園にあるが,各国の公園緑地の特性については,日本造園学会編『ランドスケープの展開』(ランドスケープ大系第2巻)1998が詳しい。
(4) 「19世紀前半にドイツ造園界の頂点に立ち,多くの公園づくりに対する理論的土台を提供した,レンネ(Peter Joseph Lenne, 1789-1866)の公園観は,大きく分けて以下の3点に要約できる。①民衆教育の場としての公園,すなわち教育・啓蒙の施設,②国家や都市の威光を顕すための公園,すなわち国民統合を意図した記念碑性を持

つ施設，③貧困対策としての保健・休養のための公園。このような公園観においてもっとも重要なのは，この3点に共通する〈啓蒙の施設〉としての公園であった」（白幡洋三郎『近代都市公園史の研究：欧化の系譜』思文閣出版，1995：132頁）。
(5) 前島康彦『東京公園史話』東京都公園協会，1989：25-26頁。
(6) 白幡，1995：116頁。
(7) 白幡，1995：6頁。
(8) 佐藤昌『欧米の公園（英国2）』公園緑地協会，1960：1頁。
(9) 東京都，1995：3頁。
(10) 前島，1989：37頁。
(11) 第1条の規定の中，「人口500人以上の町，村および教区に適用されるもので，この法律を適用しようとする公共団体（市町村格）は散歩・体操または遊戯をする目的のための土地の買収，寄付の受け入れができるし，園路（open walk）および歩道（footpath）を改良したり，ベンチや四阿などを造るため課税することができる」と記されていた（佐藤，1960：2頁および佐藤昌『欧米公園緑地発達史』公園緑地協会，1968：123頁）。
(12) 「シティまたはバラ（市）において，公共広場，三角地，円形地，囲まれた庭園または装飾地の管理を委託されたものが，その管理を疎かにした場合，それらの土地の管理は法人に任されることを決めたものである。当時それらの土地の成立原因は，個人的なものがあったり，様々な形で管理されていたので，この管理の徹底を期するため，そのものの所在する公共団体に管理をさせようとしたものである」（佐藤，1960：2頁）。
(13) 佐藤，1960：3頁。
(14) Hazel Conway, PEOPLE'S PARKS ; The Design and development of Victorian parks in Britain, Cambridge University Press, 1991：29-30頁。
(15) 佐藤，1960：1頁。
(16) 佐藤，1960：204頁。
(17) この法律において「公園」とは，「建設大臣に権限が一時的に与えられたまたは大臣の取締または管理下にあるすべての公園，庭園，レクリエーション地，非建築地および他の土地を含む」として包括的な定義がなされていた。また，各条文は公園管理官による規則違反者の逮捕（第5条）・公園管理官に対する暴行の罰金（第6条）・違反者に対する即決手続（第15条）などの規定が含まれていた（佐藤，1960：210頁。とくに，1872年の公園取締法第3条公園管理官の定義の註参照）。
(18) 佐藤，1960：210-211頁。
(19) 佐藤，1960：6頁。
(20) Conway, 1991：7頁。また，この時期の都市自治体の変化については，赤木の指摘通りであった。すなわち，「この時期は，イギリスの都市自治体にとっては画期的な時期であり，イギリス福祉国家の展開過程の起点であった。1835年の〈都市団体法（Municipal Corporation Act）〉制定は，前年制定の〈救貧法改正法（Poor Law

第1章　近代的都市公園の誕生と展開　　73

Amendment Act)〉とともに，イギリス地方政治において近代的地方政府を確立する道標であり，〈地方政府の革命〉であった」（赤木須留喜『イギリス都市行政の起点：1835年の都市団体法』（都市研究報告第3号），東京都立大学都市研究委員会，1970：1-2頁参照）。

(21) 武藤博己「ロンドンの公園とオープンスペース」『CLEAR REPORT』（第24号），自治体国際化協会，1991：7頁。

(22) 田中正大『日本の公園』鹿島研究所出版会，1974：255-256頁。

(23) この時期の自治体による公園整備については，石川幹子『都市と緑地：新しい都市環境の創造に向けて』岩波書店，2001：25-28頁参照．

(24) 白幡，1995：29頁。

(25) 白幡，1995：19-21頁。

(26) 「フォルクスガルテン（Volksgarten）は，市民を自然という舞台に誘い出し，そうすることによって品のない，贅沢な時間の浪費から無意識の内に市民を引き離し，彼らを徐々に廉価な楽しみに，温やかな社交に，話好きで愛想の良い態度に馴らしてゆくのである」（白幡，1995：24頁）。

(27) 「賢明な行政当局は，こうした広場（単なる空地ではなく芝生や植栽が施され噴水や彫刻を備えている）の他に市域の内側，あるいは市門のすぐ外に民衆の散歩のための場をとくに設けるであろう。運動，戸外の空気を呼吸すること，仕事の疲れからの元気回復，集まってのおしゃべり，これらがこうした場所の目的である。このフォルクスガルテンは行政の理論的な原則に照らせば市民の重要な要求であると見なすべきである」（白幡，1995：23-24頁）。

(28) 白幡，1995：31-32頁。

(29) 白幡，1995：34-35頁。

(30) 白幡，1995：43-44頁。

(31) 「1903年には，全国の約140の都市においてGartendirektor 25名，Garteninspektor 35名，Stadtgartner 36名，Stadtobergartner 20名が就いていた。また，その下に一般の造園関係の仕事に携わっている技術職として，Inspektor，Obergartner，Gartendirectorなどと名づけられていた職員が数多く雇用されていた」（白幡，1995：43-44頁）。

(32) 「身分のない庶民生活はもとより自由であった。その慰楽の道は多方向に発達し，料理屋や花柳界が盛り，公許の遊郭や劇場が彼らの唯一の社交場として繁栄を競ったかたわら行楽が急速に普及した」（東京都『東京都の公園110年』1985：5頁）。

(33) 「火除地（ひよけち）」については，柳五郎「公共空間における火除地」『造園雑誌』49（5），1986：13-18頁。渡辺達三「近世広場の成立・展開：火除地広場の成立と展開」『造園雑誌』36（1.2），1972。

(34) 代表的なものとして，上野山下広小路・浅草雷門前広小路・両国広小路・中橋広小路・江戸橋広小路などがあった。この広小路は防災的な見地から造成されていたが，平常時には小商人が常店を開き，大道芸人の小屋掛け，水茶屋などが現れ庶民的な

自由空間として機能し，その利用は明治維新以降も続いたとされる（東京都『東京の公園100年』1975：8頁および前島，1989：6-7頁）．

(35) 白幡洋三郎によって特徴づけられた花見の三要素である．「江戸の花見は，花が桜であること，それも一本ではなく群植された〈群桜〉であること，詩歌や古事などの教養よりは〈群食〉をともなったこと，一人や数人による観賞ではなく〈群衆〉で行われたことにその特徴がある」（白幡，1990：189頁）．

(36) 戸外慰楽の場所と機能を類型としてみれば，①日常散歩地：市内の広小路，社寺境内地，河岸地，原っぱ，山林など自由空地．②群衆遊楽地：飛鳥山，御殿山，隅田川堤などの名所的公設遊園．③郊外散歩地：市中心から5～6里内外の名所，古墳，社寺，釣り場など．④宿泊行楽地：市中心から1～2泊で行かれる武蔵，相模各地の名所地，有名社寺，旧跡など．⑤観賞遊園地：市内外の花苑，芸戸など園芸的な園地ならびに花鳥茶屋など見世物式の苑地などであった．

(37) 「太政官制公園における最大の問題は官有，民有による地所区別であり，社寺境内地上地処分とともに封建的象徴である城跡地処分にも及んでいる．明治6（1873）年1月の徴兵令とともに大蔵省，陸軍省無号達で廃城令の布達を見た．更に，明治6（1873）年2月23日の大蔵省布達第20号で3月15日までに建物，樹木の存在を，また，明治6（1873）年5月17日の大蔵省達第80号においても，大蔵省は同年6月中に建物，木石代価の調査報告を3府64県に求めた」（柳五郎「太政官公園の歴史」『造園雑誌』45（4），1982：220頁）．

(38) 「明治期の公園制度は，土地制度や国民統合，後には都市化の進展に強く規定され体系的なシステムを有しないまま漸進的に変容し，もっぱら公園制度のみに焦点をあてるという方法を採って来たことの帰結である」（野嶋政和『近代公園の成立過程における国民統合政策の影響』『ランドスケープ研究』58（5），1995：25頁）．

(39) 公園制度の成因については，小寺駿吉「日本における公園の発達とその封建的基盤」『都市問題』44（5），1953：33頁以降を参照．

(40) 「歴史的な背景を念頭において太政官布達の趣旨を敷衍してみると，江戸時代以来，庶民がレクリエーション地に対して持っていた永年の既得権の尊重にあり，〈公園〉の名において法的な確認と保証を与えようとした．これが布達の本質であったと理解される……西欧文化の余波から生まれた公園という新しい概念の網を古い伝統的レクリエーション遺産の上にかぶせること，言い換えれば，新しい概念（コトバ）と古い実存（モノ）との結合，そこに布達の本質的意味があったとみなすことができる」（高橋理喜男「太政官公園の成立とその実態」『造園雑誌』38（4），1975：3頁）．

(41) また，「太政官布達公園の契機として外来文化との交渉を取り上げる場合は二つの通説に起因する．一つは，オランダ軍医であったボードウィンが病院用地として決定されていた上野を訪問した際，景勝地である上野は公園にするのが適切であると太政官に建白したという建白説と，もう一つは，太政官布達の以前幕府の開港条約に基づいて，横浜・神戸・大阪などの外国人居留地に公園が設置されたことによって，公園の必要性が次第に政府に伝わってきたことという外国人の公園必要論がそれで

第1章 近代的都市公園の誕生と展開　　75

ある。しかし，両方とも史料に欠けているところが多く，それを裏付ける具体的な資料がないため憶測の域を出ない」(前島，1989：28-31 頁)。

(42) 公園地の行政財産としての性格や公園地における私有権の発生などについては，末松四郎『東京の公園通誌』，1981a：20-21 頁ならびに柳，1982：234-239 頁を参照。また，公園地に対する取り扱い方法をめぐる戦前からの大蔵省と内務省（後には建設省）との解釈の対立は，戦後の公園地が廃止される原因にもなっており，自治体における公園地の私人使用権にも深くかかわっていた。公園の設置が主に官有地ないし公有地において設置されたことに加え，多くの小規模公園が土地区画整理という手法によって生み出されたことに公園地の問題が潜んでいた。昭和 31（1956）年の「都市公園法」（第 22 条　私権の制限）および昭和 38（1963）年改正の「地方自治法」の「公の施設」（第 244 条）条項は，このような公園地の所有関係から派生される諸問題を解決するためにとられた措置であった。

(43) 田中正大は，太政官布達の意義をつぎの 3 点に求める。すなわち，①欧風都市の建設，②遊観所の安堵，③封建時代の跡地処理策，である。とくに，②における「安堵」とは，鎌倉・室町時代に将士や社寺の土地所有権を確認する際の用語で，江戸時代以降常に公園的機能を果たしていた遊観地について，その土地が官有地の場合，公園という名称をつけることでその土地および機能を再確認するための措置として太政官布達を位置づけるものである（田中，1974：49-56 頁）。

(44) 「この事業財源に関する事項は，市区改正事業の実施が元老院に反対される理由の一つであった。すなわち，官有河岸を東京府区部の基本財産として下付すること，地租，営業税，家屋税，雑種税，清酒税などの特別税を財源として東京市が賦課することを認めたことなどが反対の理由となったのである」（日本公園百年史刊行会，1978：134 頁）。

(45) 「明治 21（1888）年 11 月 5 日の市区改正委員会においては，〈遊園ハ大小ヲ区別セス単ニ公園ト称スベシ〉ということが全員一致で承認され，従来の遊園の呼称は公園に代わることとなった」（前島，1989：94 頁）。

(46) この「公園贅沢論」に関する詳細な研究はなく，明治 27，8 年日清戦争以降国力充実のための諸施策が優先し，公園開設のような民生政策は放棄されたことから生まれてきた議論のように考えられる。公園が一般に高く認識されない時代に財政上の問題もあいまって出てきた公園の軽視傾向を表わす風潮である。「この傾向はその後も続けられ，市区改正の諸設計案における公園計画は縮小され，大幅に削減された」（佐藤，1977a：163-164 頁）。

(47) 東京市区改正委員会『市区改正記事録』（東京都市計画資料集成　明治・大正編），本の友社，1987：第 239 号（第 20 巻）・第 245 号（第 22 巻）参照。

(48) 東京市告示第 6 号「麴町内山下町 2 丁目 1 番地西日比谷町 1 番地元練兵場跡，自今公園ト定メ，日比谷公園ト称ス」（明治 26 年 2 月 3 日，東京市参事会，東京府知事。東京都，1975：43 頁）。

(49) 博覧会と公園との関係については，高橋理喜男「公園の開発に及ぼした博覧会の影

響」『造園雑誌』30（1），1966：12-24 頁が詳しい。
(50) 「太政官布達公園の五大公園の中で，最も借地料の高いのは上野公園であって，一坪当たり一ヶ月金五銭であった。これは，管轄が内務省博物館であったことに加え，当時五公園の地位としての最高であったことと，将来の発展性が高く買われていたこと，公園のための投資が多かったことなどの理由を反映した結果であったと考えられる」（前島，1989：65 頁）。
(51) 条例の内容については，建設省都市局公園緑地課監修『都市公園法解説』日本公園緑地協会，1978：347 頁参照。
(52) 昭和 8（1933）年の内務省内務大臣官房会計課「地盤国有ニ属スル公園ノ概況調」によるものであるが，太政官布達からの初期の公園調査および統計は一括したものがないことからして，この昭和 8 年の調査が比較的詳しい。「地元」とは府県以外の市町村およびその他の団体をいう。
(53) 明治 6（1873）年以来，公園は各地において認可・設置され，明治 6（1873）年の太政官布達時の東京の 5 か所から明治 20（1887）年には全国の 82 か所に及んでいた。これらの公園管理は県，市，町，村，区，戸などさまざまにわたっていたが，その土地は官有地であり，管理の総括は内務省であった。「府県管理ノ係ル公園等維持保存経費徴収方法並ニ其所属建物取調方ノ件」という表題の内務省訓令第 44 号（府県宛）は，この時期発せられたもので，政府による公園管理に関する最初の公園管理指針であった。その内容の中に，公園の管理について，毎年その収支を報告するよう義務づけており，公園管理に対して内務省が初めてその実態を把握しようとしたものであった。
(54) 「公園設置等自今稟議ニ及バザル件」（明治 39 年 10 月，内務省訓令第 712 号），「府県都市町村ニ於テ公園ヲ設置シ又ハ廃止スル場合ニハ自今当省ノ許可ヲ受ケルニ及バザル義ト心得可シ」。
(55) 「自由空地」という概念は，池田宏によって最初に紹介され，後に都市計画制度に取り組まれた専門用語である。この「自由空地」とは，「市内における道路河川運河等公共に供する営造物の敷地以外の空地にして建築物を以って蔽はることなき空地を指す。公園，広場，運動場，植物園，動物園の施設の類は言ふを俟たず，法制の適用に依り建築物の周囲に存せしむべき建築敷地以内の空地をも含む」と定義された。池田宏の「自由空地論」については，池田宏「都市計画について」『都市公論』1（8），1914 および「自由空地論」『都市公論』4（1），1921，「社会の動的勢力の本源たる都市の慰楽政策」『都市公論』14（8），1931 を参照されたい。
(56) 「我国の中央政府は，公園に関する行政主管を内務省の衛生局となしたる時，人は劇場と病院とを同列に置くに似たる奇異を感じたり，我国に於いて之を奇異としたるは固より当然なり，内務省が之を衛生局の主管としたるのは唯漫に欧州の例に倣ふたるのみ，然らずんば全然理由なきこと劇場と病院を同列に置くことよりも甚し，……実に称はあるの空名を存し……」（佐藤，1977a：231 頁）。
(57) この時期出された公園論に関する資料は，以下のようなものがある。片山潜（1903）

第 1 章　近代的都市公園の誕生と展開　　77

『都市社会主義』,安部磯雄(1908)『応用市政論』,三宅磐(1908)『都市の研究』,井上友一(1909)『自治要議』(1911)『都市行政及法制(上・下)』,山崎林太郎(1912)『欧米都市の研究』,片岡安(1916)『現代都市の研究』など。

第2章　都市計画公園の「計画性」と「施設化」

2.1 公園所管の変化と都市計画法制

2.1.1 公園の所管変化

　名所や景勝地を追認するという形の太政官布達による公園は，関東大震災をきっかけとし防災的機能をもつ都市装置としての都市公園へと変化していく。それは，公園の必要性が従来の「遊観，火除地」機能という側面から，「衛生，防災，避難」機能という複合的側面へと変化したことを意味するものであった。

　都市における公園の必要性は，震災による被害が大きかったことを契機とし，またそれによって計画的な公園造りが立案される要因となる。計画的な公園造りは，近代的な公園を都市の中に創り上げることを意味するが，関東大震災によって認識された公園の必要性は，公園が持つ公共空間としての認識ではなく，それが担う機能への期待にあった。しかしながら，都市公園計画は，後述のように計画の縮小が目立つだけではなく，緊迫する社会状況の中で贅沢なものとして扱われさえした。では，このような機能の複合化をみせる都市公園はどの組織・機関が担当してきたのか。また，その事務所管の変化はどのように行われていたのか。

　すでに触れたが，明治6 (1873) 年1月15日の太政官布達第16号によって，公園の認可が始められた当時の公園行政の所管は大蔵省であった。しかし，同 (1873) 年11月10日に新たに内務省が設置され，公園事務は内務省に移管された。これは，太政官布達第375号によるもので，この内務省の事務規定から「社寺境内外及公園墳墓地ヲ定ムル事」となっており，公園行政の規定は内務省設置と同時に，その所管事務として定着していた（佐藤，1977a：110頁）。

　しかし，公園の取り扱い事務に関する内務省の課寮レベルでのはっきりし

た規定は見られないが,「諸遊観場ヲ開クヲ許可シ之ヲ監督スル事」という当時の庶務寮の事務規定から,明治6 (1873) 年の太政官布達当時の公園設置に関する事務は,この庶務課において処理されていたと思われる(佐藤,1977a:110-113頁)。明治6 (1873) 年の内務省設置以後,その職制によって事務内容は頻繁に変わり,公園事務の担当部署は明確ではなかった。しかし,内務省設置時の明治6 (1873) 年頃は,遊観場所所管の庶務課と官有地所管の地籍課がともにその管理を行い,明治19 (1886) 年の各省官制の制定以後から明治31 (1898) 年までは地理局(庶務局)地籍課が行っていたとされる(東京都,1985:336頁)。

また,当時の公園行政と衛生行政の関係からみて,内務省が衛生行政を取り扱うようになったのは,明治8 (1875) 年に内務省の職制が7局になった時であった。その第7局に「衛生掛」が設けられたのが初めであり,それが局になったのは明治13(1880)年12月の改正による。その後,明治19(1886)年の「各省官制」改正では,衛生局に2課が設けられたが,その事務規定に公園の字句は見当たらなかった。衛生局が公園を所管するようになったのは,日清戦争後の明治31 (1898) 年以後のことであって,それでも官有地の公園の所管は大臣官房地理課であった(大霞会編,1980:330頁)。

他方,最初に5大公園が設けられた東京府において,公園の事務所管は,庶務掛(明治6年),営繕掛(明治8年),土木掛(明治9年)の順に移り,明治19 (1886) 年の東京府の庶務規定の改正にともない,庶務課の中に「公園部」が設けられ,これが東京における公園職制の始まりであった(東京都,1995:457頁)。その後,明治31 (1898) 年に東京市の誕生とともに公園事業は土木課,用地関係は地理課,計画関係は市区改正課に分掌された。また,大正9 (1920) 年には用地課の「公園掛」が,その翌年には「公園課」が設けられ,その下に技術・公園・墓地の3掛が設置された。この公園課(3掛)の職制が現在の東京都における公園担当組織の原型であった(東京都,1995:458頁)。

以上によって,明治初期から明治31 (1898) 年の一般の公園主管が衛生局に移るまでの間は,内務省の中でも公園事務は重要視されず,公園に関する特別事項があれば,庶務局・県治局・地方局・社寺局などによって個別的に

行われていたことが推察される。また，官有地公園の所管事務については地籍課で行っていたが，明治31 (1898) 年の地籍課廃止とともに大臣官房地理課の所管となった。昭和3 (1928) 年の「国有財産法」の制定によって，内務省で取り扱っていた官有地の所管事務は大蔵省の所管となった。そのため内務省の地理課は廃止され，内務省の行政財産である道路・河川・溜池および公園の国有地の管理・所管は大臣官房会計課となった（佐藤, 1977a：112頁）。

明治31 (1898) 年から公園主管は衛生局にあって，この衛生局は公衆衛生の面から公園を見ていた。しかし，大正7 (1918) 年5月に内務大臣官房に都市計画課が設けられ，同8 (1919) 年の「都市計画法」の制定とともに，旧来の市区改正設計の公園および都市計画関係公園の事務は，この都市計画課の所管となった。その後，大正11 (1922) 年に都市計画局となり，関東震災後の東京および横浜の復興事業の公園事務は復興院の所管となるが，都市計画局は再び都市計画課となり，復興事業以外の都市計画公園を所管した（佐藤, 1977a：113頁）。その後，昭和12 (1937) 年10月に官房都市計画課は計画局となり，昭和16年 (1941) には国土庁に含まれ，都市計画の公園所管は昭和22 (1947) 年12月の内務省解体まで国土局計画課の所管であった。ただし，地盤国有の公園の土地については，昭和3 (1928) 年以後，官房会計課の所管として内務省の解体まで残った。

2.1.2　都市計画法制と公園

明治21 (1888) 年の「東京市区改正条例」の制定から30年を経たこの時期，近代的都市計画法制としてそれほど十分完備されたものではなかったことが認識され，新たな都市計画法制の模索が議論された。とくに，内務省系列の都市研究会（会長後藤新平）および建築学会の活動が，その中心であった。その影響により，大正7 (1918) 年5月に，内務省に「都市計画調査会」（勅令第154号）が設置され，都市計画に関する6か条の調査要綱を定められた。その6か条とは，①計画区域を予定すること，②交通組織を整備すること，③建築に関する制限を設けること，④公共的施設を完備すること，⑤路上工作物および地下埋設物の整理方針を定めること，⑥都市計画に関する法制および財源を調査すること，であった。とくに，公園・広場・墓苑など

の事項は，上記④の公共的施設の中に含まれていた（日本公園百年史刊行会，1978：177頁）。

当時の公園・風致地区制度に関する内務省都市計画担当者の認識は，「都市計画に関する法制」という小冊子（京都大学における特別講演）の中に，つぎのように説明されていた。

> 衛生上ノ計画，特ニ上水・下水設備，汚物ノ掃除処分，市場，屠場，墓地，火葬場，公園，名勝地等ニ対スル施設計画亦都市ノ拡張発展ノ計画ニ対応スルヲ要スルヤ論ヲ俟タズ。此等ノ施設ハ建築物法ノ規定ト相俟チテ近世都市ノ要求中ノ要点タリ。特ニ自由空地（Lesespaces libres）ノ保存ハ最近欧米都市ガ田園都市ト共ニ最重キヲ措ク点トス。我国法ハ，是等ノ施設亦都市計画トシテ経営スベキ要目ト為シ，法ノ運用ニ俟タシメタルノ外，尚特ニ公園及名勝地等自由空地ノ保存及其ノ風致ノ維持ニ対シテハ都市計画ノ一施設トシテ風致地区ヲ設クルコトヲ得セシメ（法第11条第2項）其ノ地区内ニ於ケル建築物，土地ニ関スル事又ハ権利ニ関スル都市計画上必要ナル制限ヲ為スコトヲ得セシメ（法第11条）以テ地区設定ノ目的ヲシテ意義アラシムルヲ期セリ（日本公園百年史刊行会，1978：178頁）。

ここで示された公園の機能は，これまでの遊観場所としての認識とは違って，都市の拡大・発展上において必要不可欠な都市施設として位置づけられていた[1]。この都市施設としての公園の必要性は，認識だけではなく都市計画という法制度およびその重要な手法であった「土地区画整理」を通じて具体的に実現されていくことになった点において，従来の太政官布達との相違を明確にしていた。

しかも，大正8（1919）年に制定された「都市計画法」（旧法，戦後の新法に対して）の第16条においては，「道路，広場，河川，港湾，公園其ノ他勅令ヲ以テ指定スル施設ニ関スル都市計画事業ニシテ内閣ノ認可ヲ受ケタルモノニ必要ナル土地ハ之ヲ収用又ハ使用スルコトヲ得セシメ……」との規定が組み込まれていた。この「土地収容」に関する都市計画法第16条の規定は，

都市施設としての公園の物的基盤を生み出す重要な根拠として作用した。言い換えれば，この都市計画法上の第11条および第16条にかかわる規定は，大正11（1922）年以降終戦までの間，計画公園の物的基盤である公園用地の確保を支えた法的根拠として機能した。[2]

それは，明治6（1873）年の太政官布達以来の法制度による規定であり，昭和31（1956）年に管理法的性格としての「都市公園法」が制定されるまで，この条項によって公園事業の物的土台である公園用地が生み出された。[3]

この時期の「都市計画法（旧法）」は従来の市区改正条例に比較して，いくつかの点において改善がみられた。すなわち，都市計画法の法制度上の特徴は，従来の市区改正の観念に比べ，①都市を一つの有機体とする計画性の重視，②都市計画制度の制限を設けたこと，③地域制度の採用，④土地区画整理制度の採用，⑤超過収用制度の認定，⑥工作物の収用，⑦受益者負担制度の新設などであった（越澤，1991：6頁）。これらの特徴の中で，とくに公園に関する項目として注目されるのは「受益者負担」制度の活用に関することであった。

この受益者負担による公園事業は，土地区画整理による留保地を公園用地確保の代替手段として利用する現実的な方法であった。しかも，その施行が「都市計画地方委員会」という全国的組織によって各地方に浸透していたことは，都市計画法制がもつ後見的性格を明確に示すものであった。この「都市計画地方委員会」は，最初は大都市のある府県において設けられていたが，順次全国に広がっていった。もともと「都市計画地方委員会」は，「都市計画法施行令」（大正11年11月施行）により都市計画委員会官制が公布されると同時に各府県に設けられたものであった。この「都市計画地方委員会」は，都市計画の技術的土台を担っていた「事務官」や「技師」らによって構成されていた。各府県においては土木部が設置され，その中に都市計画課が設けられ，地方委員会の技手・技師らは県の職務を兼職するのが通常であった（佐藤，1977a：178頁）。都市計画にかかわるこの全国的組織は，大正9（1920）年を初めとして進行し，昭和初期にはすでに構造化された（大霞会編，1980：193頁）。すなわち，後見性を支える法的実行力が，制度と組織において統合されていたのである。

2.1.3 都市計画講習会と公園調査の展開

　大正8(1919)年に都市計画法が公布され，大正12(1923)年に帝都復興計画が立案されるまでの時期は，都市計画の草創期であった。後藤新平，佐野利器，池田宏が中心となって都市計画法の普及啓蒙のための各種講演会が全国的に行われた。とくに，大正10(1921)年に行われた「第1回都市計画講習会」は，その対象を全国各市の職員とした本格的なものであった。

　この講習会では，明治神宮の造営を手がけてきた技師の折下吉延が「公園計画」を題として最初の公園緑地計画論と呼ぶべき講演を行った。この内容は全部で5章から構成され，「都市計画に於て公園計画の切要を論ず」，「欧米における最近の公園計画」，「将来我国大都市の公園計画」などが論じられた。そのうち，とくに注目されるのは，この講演の第2章において，「公園計画は都市計画において第一に考えなければならぬものである……公園は後からでは容易に出来ない間に合わない，公園計画が最も先に成すべき事である……」と説いた上，将来の公園計画において必要とされる点をいくつか取り上げていた。「①先ず計画を建て，土地を購入せよ，②須く在来の風致的箇所の利用に力めよ，③理想的散歩道ならびに運動場本位の公園の増設，④公園計画に対する財政政策(普通の課税制度，特別賦課税制度，公債政策)」などが主な内容であった。これらの事項は，公園緑地計画の原点とも評価されるもので，理想的な公園計画を進める際の指針でもあったが，戦前から現在にかけてこの四つの点は充足されていないのが現状である(越澤，1992：19頁)。

　ところで，明治6(1873)年の太政官布達による公園開設は量的に少なく，公園に関する行政の組織的対応の必要性は生じていなかったが，明治20年代に入ってから全国における公園の実態把握のために内務省が動き出すことになった。内務省の地理局・県治局による公園調査が行われたのは，明治24(1891)年，埼玉県に対して送った公園調査の照会がその始まりである。

　この時期の公園調査の目的は，公園行政の組織上での必然性はなく，むしろ明治22(1889)年の「市制町村制」，明治24(1891)年の「府県制郡県制」施行によって生じる公有財産の問題を「官有財産管理規則」(明治23年施行)に沿って整理するために必要だったのではないかと推察される。すなわち，

官有財産管理規則の「府県に譲与する旨の記載」(第12条および第13条の規定)によって公園用地として官有地を必要とする場合がそれである。もちろん、この規則は包括的なもので、官有財産の維持管理を明確にすることが目的であったが、初期公園行政の成立期にあっては各府県の管理下にあった公園について、県治局が加わり実態調査を進めようとしたものであった(丸山、1994：105-107頁)。その理由としては、すでに明治22 (1889) 年の内務省令第1号「従来各府県下ニ存在スル公共ノ財産」により、公園は府県において管理する旨が達せられており、今回の公園調査はその進展具合を調べるものであった。

　他方、内務省は、この内務省令第1号より先の明治20 (1887) 年の内務省訓令第44号で、府県管理の公園に対し、各公園の「維持保存方法経費徴収方法」について同20(1887)年12月までに報告するよう訓令していた。さらに、内務省は、公園調査後の明治24 (1891) 年の内務省訓令第464号を通じて、市町村において維持保存している公園地の使用・使用料の徴収などは慣例によることなどを通達しており、地方庁移管後の公園の維持管理の方針を指示していた。しかし、埼玉県の公園調査の場合からもわかるように、その調査標が出来上がるまで4年の時間を要しており、各府県の公園調査は進まなかった(丸山、1994：108頁)。

　ところが、大正9 (1920) 年になり、今度は内務省衛生局から通達第274号「公園調査ニ関スル件」が各府県に照会される。これは、明治39 (1906) 年以後、各府県の裁量に任されていた公園設置に関する実態を把握する必要が生じたからである。その契機となったのが、大正8 (1919) 年に公布された「都市計画法・市街地建物法」である。また、都市計画法・市街地建物法の施行直前、内務省は6大都市の市長を召集し都市行政に関する協議を行った。18項目にわたる協議項目の中で「公園に関する事項」として、「(1) 市外公園施設要綱、(2) 市内各地に小公園を施設する方針」が取り上げられた。(5)

　大正8 (1919) 年の公園調査時点において、当時全国の府県における公園・遊園の数は約856か所であった(丸山、1994：115頁「表5　府県別遊園表」参照)。これらの公園・遊園のうち、衛生局が主管すべき都市公園、すなわち、空気の浄化、あるいは市民の健康維持のために必要な近代的意味での都市公

園の数はわずかであった。ちなみに，大正8（1919）年の公園調査では，その公園数は全体の約10％，その面積にしては5％あまりにすぎなかった。しかも，その大半は従来の社寺境内であり，旧名所であった（丸山，1994：120頁）。

その後，大正10（1921）年には，衛生局だけではなく地理課・都市計画課との3者による公園調査が行われた。公園地の大半が社寺境内であることから地理課抜きでの実態把握は困難であったし，市区改正期にあっては都市計画課の現状把握は必要であった。今回の公園調査はその内容において，前回（大正8年）の公園調査に比べ格段詳細なものとなっていて，その「目的」中の「知育教化施設」の項では項目として「知育教化」という，いわば公園施設による啓蒙をあげている（丸山，1994：112頁「表4大正10年公園私園調査表」の項目参照）[6]。しかし，公園調査の結果は，公園の現状把握から判断されるように，その大勢は都市計画の射程にはない状況であった。つまり，この時期の公園調査は，結果的に都市計画法の中に公園法制を持ち込むことの難しさと中央と地方における公園の実体の乖離を示すだけであった（日本造園学会編，1996：37頁）。

その後，昭和11（1936）年には，再び内務省による公園調査が全国的に行われた。昭和8（1923）年の「都市計画法」の改正によってその適用範囲が町村レベルまで拡大したこと，および近年の市町村における著しい人口増加を背景としての調査であった。この公園調査は，それまでの公園調査に比べ，実務的な側面が強い。都市計画事業が進展する中で都市計画区域にある既存公園の整備の方針を出すことが緊急の問題になってきたためである。そのため，内務省は人口増加率が顕著な人口1万以上の町村にも適用する必要性を感じ，公園は地方においても都市計画上不可欠な都市施設として，大正の公園調査より厳密な準備が用意された。この昭和11（1936）年の公園調査の内容とその過程から見て，内務省の公園政策に対する認識の変化があったことは確かであるが，その目的は本来の公園機能を強化するようなものではなく，あくまで都市計画上の都合によって促されたように考えられる。その動向は，この昭和11（1936）年の公園調査を前後として活発に行われた「都市計画主任官会議」の議論内容からわかる。すなわち，昭和8（1933）年以来，中止されていた都市計画主任官会議が召集されることとなり，昭和11（1936）年

の会議においては，公園整備の方針について次のような注意事項が伝えられた。第1に，公園内において公園用以外の施設は許可しないこと，第2に，既存の公園用以外の施設は計画的に整理する方針を立てること，第3に，公園施設の充実・清掃浄化を計り，公園の保持を図ること，第4に，公園拡張が可能なものは拡張計画を立てること，などであった。⁽⁷⁾

2.1.4 「東京公園計画書」

ところが，関東大震災の直前，すなわち，都市計画法が制定された大正8 (1919) 年頃から東京市および内務省の公園関係者・専門家の間では，公園計画の標準ないし設置基準などに関する議論が盛んに行われていた。その背景には，都市計画法の中に公園および風致地区の設定に関する条項が定められたことや，外国公園理論の紹介，さらには大正9 (1920) 年における公園の増設・改善に対する陳情などがあった。

公園の所管変化については前述の通りであるが，大正10 (1921) 年4月には，東京市において職制が改正され，公園課が設けられた。これまで公園に関する事務は，用地課の公園係の担当であった。この公園課は，翌年10月の職制改正で，「技術，公園，墓地」の3係制となった。この東京市における公園担当組織の独立は，内務省において公園組織が設置される以前のことであり，最初の公園行政組織であった（東京都，1985：337頁）。

東京市公園課は，井下清を中心に，都市計画法に基づき「公園予定地調査」を行っていた。この調査は，大正12 (1923) 年8月の都市計画東京地方委員会の「東京公園計画書」に反映された。「東京公園計画書」の構成は，①公園配置図，②公園総面積，③公園種類，④公園種類別総面積と人口1人当たり種類別面積，⑤公園種類別標準面積，⑥公園種類別誘致半径，⑦公園系統の順であった。このうち，公園種類別人口1人当たり面積の割り出し方法がここにおいて初めて使用されている。

また，「公園系統」という概念が紹介され，次のように説明された。すなわち，「放射・環状道路および交通機関により必要とする公園を相互連絡し，個々の公園を一群の公園とし，さらに，これを総合して効果ある系統を完成する」のが初期の公園系統の内容であった。この公園系統については，「東

京駅を中心とし，一里圏，二里半，四里圏，夫々環状および放射道と連繋させる」との説明が付いていた。[8]

2.1.5 「帝都復興院」の設置

大正9（1920）年の関東大震災から復興をめざし，同年9月「帝都復興審議会」が発足した。また，復興計画およびその事業を実施すべき官庁として，後藤新平を総裁とする「帝都復興院」が設置された。[9] 復興事業の総予算は，大正12（1923）年の閣議決定によって明らかになったが，その内訳は表2-1とおりであった（佐藤，1977a：168頁）。そのうち，公園費の全体予算に対する構成比は0.027％であった。

また，同年11月に開かれた帝都復興院の「参与会議」および「帝都復興院評議会」の審議の中で，復興公園に関する考え方は次のように述べられ，公園に関する関心の高さを示していた。まず「参与会議」においては，「既設ノ公園ヲ整理拡張スルト同時ニ新ニ適当ノ位置ニ各種公園ヲ設置シ，就中，大，中ノ公園ハ之ヲ公園連絡広路又ハ幹線広路ニヨリ互ニ系統的ニ連絡セシメ以テ全市ノ公園ヲ有機的ニ活用セシムルコト」（「帝都復興院参与会速記録（第2回）」）という「公園連絡（parkway）」に近い考えが示され，都市内の公園を連結した公園づくりがめざされた。また，「諸設備ハ平時ニハ市ノ装飾ト保健ノ用ニ資シ，非常ノ際ニハ何レノ住民モ数町ノ距離ニシテ公園又ハ広

表2-1　東京復興計画予算案

項目	事業費
街路（鉄軌道共）	700万円
河川運河	85
港湾	30
上水道	5
下水道	110
教育機関・庁舎・市場・病院	100
公園	30
区画整理	3
塵芥処理施設	5
事務費	31
総計	1,100

出典：佐藤，1977a：168頁

路ニ出デ，安全ニ避難シ得セシムルヲ目的トシテ設計スルコト」とされ，復興公園計画における公園の機能は，「平時」と「非常時」の両面から考えられていたことがわかる。(10)

他方，「帝都復興院評議会」においては，帝都復興院総裁であった後藤新平の諮問「復興計画区域及復興計画ノ規模ニ関スル件」に対する返答の中に，公園の設置に関して，「官公有地ヲ公園用地トスルモノノ他数箇所ニ遊園ヲ設ケ尚出来得ル限リ焼跡地域内ニ於ケル小学校地ヲ拡張シ児童公園ノ用ヲ兼ネシメムトス」（池田，1940：402-403頁）という内容が載せられていた。が，官公有地を直ちに公園にすることへの議論は，「まだ確定されたことではないので，今のところは焼失地区の小学校の敷地を拡張し，児童が遊べるよう公園を兼ねた遊園地や児童公園を配置するのが望ましい」との意見が出された。

この「帝都復興院評議会」においては，公園の必要には一致した認識が示されており，「将来的には財政が許す限り，公園は新設・拡張すべきである」との意見が支配的であった。それは，評議会の第1委員会の決定要領として議決した「公園及市場ノ件」の中に，「七，公園及分市場ハ出来得ル限リ之ヲ増設スルコト，公園ノ候補地トシテハ砲兵工廠及糧秣廠跡隅田川両岸ノ如キヲ考慮スルコト。八，官有地ハ可成公園敷地トシテ無償ニテ市ニ下附セラレタキコト」を要請していたことからうかがえる。

2.1.6 復興公園の配置案

この復興院から帝都復興評議会に提出された議案の中で，「公園の配置」に関する内容をその後の「帝都復興審議会」における修正案，決定案と比較すれば表2-2のとおりである。最初の復興評議会提出案においては，焼失跡地にはなるべく遊園をつくり，児童用に提供するといった計画内容は，復興を必要とする小学校付近に限定されていくことになった。

この復興計画公園の計画案が審議会において議決されている間，震災後の復興計画については，震災に際して国土・都市を改造しようとする「積極論」（後藤新平がその代表）と，財政および被害者のために緊急に行う必要があるため復興の程度に留めるべきであるとする「消極論」との意見対立があった。

表 2-2　帝都復興における公園計画案の変化

復興評議会提出案	帝都復興審議会提出案（修正案）	帝都復興審議会議決案
官公有地ヲ公園用地トスルモノノ外数箇所ニ遊園ヲ設ケ尚出来ル限リ焼跡地域内ニ於ケル小学校地ヲ拡張シ児童公園ノ用ヲ兼ネシメムトス	公園ハ主トシテ官有地等ノ整理ニ従ヒ、漸ヲ逐ヒテ之カ配置ノ適切ナルヲ期ヲ取敢ヘス東京及横浜ニ各左ノ数公園ヲ開設スルト共ニ別ニ出来得ル限リ焼失地域内ニ於テ復興ヲ必要トスル小学校ノ付近ニ児童公園ヲ設クルヲ得シム	公園ノ配置ニ於テ東京横浜両市ノ分共大体賛成ヲ表シ各公園ノ消防ニ要スル充分ノ貯水設備ヲ為サシメルコト

　紆余曲折の結果，復興公園の総事業費は当初予算の半分である 1500 万円，総面積は 18 万 4000 坪となった。[11]

　ところが，事業当事者であった東京市においては，「焼け跡に新たな公園を設けることは公園敷地に偶々当たった震災被害者を追い出し，その生活の根拠を奪うことなので，震災直後これを強行することは行政当局の情においてはしのび得ない」という理由と，当時「土 1 升金 1 升」といわれた高い地価の補償を必要としたために，震災を契機に公園が災害防止・避難地のために必要な都市施設であるとの理解と認識が拡大されていたにもかかわらず，その増設は現実的に困難であった（佐藤，1977a：174 頁）。このため，小公園の敷地獲得はすべて区画整理によって生み出す手法に頼らざるをえなかった。[12] しかし，中央政府の計画であった大公園は大面積の邸宅地，埋め立てなどの場所を選んで行うことになった。

　震災復興にかかわる公園事業の特徴としては，①河岸公園として隅田公園，海浜公園として山下公園を造ったこと，②浜町公園，錦糸公園および神奈川公園を近隣公園のモデルとして造ったこと，③小公園（児童公園）を多数新設し，適当な距離に配分したこと，またこれに備えた遊戯器具を改良して近代的児童公園を設けたこと，④国が初めて民有地を買収して公園を造成したこと，⑤区画整理によって初めて小公園用地を生み出したことなどがあげられる（佐藤，1977a：175 頁）。

　なかでも，「近隣公園」の造成と小公園の設置は，この時期初めてみられ

図2-1　帝都復興計画政府原案・甲案（1923年10月）

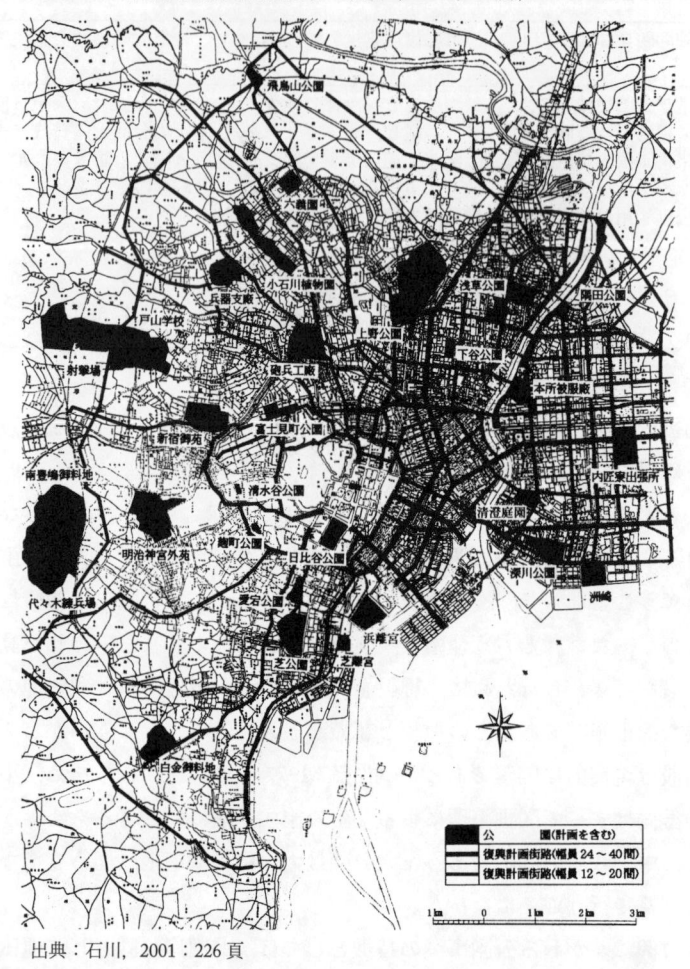

出典：石川，2001：226頁

た新たな動きであった。「近隣公園」というものは，アメリカの都市計画において近隣地区の中心に設ける公園のことで，住区内住民が利用する公園であった。公園計画においては基幹的な要素をなす公園であり，その概念は早くから紹介されており，政府施行の大公園3か所のうち，浜町公園が近隣公園のモデルとして試作された。この浜町公園の中には，広場，散歩園路，休憩所，児童遊戯場，プール（防火貯水槽の機能を兼ねる）などの施設が設けら

れ，付近住民の各年齢層の利用と同時に，災害などの非常時には避難地ともなるよう約1万2000坪の大規模公園として造成された。

2.1.7 「公園計画基本案」（「内務省都市計画局第二技術課私案」）

他方，大正12年（1923）年の「東京公園計画書」の内容は，翌年内務省の「公園協議会」において成案とされた「公園計画基本案」（「内務省都市計画局第二技術課私案」）（各種資料においては「私案」と「試案」とが混用されているが，原文から見て正確には「私案」が正しいと思われる）に受け継がれた。この「公園計画基本案」は，後の昭和8（1933）年の内務省主催「全国都市計画主務官会議」において，通達される「公園計画標準」の土台となったものであった。この基本案の中において，公園の種類は，①児童公園，②近隣公園，③都市公園，④自然公園，⑤運動公園，⑥道路公園の6種類とされ，また公園計画区域は，都市交通機関の利便を図り，市民生活中心地より「約1時間内の区域」が標準とされた（佐藤，1977b：16-17頁）[15]。

この「公園計画基本案」を検討した「公園協議会」とは，大正10（1921）年末に内務省に設けられていた公園の諸標準に関する研究会であった。その中心人物は当時内務省技師・技術課長であった笠原敏郎で，東京府・東京市などの公園関係者数十人が毎月1-2回位の協議会を開き，公園の基準を研究討論して，公園計画についての一通りの成案を得ていた。それが，当時の都市計画法令に基づいて，内務省から示された「公園の部」の計画標準となった（前島，1989：148-149頁）。

この「公園計画基本案」の意義は，従来から東京市区改正条例までの公園に関する基盤が伝統的な社寺境内および江戸の名勝古跡にあり，その根拠も太政官布達に基づいて行われていたものを，都市計画法制に基づく近代的施設基準としての標準に転換させたことにある。また，この大正12（1923）年の「公園計画基本案」は，昭和8（1933）年の内務省において開かれた都市計画主務官会議の議題，「公園計画ノ確立ニ関スル件」および「風致地区ニ関スル件」の中で示された，「公園及風致地区調査資料」と「公園計画標準」として定着していく（佐藤，1977a：189頁および北村，1933：135頁）。すなわち，「公園計画標準案」は各種公園計画に関する全国的指針として通達され，

昭和43 (1968) 年の都市計画法の改正（新法）までの長い間，すべての公園計画に適用されたのである（佐藤，1977a：286頁）。

2.1.8 「都市計画主任官会議」

大正8 (1919) 年に内務省は都市計画法を施行して，次第に5大都市に適用し，中都市にまで拡大していた。この都市計画法に基づき，正式に都市計画上決定された最初の公園は，前述の大正13 (1924) 年3月31日に決定した東京復興公園の大公園3か所，面積約6万7000坪であった（東京都，1965：58頁）。

他方，この都市計画の適用が全国に拡大されるのにともない都市計画による公園開設も全国的なものへと変化していた。この公園計画の全国的な広がりを担っていたのは，内務省が主催していた「都市計画主任官会議」と前述の「都市計画地方委員会」であった。中央政府には，内務省内に「都市計画課」が，主要府県内には国の地方機関としての府県とは独立した「都市計画地方委員会」がそれぞれ設けられた。ここで，立案した計画を内務省に申請し，内務省都市計画課がこれを審査是正して，大臣からその地方委員会に案を諮問する手順であった。その手続きを経て，内務大臣は地方委員会（会長は知事）の答申を得て，これを決定し告示する仕組みであった。

前にも述べたように，この「都市計画地方委員会」には，国の官吏である事務官，技師などの職員が配属され，立案などの事務を担当した。そして都市計画に関するさまざまな調査が進められ，地方都市も都市計画法に基づく街路などの計画決定がなされた（佐藤，1977a：178頁）。また，都市計画法の制定にともない内務省はたびたび都市計画を担当する各責任者を招集し，全国的な都市計画会議を開催した。そのうち，公園に関する重要な会議は，大正13 (1924) 年および昭和2 (1927) 年の「全国都市計画主任官会議」であった。

大正13 (1924) 年の「全国都市計画主任官会議」においては，公園についての「公園系統計画根本調査ニ関スル件」が指示された。この中で，「公園計画基本案」が「内務省都市計画局私案」として提示された（日本公園百年史刊行会，1978：184頁）。とくに，この「都市計画主任官会議」において，内務省は都市計画に関する当面の問題について指示するとともに，地方主任官

と協議を行った。5日間にわたって行われた会議での議題は，①都市計画宣伝方法，②市街地建物法施行令と同施行規則の改正を要する事項，③土地区画整理を有効適切に実施する方法，④公園計画に関する事項，⑤都市計画法と市街地建物法およびその他の付属規定が含まれていた（内務大臣官房都市計画課，1927：147頁）。そのうち，都市計画法の施行に際して，計画に関する主要な議題は公園計画に関する事項だけであり，この時期から公園に対する内務省の認識は漸次成熟していた。

つぎの，昭和2（1927）年の会議においては，「区画整理審査標準」が示された。この区画整理に関する標準なるものは，都市計画によって施行される土地区画整理においては，全施行面積の3％を留保し，それを公園地に充てるという内容であった（北村，1933：135-136頁）。その後，公園の整備に関する内容は，昭和8（1933）年以降中止されていた都市計画主任官会議が召集されることとなり，昭和11（1936）年の会議において内務省は，「公園整備の方針」について，①公園内において公園用以外の施設は許可しないこと，②既存の公園用以外の施設は計画的に整理する方針を立てること，③公園施設の充実・清掃浄化を計り，公園を保持すること，④公園拡張が可能なものは拡張計画を立てること，などの注意事項を提示した。

2.1.9 アメリカ型公園の影響と「公園系統（Park System）」

近代的都市公園の規範ないしモデルは，主にイギリスとドイツのそれであった。しかし，明治末期より大正初期にかけて，都市における計画的な公園の新設が都市問題ならびに都市衛生の側面から議論されるにつれ，アメリカの「公園系統（Park System）」に関する情報の紹介が頻繁に行われるようになる。とくに，公園を単独に設けるより，多くの公園を連携させ，あるいは機能の異なった公園を適当に配置しようとする考えは，明治末期においてすでに紹介されていた。

アメリカにおける最初の近代的都市公園は，1733年にニューヨークに造られたボーリンググリーンという小公園とされているが，1824年にボストンのコモンを市が買収し，公園造成に着手したのが本格的な都市公園整備の嚆矢であったといわれる。1850年代を境に，ニューヨーク市のセントラル

・パーク（1851年），フィラデルフィア市のフェアモント公園（1855年）などの大規模で計画的な都市公園が市民の健康と楽しみのために各都市に造られるようになった（東京都，1995：5頁）。この「公園系統（Park System）」[16]という言葉は，主にアメリカの都市計画上における計画的公園づくりの手法であり，都市計画において公園を一つの連携したシステムとして捉える考え方である[17]。すなわち，一つの公園を「公園道路（parkways）」を通じて他の公園に結びつけ，全体としての公園機能の効用を高める方法であり，当時アメリカの大都市において採用されていた。公園と公園を連結する道路を「公園広道（boulevards）」と呼び，全都市に一つの公園体系を立てることが「公園系統」として紹介されていた。ところが，この概念が紹介された当時は公園系統という訳語に対し「Park System」と公園道路を指す「parkways」が混用して使われていることから，当時においては確定した概念ではなかったようである。

このパークシステムが登場する頃のアメリカは，産業革命の進展にしたがい急激な工業化と都市化の進行および海外からの大量の移民の流入により，大都市における生活環境の悪化が大きな社会問題として浮上した。アメリカの人口は，1850年の2320万人から1900年には7600万人へと実に3倍近くになり，人口5万人を越える都市も9都市から78都市に増大した[18]。

このアメリカから発達し都市計画手法として定着した「パークシステム」の意義は，①自然的特性を生かした都市計画手法であること，②公園・緑地などを生かした都市基盤整備が高い経済的効果をもたらし，開発利益還元型の都市計画の財源確保（受益者負担，目的税，特別賦課金，土地増加税など）を可能にし，具体的な開発手法として活用されたこと，③市民，コミッション（公園委員会），行政によって「計画なくして事業なし」という公共事業のための民主的ルールを成立させたことなどであった（日本造園学会編，1996：112頁）。

この「公園系統」に関する紹介は，明治41（1908）年に刊行された安部磯雄の「応用市政論」が最初であった。また，都市計画的公園の関連では，片岡安の『現代都市の研究』の中で，アメリカ公園系統の紹介を論じていた。片岡は「都市の公園系統は，街路系統と密接な関係を有し，広道は一つの長き小公園と見做すべきである。市内各処の中心地区の広場は，正に公園と同

図2-2　20世紀初頭のニューヨーク市のパークシステム（1914年）

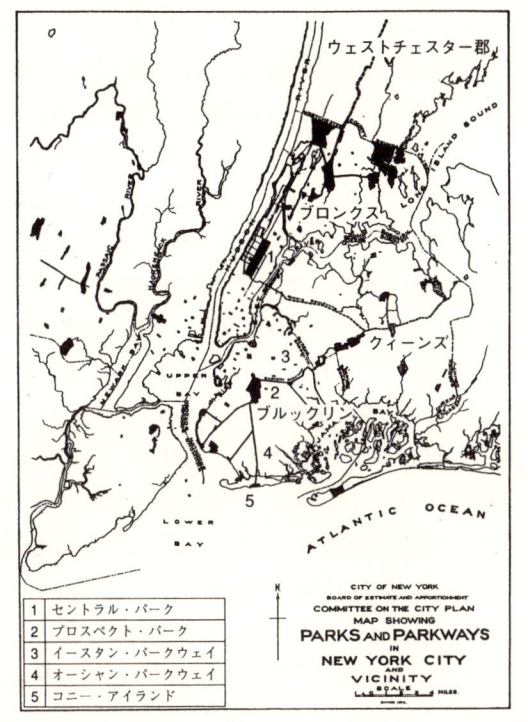

1	セントラル・パーク
2	プロスペクト・パーク
3	イースタン・パークウェイ
4	オーシャン・パークウェイ
5	コニー・アイランド

出典：石川, 2001：67頁

様の性質を帯びる故に, 建物のみを以て飾られるよりは, さらに緑樹噴水等を配合することを以て理想とせられている。……北米合衆国のカンサス市の公園系統は, 公園と公園とを連結する交通街路を, 全く其系統の一つとして取扱っている組織と言うことが出来る」（片岡, 1916：214頁）と紹介している。

　他方, 当時公園行政に直接かかわっていた上原敬二は, 大正13（1924）年に「公園系統」を,「都市における公園は単独に存在しているのみでは真に公園としての機能を発揮することが出来ない。其を適当な状態に連結せしめ全公園をある一つの系統の下に有機的に一団として考え得る様設計布置された時に初めて真に意義ある内容を充実し市民生活の上に完全に役立ち得るのである。かくの如き系統を公園系統（Park System）と称す」（上原, 1924：107頁）と述べていることから, 当時「公園系統」に関する紹介が実務者の間で

は活発に行われていたと考えられる。[19]

　ところが，このような連結的な公園配置手法としての公園系統に関する考え方および概念は，最初は公園と公園とを連結する「公園道路」の系統として考えられていたものが，都市の公園の系統的な配置を通じて公園相互間の機能を補うもの，言い換えれば線的ではなく点的な配置によって全体の公園系統をつくりだすという内容へと縮小・変容していくことになる。

　まず，大正13（1924）年の「都市計画主任官会議」の「公園系統計画根本調査ニ関スル件」において示された公園系統の内容は，「都市ニ於ケル人口ノ密集現象ハ緑地減少ノ結果ヲ伴ヒ為ニ市民ノ衛生保健及思想教化ノ上ニ看過スヘカラサル弊害ヲ醸スノミナラス一朝震火災ノ難ニ遭ハ，其ノ被害ノ大ナル怖ルヘキモノアリ然ルニ一方都市発展ノ趨勢ハ都市ノ内外ニ於テ間地ノ減少，地価ノ騰貴ヲ惹起シ延イテ公園施設ノ実現ヲ益々困難ナラシメツヽアリ仍テ速ニ之カ実地ノ調査ヲ行ヒ以テ統一的公園計画ヲ確立シ緩急ニ応シ之カ実現ヲ企画セサルヘカラス各都市ニ於テハ之カ促進ノ為適切ナル措置ヲ取ラレムコトヲ望ム」（内務大臣官房都市計画課，1927：144頁）というものであった。この説明の中に「統一的公園計画」という言葉があるが，この「統一的公園計画」が「公園系統」の意味で使われており，この時期までは公園系統に関する意識は失われていなかった。

　ところが，昭和8（1933）年に都市計画主任官会議が再び開催された時には，「統一的公園計画」という言葉は見当たらない。それは，上記の大正13（1924）年の「都市計画主任官会議」から昭和8（1933）年の「都市計画主任官会議」の間に，この公園系統に関する概念ないし内容になんらかの変化が生じていたと考えられる。その手がかりとなるのが，昭和7（1932）年における北村徳太郎の説明であった。すなわち，北村は「都市の公園計画一応の理論」という論文の中で，公園の配置について，「各種の公園は独特の使命を持っており，自らの位置を約束される訳でありまして，今迄の様に偶然の産物では，相互効用相殺が起こる事は納得出来ます。其れ等の比較案配が考慮されて，其の動きのつかぬ位置を決めるのを，公園系統計画と申します」（北村，1932：45-47頁）と公園系統を解釈・説明していた。

　この説明に基づいて理解すれば，「公園系統」とは，従来の公園と公園を

連絡しその効用を高めるとするものではなく，公園はその種類によっておのずから位置面積が定まるものであり，その位置を定めて配分することが公園系統計画ということになる。この考えに基づき公園系統計画は「分布式」と「連絡式」の2種があるとし，前者は各種公園においてその誘致距離を考えて配置するもので初期の計画とされ，後者は自動車の発達によって各公園を公園道路によってつなげ，自動車や徒歩による公園の回遊を可能にしたものとして捉えたのである。この連結式は，「公園系統」以外の「慰楽系統計画」というレクリエーションを系統的に捉えた考えにも影響されたが，この「レクリエーション系統」に対しては，大正13 (1924) 年に，上原敬二によって「休養系統 (Recreation System)」として紹介された（上原，1924：4頁）。

　このような公園系統に対する考え方の変化，すなわち，「連結」ではなく，個別的配置による公園計画への傾斜は，昭和8 (1933) 年の「公園計画標準」において明確に打ち出されており，この標準には「公園系統」という言葉は消滅していた。その代わりに，「配置」の頁に「季節ニ応ジテ慰楽ノ目的ヲ達シ得ルヤウ配置スルコト」や「慰楽系統上連結ヲ有シ且分布ノ平衡ヲ得ルコト」が記され，「公園道路」の項には，「公園其ノ他ノ慰楽地ヲ連結スルコト」が載っているだけであった。

　これらの変化の原因としては，当時，北村徳太郎を中心とする内務省の公園担当技師らは，公園計画標準どおりに都市に各種の公園を配置することが「公園系統計画」であり，公園以外の屋外レクリエーション系統（緑地）と公園を連結するのが近代的な「都市計画」であるとの認識によるものであったと考えられる。このような認識の変化には，用地や経費などの面において現実的な公園の造成を優先的に考えていた当時の公園担当者らの思惑が潜んでいた。この「公園系統」概念は，昭和8 (1933) 年頃から登場し普及する「緑地」概念に融合され「緑地帯」ないし「緑地系統」に融合されていくことになる。

2.2 公園用地の創出——公園地留保と受益者負担

2.2.1 公園の受益者負担

　小公園（主に児童公園）の設置に関する内容は，帝都復興評議会に提出した議案においても見られたが，この計画では児童数・学校数に応じ，校地の狭い所に優先して公園を設置するなど，公園全体の配置を考慮した方針が出された。すなわち，焼失区域内の小学校117校に対して，52か所の小公園が配置された。このように「学区」に公園を配置し小学校に近接せしめたことは欧米でもこの時期行われていたことであるが，学校内運動場の放課後の開放とあわせて，一体的に利用されることを期待したこと，災害時の避難場所をできるだけ広くとることにその主旨があった。

　ところが，東京市区改正条例以来の各種都市計画的公園の新設ならびに整備に関しての計画案が，当時の立法者たちに反対され，縮小・廃止された理由は財政上の理由であった。しかし，財政的な措置がまったくなかったわけではない。都市計画を実行するに当たって必要経費をいかにして支弁するかについては，都市計画法を制定する際の「都市計画調査会」においても十分に検討されていた。その結果，都市計画法第8条には，「特別税として地租割・国税営業税割・営業税・雑種税または家屋税を賦課しうる」とした上で，「ソノ他勅令ヲ以テ定ムル租税」を賦課できるようにしたのである。しかし，大正13（1924）年に内務省が大蔵省と合議の上，貴族院に提出した「土地増価税勅令案」は審議の結果，否決され，課税を通じての公園増設の道は閉ざされてしまった。[20]

　当時の内務省の中には，「各種公共事業の実施によって特別の利益を受ける者に対し，公平の観念上許されるべきものでなく，開発にともなう特別な付加利益は社会に還元される性質のものである」との認識が根強く浸透していた。この特別な利益の還元という考え方は，大正初期から流入していた欧米の都市計画における受益者負担の考え方が影響したものであった。とくに，内務省の中においては都市研究会をはじめ，開発をすすめる地方都市計画責任者の間で，この特別利益を受ける受益者に対する負担は正当なものとして

支持されていた(上原,1925:10-26頁および狩野,1931:171-172頁)。

　ところが,このような考えに基づいて提出した,「土地増価税勅令案」は否決となり,都市計画法上の残された道は,法に規定されていた「受益者負担」(第6条第2項)の制度的活用であった。大正末期から昭和初年にかけて,道路の新設・拡築・路面改良,河川改修・運河事業,公園・下水道事業において,事業施行都市が受益者負担金をその事業の財源に充てるものが続出していた。公園の新設に関する受益者負担制の活用も,当時の佐藤昌,飯沼一省,上原敬二らの公園・造園関係者の間で頻繁に議論された。

　そのうち佐藤昌は,公園新設に関する受益者負担を,「公園の設置によって,その附近地が受益することは,諸外国においては常識となっているがわが国では道路の新設によって接続地の地価が上がることは理解できても,公園の[新設によって生じる]受益についてはなかなか認識が進まない限り却って土地は減価するし,児童の遊場は騒音を出す許りでなく,風俗上芳しからずとする声が一般である」([　]は引用者注)(日本公園百年史刊行会,1978:211頁)と説明していた。

　しかしその後,このような公園に関する否定的な偏見が少しずつ崩れていくなかで,公園の価値に関する社会的理解は徐々に進み,土地区画整理事業の施行区域内の減歩によって留保される公園用地も一種の受益の代償であるとの認識が一部においては見られるようになった。その事例としては,名古屋市の東山公園の整備がある。名古屋市が公園の新設に先立って公園附近の土地の関係地主に対し,公園の新設によって生じる受益の一部代償として土地の無償提供を要求したのに対し地主側は約3万坪の公園地を寄付したのである。それは,新設され東山公園面積の3分の1に当たるものであった(内務大臣官房都市計画課,1927:131-132頁)。

　他方,昭和11(1936)年の「都市計画主任官会議」において示された公園整備に関する方針の中で,とくに土地区画整理の施行地区における3%留保は,戦後においても継承され,戦後の都市公園政策につながっていくことが注目される。すなわち,ここで登場する「公園地としての3%留保」という内容は,戦前から戦後の建設省およびその出先機関による公園整備の物的土台をつくりだす重要な根拠として作用した。もちろん,震災後新設された

52か所の小公園の用地はこの基準によって提供されたものであった。この昭和11（1936）年の都市計画主任官会議において議論された「公園整備の方針」は，後述する昭和8（1933）年の都市計画主任官会議の議論を踏まえており，公園整備の規範を形作る重要な内容であった。

内務省は，昭和11（1936）年の都市計画主任官会議において，公園計画に関する方針の内容を示して意見を求めていた（佐藤, 1977a：20頁）[21]。その案には，公園の種類の中に「都市公園」という名称で，都市民全体の利用に充てられるものが含まれている他，「有効範囲」という現在の誘致範囲や誘致距離に該当する概念が示されていた。また，都市計画区域という都市計画法上の規定がすでに定められていたにもかかわらず，「公園計画区域」という概念を新たに示そうとした点などが特徴であった（佐藤, 1977a：26頁）[22]。ここにおいて，「公園計画私案」として示されたいくつかの公園設置基準のうち，「市街地面積に対する3％留保」は「公園設置基準」として定着した。この設置基準はそれ以後の公園整備の原則として用いられ，後の昭和40年代の「緑のマスタープラン」において市街地面積に対する公園面積の基準が採択されるまで，公園整備の最も原則的な基準として機能する。

このような受益者負担を通じての公園用地確保の方法は，その後内務省の省令として通達され，各地において準用された。その第1号は，京都市の船岡山公園の「京都市都市計画事業船岡山公園新設受益者負担に関する件」（昭和9年省令第1号，第2号）であった。この公園新設に際して受益者の負担金は事業費の4分の1であった。その後は，川崎市富士見公園（昭和11年），浦和記念公園（昭和16年）などにおいて適用されている。しかしその後の浦和記念公園の新設の件においては，受益者の負担金が事業費の10分の1であったことから，順次その適用が困難となっていたことがわかる（佐藤, 1977a：310頁）。その理由としては，都市計画施行地域の市民に対し過重な負担を強要することは行政上不得策であり，国税が重い上，公共事業実施に対し個人負担がかかるのは時勢に反することがあげられた。このような受益者負担に対する消極的な態度は，結果として，公園の整備を国庫補助に頼る考えへと方向転換していくことになる。

ところで，受益者負担による公園用地の確保を可能にした「土地区画整

理」とは一体どのようなものであり，なぜ公園用地の確保手段として定着するようになったのか。

2.2.2　土地区画整理事業

大正8（1919）年に「都市計画法」が公布とともに明治42（1909）年公布の「耕地整理法」を準用し，都市施設の整備と宅地の整理を同時に行う「土地区画整理事業」が本格的に始められた。とくに，大正12（1923）年の関東大震災を契機とする復興事業は大規模な土地区画整理を行うことで進められた。それにしたがい，土地区画整理に関する設計・技術的標準などの研究も盛んに行われていた。

「土地区画整理」の考え方は，ドイツで発達した「アディケス（Adiches）法」の紹介を通じて日本に導入された。「土地区画整理」とは，土地を換地（公用換地）して道路や公園など公共施設の用地を生み出し，地区全体の環境を整備していく事業である。「換地（土地を交換すること。また，替え地）」にあたっては，整理前の土地の位置，地目，土質，水利など土地利用状況から土地評価を行い，換地された土地は整然と区画が施され，新たな評価がなされる。公共施設の整備によって土地利用が増進するので，応分の負担を土地で提供しても換地された土地の評価は整理前の評価より下らないことになる。

その供出された土地を「減歩（区画整理などで，道路・公園などの公共用地を生み出すために，各所有者の宅地面積を整理前より減らすこと）」といい，減歩は公共用地にあてられるほか，売却して事業費にあてるための用地（保留地）とされる。整理前の土地と換地後の土地の割合は減歩の割合で示すことが多く，これを「減歩率」という。整理前の土地の評価が整理後の評価と比べて増進が少ないときに減歩率は低く（15％くらい），増進が大きいときに減歩率は高く（30％以上）なる。事業は換地設計にしたがって，各権利者の土地を仮換地して道路や公園などの工事を行うこととし，設計上移転したり除去したりする建物や施設に対しては補償費を支払い，換地が周囲の事情により均衡を欠く評価である場合には過不足については金銭で清算するものであった（下出，1983：3-5頁）。

そもそも土地区画整理手法を用いて市街地の整備を行うという法的根拠は，

大正8 (1919) 年の法律第37号「都市計画法」の第12条ないし第15条の規定によるものであった。しかし，都市計画における区画整理の前身は，明治42 (1909) 年制定の「耕地整理法」においてその原型は形づくられていた。すなわち，土地の農業経営上の利用増進を図る目的で制定されていたこの法律が大正末期における大都市周辺農地の急激な宅地化という現状の前に，一般市街地においても準用されたのである。都市計画法第12条は，「都市計画区域内における土地については，その宅地としての利用を増進するため土地区画整理を施行することとする」と規定し，そのため「前項の土地区画整理に関しては本法に別途に決めることを除き，耕地整理法を準用する」と定めたのである（佐藤，1977a：294頁）。

そこで，この「耕地整理法」の内容を検討すれば，その第1条において，「土地の交換，分合，開墾，地目変換その他区画形質の変更，湖海の埋め立て，干拓又は道路，堤塘，畦畔，溝渠，留池などの変更廃置又はそれにともなう灌漑排水に関する設備若しくは工事」と規定され，これを市街地に適用する場合，市街地整備に関する大部分に適用できることになる。

しかし，建物移転や用地買収を強引に行ったことによって，市民の協力が得られず，事業は進展しなかった。また，当時は農業の面で土地改良を行う必要から耕地整理が始められ，土地の交換分合によって，土地整理を進める方法が行われていた。これらの経験が，近代的な都市計画に用いられ，土地区画整理方式による都市計画事業が制度的に成立した。

では，公園を所管した内務省において，この「土地区画整理」はどのような経路を経て，公園用地を生み出す手段となったのか。それを知る手掛かりは，昭和3 (1928) 年10月に行われた「都市計画調査資料及び決定標準」にある。その標準の第7に「土地区画整理審査標準」が取り上げられ，その地区決定標準の項には，「都市計画法により決定する道路，広場，公園，市場などは区域に包括すること」が記されている[24]。さらに，その設計標準の総説には，「小公園，水路（小運河・小河川）の新設又は改修などはかなり設計中に包含すること」などが含まれていた。

2.2.3 「土地区画整理設計標準」

内務省の都市計画局によって通達された「土地区画整理審査標準」と「都市計画・土地区画整理決定資料ニ関スル件」は、その後、昭和27（1952）年5月の「土地区画整理法」および昭和30（1955）年の「土地区画整理法施行規則」に引き継がれることとなり、土地区画整理による公園地の確保は戦前から戦後まで同一の線上に置かれることとなる。また、この「土地区画整理審査標準」の中には、戦後の都市公園法制定まで、公園設置標準として用いられる「公園地留保3％」の重要項目も含まれていた。それは、土地区画整理によって生み出される整理施行の面積において、施行面積の「3％以上」を公園の用地として留保するということである。

「公園地3％留保」というのは、先進諸国において行われる土地区画整理による公園地留保が紹介された明治末期、大正前期を経ながら得られた公園行政の基準となった。この土地区画整理における3％の保留原則は「特別負担あるものは、受益の限度において、是を負担すべきである」という考えに基づき、区画整理による3％の保留は所有者である市民の受益の範囲内であるから、その用地は公共用地として無償提供が当然であるとの認識であった（佐藤，1977a：298-299頁）。

昭和8（1933）年7月の内務省通達「土地区画整理設計標準」（都発第15号）によれば、「公園面積ハ地区面積ノ三パーセント以上ヲ留保シ児童公園ニ充テ尚残余アルトキハ之ヲ近隣公園，公園道路ノ類ニ充ツルコト但シ地区内ニ近隣公園ヲ計画シ得ザル場合ニハ適宜ノ場所ニ存置スルモノトス地区狭小ニシテ児童公園ヲ配置シ得ザル場合亦同ジ」（日本公園百年史刊行会，1978：220頁）とされ，土地区画整理が施行される地域においては，総施行面積の3％を公園地として留保することが全国的に指示された。また，「特ニ大ナル人口密度ヲ予想セラルル地区ニ於テハ適宜前後ノ所要公園面積ヲ増大スルコト」への指示も添付されていた。

2.2.4 公園地留保3％の適用

他方，公園用地に関する土地区画整理における3％留保は，昭和12（1937）年5月，内務省次官通達として地方長官・都市計画委員会宛に出された「都

市計画・土地区画整理決定資料ニ関スル件」においてさらに確認された。すなわち、「設計方針其ノ二」の項目では、「公園其ノ他緑地ハ総土地積ノ約三パーセント以上トシ土地ノ状態ヲ精査シテソノ配置ヲ決定スルモノトス」という。

前述のとおり、この土地区画整理施行による公園地の確保が現実性をもつようになるのは、大正12 (1921) 年の関東大震災による復興事業においてであった。とくに、震災復興事業における区画整理事業は最大の規模であり、東京市および国の事業として施行された。そして、東京復興計画公園と呼ばれる小公園 52 か所の用地がその原則によって確保されたのである。

この区画整理による公園地の確保は、その後の昭和 7 (1932) 年の郊外地域の「東京市」編入の際にも行われてはいたものの、その 2〜3 年後の昭和 10 (1935) 年頃まで新市街地において新しく開設された公園の数は 17 か所、面積にして 9 万 3000 坪あまりにすぎなかった。そこで、東京市は組合施行の区画整理事業の推進を図るために、昭和 10 (1935) 年 12 月に「東京市土地区画整理助成規定」を告示した。その中に公園に関する項目としては、「助成規定施行細則」の第 4 条において「助成規定第 2 条の規定により無償にて提供すべき道路又河川敷地は、耕地整理法第 11 条 2 項の規定により国有地に編入し、公園地は市に寄付すること」が記されていた。その結果、昭和 15 (1940) 年末までに、20 か所、面積にして 3 万 7000 坪あまりが新たに公園として開設された（前島、1989：177-178 頁）。

「土地区画整理」というものは、いうまでもなく非常に強い公共性をその基盤に潜めているものであった。そのため、その推進主体、すなわち、土地区画整理の施行は政策上・行政上の必要から主に行政の主導で行われていた。その他に公共団体施行、土地の権利関係者が土地区画整理組合を組織して行う組合施行などがある。そのうち、公共団体施行と公団施行の場合は、都市計画事業として施行されるが、組合施行の場合は都市計画事業として施行される場合に国庫補助がつけられることがある。事業の執行体制についても公共団体施行・公団施行の場合は都道府県、市町村、公団などが組織をつくり土地区画整理審議会を設けて運営するが、組合施行の場合は組合員による総会または総代会を置いて運営の意思決定を行っている。

しかし，この概念および分類は現時点での定義であり，行政以外の主体が発達していなかった大正期においては，先に述べたように国（内務省），東京府（市），府県と地権者で構成される組合に限るものであった。そのため，国と東京市による区画整理事業は，震災復興事業においてのみ，計画どおり実施できたのであった。

2.2.5　地籍の縄延と実測問題

ところが，大正期以降から意図どおり進められてきた土地区画整理による用地の確保は昭和初期までであった。すなわち，昭和中期以降，区画整理において用いられる測量法の進展にしたがい，区画整理に対するその理解度が深まった戦時期以降は難航し続け，次第に土地区画整理による「公園地3％留保」は崩れていった。

その理由として，区画整理による公共用地（道路，公園など）の無償提供には，行政と市民を結ぶ妥協の線が存在していたのである。すなわち，公園地の無償提供は純宅地において地価の値上がり分に相当するもののみに限定されるという前提であった。また，その無償提供は，地籍の「縄延（実際の段別が従前の検地帳に記載された段別よりも多いこと）」によるものであった。[25] 従来，区画整理の計画は台帳面積の交換分合が行われ，当時台帳の面積は実測面積より10％から15％増という開きがあり，その差以下の減少については無償提供にしてもやむを得ないという地主側の思惑があったのである（佐藤，1977a：299頁および北村，1933：134-153頁参照）。そのやむをえない譲歩によって，強い公共性を背景とする区画整理方式による事業は計画どおり進行できたのである。

しかし，その妥協の線は「実測」という測量技術が導入されるにつれ，地主の反発は事業を妨害するものとなってきた。すなわち，実測による区画整理において公共減少は地主の負担となり，法律的義務ではない「公園地3％留保」は崩壊しはじめた。そのため，それ以降区画整理によって確保される公園地は，その利害関係により被害の少ないところ，すなわち官公有地など行政が所有している土地において確保され，その地に公園が設置されることとなる。

都市計画法を土台とする公園づくりが，施設物基準としては「公園計画標準」を，その物的基盤である公園用地は「土地区画整理」基準をそれぞれ採用していたため，物的基盤が崩れていく過程においての公園づくりは，物的基盤である土地の確保より施設物としての公園に傾斜していくこととなる。公園という都市施設が利用されない物理的施設として印象づけられる原因の一つは，その用地確保手段であった「区画整理」から生まれたと考えられるのもそのためである。

2.3　公園機能の変質──東京緑地計画と防空緑地

2.3.1　東京の膨張と緑地計画の成立

　大正期後半を中心に，イギリスにおける「田園都市」の思想に影響され，田園都市論が流行するようになった。そのきっかけは，明治40（1907）年に内務省地方局において「田園都市」という題名で翻訳紹介された，イギリスのエベネザ・ハワードの『明日の田園都市』であった。当時，欧米都市が持つ膨張・拡大現象は，東京においてもすでに進行しつつあった。

　関東大震災による復興計画の執行は，東京に人口集中をもたらす原因となり，さらに昭和7（1932）年の隣接町村の合併により大東京の出現をみた。この時期の新区域は，後に決定される東京都市計画区域とほぼ一致する膨大な範囲であった。関東大震災以降，京浜地域においては旧市街地が完全に変貌し，新しい近代建築が競うように建ち，旧来の東京15区から住宅を求め近郊地域に移住する人が多くなったため，急激な人口の増加を示した。この急増した人口は，当時の私鉄や放射道路に沿って貼りついてゆき，いわゆる「スプロール（sprawl）現象」が進行していた。

　この時期，これらの都市膨張に対する懸念は，すでに欧米諸国においても深刻化しており，その解決策としての「七ヶ条」の浸透は早かった。[26] ロンドンでは地方計画の中に環状緑地帯の計画が示され，パリでも外周の環状緑地計画が立案された。また，ベルリンやモスクワでも都市改造計画による緑地帯計画が実施されていた。

表2-3　戦前の東京の人口推移(千人)

年号	人口
大正 9 年 (1920)	3,699
14 年 (1925)	4,485
昭和 5 年 (1930)	5,408
10 年 (1935)	6,369
15 年 (1940)	7,354

出典：日本経済新報社，1980：32頁

　この時期の東京は，大正12 (1923) 年の関東大震災の復興事業である帝都復興事業が進展しており，急変していく都市膨張は欧米社会だけの問題ではなかった。すなわち，関東大震災以後の帝都復興事業は，昭和8 (1931) 年に完了するが，その翌年昭和9 (1932) 年の東京市は周辺82町村，面積4万7000haを合併し，江戸以来つづいていた市域を6倍半に拡張させ，昭和14 (1939) 年の東京の人口はすでに700万人に膨れ上がり，ニューヨークに次ぐ世界第2の都市に膨張していた。

　東京市は，こうした傾向の都市過密化が10年後の昭和24 (1949) 年には900万人に達すると予測していた。そのため郊外への成長を防ぐ対策として昭和6 (1931) 年の時点で「東京緑地計画」に着手していた。明治以降，道路・河川・港湾など都市基盤として重要な部門の計画は「東京市区改正条例」の施行を中心に積極的に行われていた。公園に関する計画もその中に含まれていたが，この市区改正の設計によって計画された公園の大半は東京「市域に限って」の公園計画であって，しかも小公園が中心であった。

　昭和初期の当時，地方大都市においても市域を超えた郊外を含む広い範囲の公園計画の必要性が認識され，広域計画としての緑地帯の計画が東京以外の大阪・名古屋・広島などの大都市においても検討されていた。

2.3.2　「東京緑地計画」の内容

　東京では，昭和7 (1932) 年に「東京緑地計画協議会」が設立され，その協議会の会長には，当時の都市計画東京地方委員会の会長である内務次官が務めた。この東京緑地計画は，昭和7 (1932) 年の東京緑地計画協議会の設置とともに，約7年間の年月をかけたもので，その中心人物は後に多くの県

知事を経験する内務次官の飯沼一省であった。

　この計画立案のため行われた調査と計画の範囲は，おおよそ東京駅を中心とする半径50kmが圏域とされたが，それは山手線の主要駅から片道運賃1円，時間距離1時間がその基準として採用されたからである。この目安とされた距離圏は東京市民のレクリエーションのために利用できる距離，すなわち，「到達可能性」を考慮したものであった。

　公園に関して見れば，昭和7（1932）年当時の東京において，太政官布達の5大公園をはじめ，明治36（1903）年の日比谷公園，その後関東震災復興計画事業公園として3か所の大公園と52か所の小公園が開園しており，昭和7（1932）年頃には全国で500か所以上の公園が開設されていた。東京緑地計画に携わった人々はこうした状況を把握していたものの，昭和7年（1932）に東京市に編入された地域においては，品川の2公園，杉並に一つの公園があるのみであって，そのような公園の総勢では東京に必要とされる「グリーンベルト」の形成は，おそらく不可能であると判断していた。すなわち，急速に拡大する都市を従来からの公園用地だけで囲い込んで封じ込

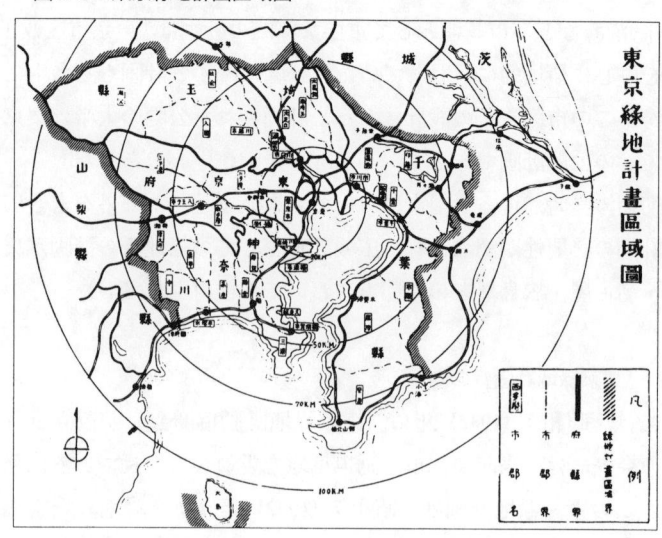

図2-3　東京緑地計画区域図

出典：東京府土木部，1938より

めることには無理があるとの認識がその根底にあったからである（東京都，1965：83頁）。

そこで，「東京緑地計画協議会」（以下，「協議会」）では英米におけるオープンスペース，フランスのエスパース・リーブル，ドイツのグリュン・フレッヘンなどの概念の導入を検討した。その結果生み出されたのが，「緑地」であった。この「緑地」という言葉が初めて登場するのは前述の「公園計画基本案」においてであった。この東京緑地計画における「緑地」とは，「その本来の目的が空地にして，宅地商工業用地および頻繁なる交通用地のごとく建蔽せられざる永続的のもの」と定義された（都市計画東京地方委員会，1938：26-27頁および同，1940：7頁）。

これは本来の目的，利用形態，永続性の3点から一般空地の一部として緑地を規定したものと受け止めることができる。したがって，この「空地」とはそれが土地であれ，水面であれすべて永続的空地たることを要し，分譲予定，商工業用地予定地域はもちろん，未建築地などは緑地ではないことを意味するものであった。

ここで提案された緑地の分類体系表は，「普通緑地」，「生産緑地」，「準緑地」の三つの大分類からなり，分類表からは「空地」の中での緑地の位置づけや「緑地」の中での公園の位置づけがよくわかる。また，現況緑地の類型を系統的に示した分類に，一部計画緑地（公開緑地と共用緑地など）の分類体系が重複しているところもあり，計画に関する「協議会」の議論の幅がわかる。

昭和14（1939）年の第4回の「協議会」では，環状緑地帯，大公園およびこれに準ずる公開緑地，共用緑地，遊園地の認定，小公園区の決定の他，これまでの決定事項の修正ならびに追加が行われた。そのうち，後に地域制公園の先駆けとなる景園地と環状緑地帯の設置に関する「協議会」の決定内容は興味深いものである（東京緑地計画協議会，1939：153-159頁[27]）。

大公園および小公園の配置に関する計画立案に際しては，緑地分類体系に応じた計画基準が設けられた。その基準に関しては，「公園は本来都市の中に均等に配置されるべきである」とされ，その配置に際しては，誘致圏の理論が適用されるようになった。この誘致圏に関する理論的根拠は，昭和8（1933）年の都市計画主任官会議で提示されたものであった。公園の配置は

表 2-4　東京緑地計画における緑地の分類

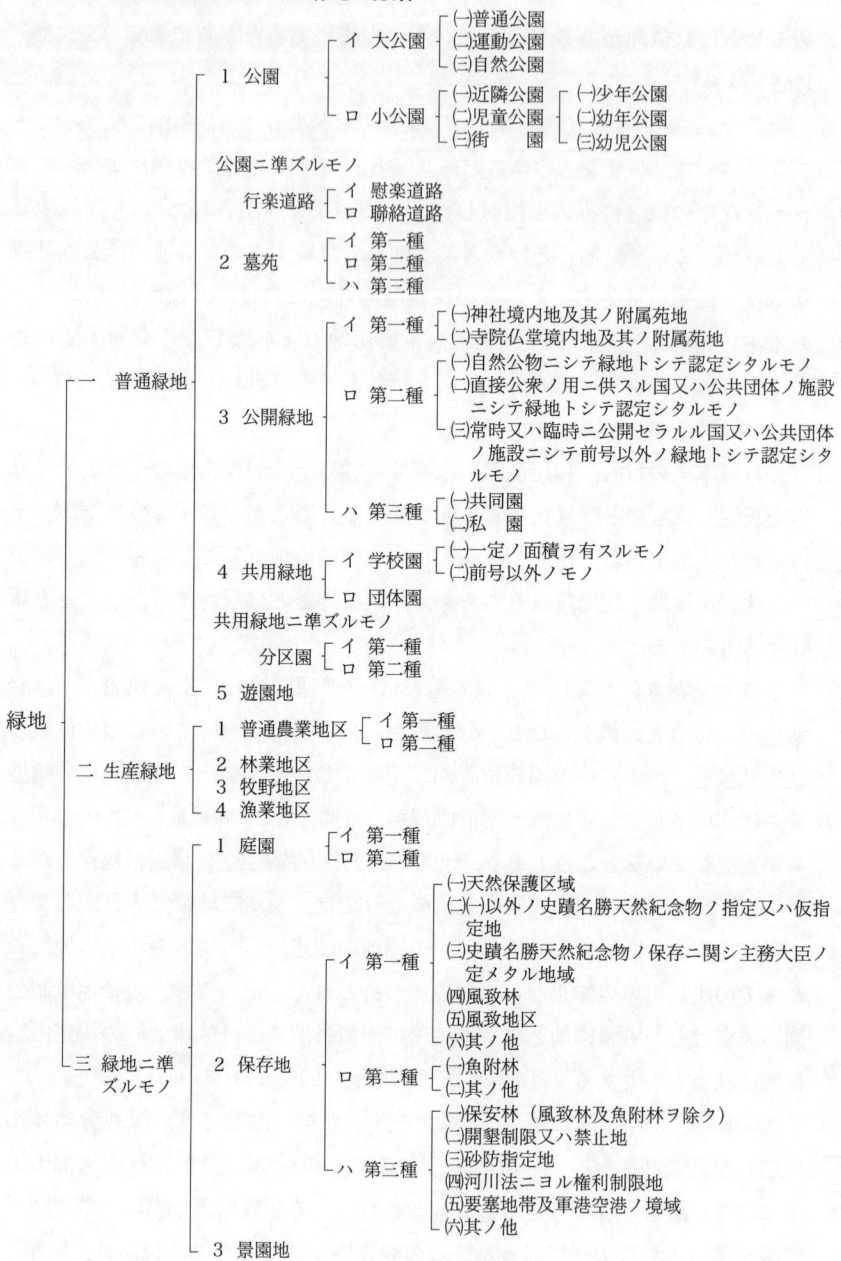

```
緑地 ─┬─ 一 普通緑地 ─┬─ 1 公園 ─┬─ イ 大公園 ─┬─ (一) 普通公園
      │              │          │              ├─ (二) 運動公園
      │              │          │              └─ (三) 自然公園
      │              │          └─ ロ 小公園 ─┬─ (一) 近隣公園 ─┬─ (一) 少年公園
      │              │                        │                  ├─ (二) 幼年公園
      │              │                        │                  └─ (三) 幼児公園
      │              │                        ├─ (二) 児童公園
      │              │                        └─ (三) 街　園
      │              │
      │              │  公園ニ準ズルモノ
      │              │      行楽道路 ─┬─ イ 慰楽道路
      │              │                └─ ロ 聯絡道路
      │              │
      │              ├─ 2 墓苑 ─┬─ イ 第一種
      │              │          ├─ ロ 第二種
      │              │          └─ ハ 第三種
      │              │
      │              ├─ 3 公開緑地 ─┬─ イ 第一種 ─┬─ (一) 神社境内地及其ノ附属苑地
      │              │              │              └─ (二) 寺院仏堂境内地及其ノ附属苑地
      │              │              ├─ ロ 第二種 ─┬─ (一) 自然公物ニシテ緑地トシテ認定シタルモノ
      │              │              │              ├─ (二) 直接公衆ノ用ニ供スル国又ハ公共団体ノ施設
      │              │              │              │       ニシテ緑地トシテ認定シタルモノ
      │              │              │              └─ (三) 常時又ハ臨時ニ公開セラルル国又ハ公共団体
      │              │              │                      ノ施設ニシテ前号以外ノ緑地トシテ認定シタ
      │              │              │                      ルモノ
      │              │              └─ ハ 第三種 ─┬─ (一) 共同園
      │              │                              └─ (二) 私　園
      │              │
      │              ├─ 4 共用緑地 ─┬─ イ 学校園 ─┬─ (一) 一定ノ面積ヲ有スルモノ
      │              │              │              └─ (二) 前号以外ノモノ
      │              │              └─ ロ 団体園
      │              │
      │              │  共用緑地ニ準ズルモノ
      │              │      分区園 ─┬─ イ 第一種
      │              │              └─ ロ 第二種
      │              │
      │              └─ 5 遊園地
      │
      ├─ 二 生産緑地 ─┬─ 1 普通農業地区 ─┬─ イ 第一種
      │                │                  └─ ロ 第二種
      │                ├─ 2 林業地区
      │                ├─ 3 牧野地区
      │                └─ 4 漁業地区
      │
      └─ 三 緑地ニ準 ─┬─ 1 庭園 ─┬─ イ 第一種
           ズルモノ   │          └─ ロ 第二種
                      │
                      ├─ 2 保存地 ─┬─ イ 第一種 ─┬─ (一) 天然保護区域
                      │            │              ├─ (二)(一)以外ノ史蹟名勝天然紀念物ノ指定又ハ仮指
                      │            │              │       定地
                      │            │              ├─ (三) 史蹟名勝天然紀念物ノ保存ニ関シ主務大臣ノ
                      │            │              │       定メタル地域
                      │            │              ├─ (四) 風致林
                      │            │              ├─ (五) 風致地区
                      │            │              └─ (六) 其ノ他
                      │            ├─ ロ 第二種 ─┬─ (一) 魚附林
                      │            │              └─ (二) 其ノ他
                      │            └─ ハ 第三種 ─┬─ (一) 保安林（風致林及魚附林ヲ除ク）
                      │                          ├─ (二) 開墾制限又ハ禁止地
                      │                          ├─ (三) 砂防指定地
                      │                          ├─ (四) 河川法ニヨル権利制限地
                      │                          ├─ (五) 要塞地帯及軍港空港ノ境域
                      │                          └─ (六) 其ノ他
                      │
                      └─ 3 景園地
```

(注) 墓苑の一，二，三種の区分は修景の程度や荒地の有無による．分区苑の一，二種の区分は公共経営か民間経営かによる．普通農業地区の一，二種の区分は樹園地・畑地か水田かによる．庭園の一，二種の区分は単体の大庭園か小公園の集合区域かによる．

出典：東京緑地計画協議会，1939 より

図 2-4　東京緑地計画環状緑地帯・大公園・行楽道路計画図

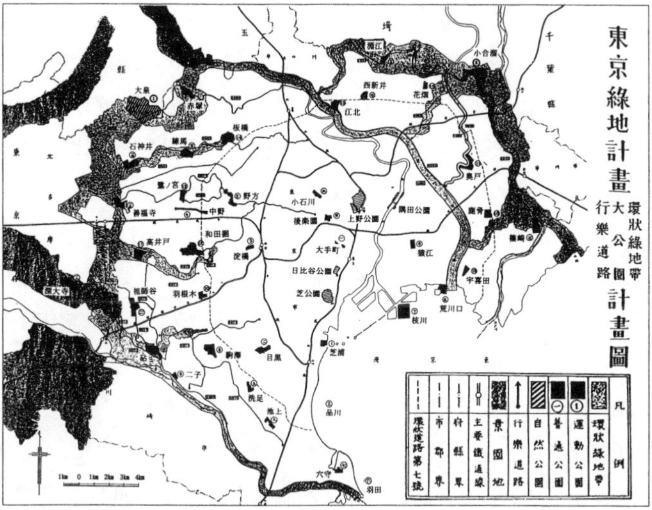

出典：東京緑地計画協議会，1939 より

　主に環状緑地帯の内側に計画された。その内訳としては，10ha 以上の規模をもつ大公園として 19 か所の普通公園を設置（面積 615ha），同じく 19 か所の運動公園（626ha），2 か所の自然公園（440ha）とし，全体において 40 か所の大公園（総面積 1681ha）が含まれていた。その他，27 か所に小公園を配置し，全体においては合計 591 か所の公園を含む，巨大な配置計画であった。これらの公園配置は，従来の計画では見られない「分散配置」であった（東京都，1965：88 頁）。

　結果として，この「東京緑地計画」で提案される公園は，運動公園的利用が想定される共用緑地の一部 330ha と既設の公園約 462ha を加え，総計で 3300ha となり，上で述べた昭和 24（1949）年の東京の予測人口 900 万人に対し 1 人当たり 1 坪，約 3.3 ㎡の計画水準であった。

　この東京緑地計画を立案した組織は，昭和 7（1932）年に発足した都市計画東京地方委員会の中の「東京緑地計画協議会」であったことは述べたが，その設置の目的は，東京都市計画区域およびその周辺の緑地計画の立案ならびにその実現に関する事項を調査することであった。そのため，都市計画東京地方委員会の会長に内務次官をはじめ，内務省都市計画課の係長 3 名，都

市計画東京地方委員会係長3名，東京府土木部，内務部，学務部（後に経済部）の4課長，警視庁保安部，衛生部の2課長，東京市都市計画部，教育局，保健局土木部の5課長，学識経験者若干名などによって構成されていた。[28]

「協議会」は総計4回，幹事会は総計26回の開催記録があり，他に76回の打ち合わせが記録されている。1回の協議会のために6回以上の幹事会，その1回の幹事会のために3回の打ち合わせが開かれたことになる。また，この緑地計画のために東京市では，昭和10（1935）年11月に「緑地計画調査委員会（市助役）」を発足させた。また，東京府においては府知事を委員長とする「観光保勝委員会」が同年10月に，同年11月神奈川県（「公園委員会」），同年9月埼玉県（「東京緑地計画予備計画協議会」），同年11月千葉県（「東京緑地計画予備計画協議会」）で，それぞれ県知事を委員長とする対応組織が設けられた。

東京緑地計画の特徴は，その「計画性」にあったが，他にも計画を裏づける「法制度上の財政措置」に関する検討事項が取り上げられていた。その中には，公園の強制設定，緑地計画上の土地収容または使用，国庫補助の制度化，特別税の増率または新税源の創設，行楽道路計画に対する建築線制度の適用，墓地制度，公開私園の地租その他の公課減免，分区園の制度新設，樹木・樹林の登録，郊外の田園風致維持，菜園住宅地における宅地の最初の地籍決定，緑地に関する損失補償などが含まれていた（前島，1989：217-219頁）。

2.3.3 「防空緑地」と「紀元2600年記念事業」

以上のような各種の組織に支えられ，出だしは順調に見えた緑地計画は，昭和12（1937）年に制定された「防空法」および「紀元2600年記念事業」によってその性格が変貌することになる。

緑地計画の策定が行われはじめた計画の初期において，「帝都防備」という観点から防空の要素が議論の中に含まれてはいたが，表面に出るほどのものではなかった。しかし，「防空法」の制定により帝都保護のための防空は，緑地計画を左右する重大要素となった。緑地計画の実現性から見れば，緑地計画自体がこれまでに存在しなかった膨大な計画であったゆえに，「防空法」は他の都市計画系統の法制より計画の実現を保証する心強い味方だったので

ある。内務省においては，昭和14(1939)年に都市計画法の改正の際，「緑地」を都市計画法上の重要な概念として制度上に位置づけていた。この都市計画的「緑地」は，順次「防空緑地」として定着することになる。

　昭和14(1939)年の府訓令第8号によって始まった，東京の大緑地造成事業は「都市計画東京地方委員会」と同年3月には内閣の認可を得て「紀元2600年記念事業」（内務省告示第147号）として正式に決定された。この「紀元2600年記念事業」については後述するが，この時期の「都市計画地方東京委員会」の決定事項に見られる特徴は，①東京府の「記念委員会」による「紀元2600年記念事業」としての「大緑地造成」が都市計画上の「防空緑地」として決定されたこと，②当初計画に含まれていた大緑地7か所のうち，もっとも大きかった大泉緑地が削除されたことである。大泉緑地削除の理由は，陸軍の要請によって高松飛行場用地（グラウンド・ハイツ）に転用されたためであった。

　ところが，この大緑地造成事業の決定より先の昭和10年代に戦時下の都市を空襲から保護するための防空対策が，都市計画の重要な課題となってきた。その理由は，木造家屋が密集している現状からして，都市の空襲被害を防除する手段は，基本的に平時の都市計画と密接に関連しているとの認識が広がったからである。そのため，昭和12(1937)年の「防空法」の公布とともに，新設された内務省の計画局に都市計画課と防空課が併設され，都市計画上の重点対策は，木造住宅の防火改修，消防水利，防空緑地の確保など都市の不燃化におかれた（玉越，1942：5頁）。

　とくに，市街地の大小公園は，空襲時にあっては防火・避難地のほか，防空対策上からも重要な施設として位置づけられた。昭和13(1938)年に策定された「防空3か年計画」では，防空のための公園の増設も含まれ，6大都市をはじめ北九州地方における公園増設に国庫補助が開始された。

　この防空上の公園緑地の機能は，空襲時における「防火，消防，避難」のほか，市街地に散在する小公園緑地などは，必要に応じ軍の防空陣地にも共用された。軍の要望では，高射砲や照空隊の陣地としては1か所平均4haが必要で，その配置はほぼ全市に2kmから4kmの間隔で点在することが理想とされ，従来の近隣公園の配置状況に一致していたので，この公園や社寺境

内地，校庭などが優先的に考慮・整備された。[29]

　実際，昭和16 (1941) 年に「防空法」が改正され，建築禁止も可能な防空空地の制度が設けられ，昭和18 (1943) 年になってからは，東京に防空空地および空地帯計画が登場した。これは，「東京緑地計画」の環状緑地帯に内環状空地帯を加えたもので，内放射・内環状と外放射・外環状における二重の空地帯の他に，275か所の防空空地を配置したのである。現在東京の大公園である，都立砧公園，神代植物公園，小金井公園，水元公園，駒沢公園などはこの時期計画決定された緑地の一部である。

　「緑地」から「防空緑地」に受け継がれるこの環状緑地帯は，その後の「戦災復興特別都市計画法」による「緑地地域」，つづいて昭和31 (1956) 年の「首都圏整備法」に定められる「近郊地帯グリーンベルト計画」へと展開していくことになる。

　他方，昭和初期における大規模緑地や公園の整備を促したもう一つの要因は，紀元2600年を記念して行われた記念事業であった。この昭和10年代という時期は盧溝橋事件やノモンハン事件など挙国戦時体制下であって国民意識昂揚が強調され，この記念事業は，全国において大々的に行われた。昭和15 (1940) 年がこの紀元2600年に当たる年であり，東京府においては「東京府紀元2600年記念事業審議会」(以下,「紀元審議会」) が前年の昭和14 (1939) 年4月に設置されていた (水谷, 1941：43-45頁および前島, 1989：225頁)。

　東京府において設置された「紀元審議会」は，社寺境内整備問題と環状緑地の実現に関する意見が中心となり，既定の東京緑地計画上の大公園を中心に置き，環状緑地帯を造成することが重ねて議論された。その結果は，「郊外大緑地ノ造成ハ現下ノ情勢ニ鑑ミ極メテ適切ナル記念事業ナリト認ム。就テハ更ニ進ンデ別途帝都環状緑地帯造成ノ計画ヲ樹立シ政府ト相力シテ其ノ完成ヲ期セラレンコトヲ希望ス」(前島, 1989：225頁) と委員長である知事に報告された。この中で，「7大緑地」の造成事業を中心事業として位置づけ，臨時東京府会，都市計画東京地方委員会の議を経て，昭和16 (1940) 年に砧・神代・小金井・舎人・水元・篠崎の「6大緑地」(合計面積637ha) を都市計画事業として決定した。

　この「紀元審議会」の答申に基づいて可決されたこの事業は，内容におい

て「武道館建設・大緑地造成・造林」の3大事業を「紀元2600年記念事業」として実施することとなった。そのうち，大緑地造成に関しては，「帝都ノ郊外ヲ環ル適当ナル位置ニ七箇所ノ大緑地ヲ造成シ府民ノ保健衛生ニ資スルト共ニ有事ノ際帝都防空ノ用ニ供スルモノトス」とされ，施設概要において1か所の面積を20万坪から60万坪とし，全体面積約220万坪の緑地を買収して，地域内には必要な施設を行うことが決まった。買収の際に必要な経費は，4年間継続，概算約2155万円と算定された。

　この大緑地造成に関する議決案は，昭和15（1940）年3月に開かれた「都市計画東京地方委員会」において，正式に「東京都市計画緑地」として決定された。この都市計画事業としての大緑地事業の理由書には，「都市ノ空襲ニ依ル禍害ヲ軽減シ併セテ市民ノ保健，衛生ニ資センガ為曩ニ都市計画トシテ防空公園ノ決定ヲ見タルガ……帝都防衛ノ用ニ供スルト共ニ平時ニ於テハ市民ノ保健，休養ニ利用シテ体位ノ向上ヲハカラントスルモノニシテ……東京府知事ニ於テ之ヲ執行セントスルモノナリ」（前島，1989：227頁）と示され，東京における大緑地造成の目的が「帝都の防空」にあることが強調されていた（林，1938：14-16頁）。

2.3.4　恩賜公園と寄付公園

　関東大震災の大正12（1923）年前後から，公園地の寄付・下賜が行われるようになった。近代化の波とともに都市への人口移動はめざましいものであったが，それに対応する都市計画的な整備は本格化しておらず，公園の整備状況は貧弱であった。大正11（1922）年末頃の東京の人口は，すでに398万人余りとなっていたにもかかわらず，府民1人当たりの公園面積は0.5 m^2にすぎなかった。

　そのうえ，欧米，とくにヨーロッパを中心とする近代的な都市公園制度の底に啓蒙主義的な思想が潜んでいたこと，従来の支配階級による私有地の開放および公園としての利用が大正2（1913）年頃にはすでに存在していたことなどがあげられた[30]。たとえば，大正2（1913）年2月に明治天皇に殉じた乃木希典の私邸は遺志によって東京市に寄付されたし，同（1913）年12月には皇室より井の頭御料地が東京市に下賜され，最初の恩賜公園である「井

の頭恩賜公園」が市街地の郊外公園として開設されることになった（東京都，1995：24-25頁）。

　大正12（1923）年頃の寄付公園は，安田善次郎の遺志によって，本所の邸地（約1.5ha）および日比谷公会堂の建設費などが東京市に寄付されたことを皮切りに，翌年13（1924）年には，皇太子殿下結婚記念として，芝離宮・上野・猿江の3御料地計73ha余りが下賜された。同（1924）年10月には三菱財閥の総帥岩崎久彌により深川の自宅の一部が寄付され，公園として開園された。

2.4　児童公園の形成と厚生行政の展開

2.4.1　震災復興計画小公園

　公園が制度的に設けられるようになった明治6（1873）年以来，児童専用の遊戯場が設置されるのは，明治12（1879）年の上野公園内の遊戯具が初めてであった（東京都，1985：56頁）。この時期，上野公園において設置されたのは体操場・木馬・梯子などであるが，遊戯具だけの設置は明治4（1871）年の慶応義塾，明治9（1876）年の東京女子師範学校付属幼稚園における滑り台の設置の前例があった（佐藤，1977b：72頁）。その後，公園内における遊戯具の設置を通じて，児童公園用として本格的な利用が行われるようになるのは明治36（1903）年に日比谷公園の一部に児童遊戯地区が設置されてからであるが，公園の一部を児童用に設けたものであり，児童専用の公園ではなかった。

　しかし，日比谷公園の児童遊戯地区の設置から5年後の明治41（1908）年に，東京市役所に「公園改良委員会」が設置され，既設の公園に対する調査が行われた。その結果の報告によって公園内に運動器具を設置し，「児童ノ遊戯ニ供スル」ことがすすめられ，最初に児童専用の公園が設けられたのは御茶ノ水公園（現在宮本公園）であった。前にも述べたように，はじめて児童遊園に関する計画を立てたのは東京市であり，その最初の計画案は明治43（1910）年に東京市公園改良委員会が東京市区改正委員会に提案し可決さ

れた「小公園ニ関スル建議案」であった（日本公園百年史刊行会，1978：175頁参照）。

また，東京市区改正が進むにつれ，明治44（1911）年の「市区改正委員会」の中に「小公園調査委員会」が設置されるに至った。この「小委員会」は虎ノ門公園など8か所の小公園計画を決定した。

大正12（1923）年の関東大震災以後，公園の必要性が広く認識されていくにつれ，本格的な公園造成が始まった。その計画的な公園計画の先鋒に児童公園が出現することになった（東京都，1975：39頁）。大正13（1924）年5月に，東京市長永田秀次郎より，内務大臣水野錬太郎宛に小公園計画に関する要請が出された。その要請は特別都市計画委員会において可決され，同年7月4日付「公園新設計画並之カ事業執行決定方稟請」として決定された。この決定によりはじめて小公園52か所が計画されることになるが，その用地は「区画整理」という近代的都市計画において非常に重要な手法によって生み出すものとされていた。

当時の内務省復興事務局の資料によれば，大正13（1924）年の「第7回特別都市計画委員会」において可決された小公園新設に関する決定内容は次のようなものであった。すなわち，小公園52か所を区画整理事業によって生み出すこととし，地区の減歩率が1割以下の場所の用地は無償，1割以上の場合は補償費を支払うことなどであった。事業費は総額で1000万円であり，東京市の事業としてその費用の3分の1を国庫補助するとのことであった。最終的な総事業費は1300万円あまりであった。その結果，確保された用地は，①無償取得1か所，②補償費取得14か所，③換地取得34か所，④市有地2か所，計51か所であった。ところが，減歩により用地の無償提供であったため公園1か所あたりの平均面積は小さく，そのほとんどが児童公園程度の500坪から1000坪程度の規模であった（内務省復興事務局，1931：148頁）。

この52か所の小公園の機能は，近隣の小学校校庭の延長として，ときには運動場，遊び場として，または教材園ともなるよう配慮された。すなわち，校庭とあわせて，空地面積の効率利用を計画したのである。この関東大震災後の小公園事業において利用された区画整理地区における公園地留保の手法は，全国の各都市における小公園・児童公園事業に著しい刺激を与え，

区画整理による公園地の留保は各地において行われるようになった（東京都，1985：65頁）。

都市計画による区画整理小公園の新設が各地において行われ，昭和11（1936）年3月の統計において，全国545区画整理件数の整理地区面積6000万坪のうち，公園留保地は112万坪であり，昭和13（1938）年末までの公園留保地の面積は180万坪に達していた（佐藤，1977a：304頁）。これらの土地区画整理により留保された公園地は，公園として整備されてゆくが，その多くは小公園，児童公園として整備された。

2.4.2 公園児童掛と指導管理

昭和15（1940）年に東京市市民局の公園課に一つの「掛」として，公園児童掛が設けられた。掛長以下31名の掛員のうち，23名が児童指導員として，市全体に分布する約180か所の児童公園を巡回しながら児童の指導に当たることとなった。主な活動としては，毎月150回以上に及ぶ子供会を開催，月ごとの公園での年中行事を指揮監督することなどであった。

この公園児童掛の組織は，庶務，研究作業，指導部，連絡によって構成されていた。その中で，指導部が実際上の業務の中心であって，指導部は本部と各支部に分けられていた。本部においては，「全般的な計画及び統制，研究，遊働」がその中心的事務であった（末田，1997：122頁）。各支部においては，その分掌区域内の特設児童遊園および各小公園の児童管理指導が担当事務であった。とくに各支部では，特設児童遊園に常時的に指導員を配置し，毎日午前中は幼児の，午後は一般児童の指導の他，毎週1回の定期的な児童会が開催される一方，各小公園では，毎日5班の指導班が組織され巡回指導に当たっていた（末田，1997：119-122頁）。

ところで，この児童公園はどのように理解されていたのだろうか。明確な概念や定義が存在しないのがこの時期の公園政策の特徴であるが，当時の児童公園については，たとえば次のように説明されていた。「子供たちへの理解と社会公共施設理念の発達とあいまって児童公園は発達してきた。とくに近来，健康の重要性が強調せられ社会教育の必要が認識せられて，児童公園は益々発展しつつある。すなわち，一般公園が単なる観賞的立場から脱して

教育保健の両面からも重要性を強調せられるようになったのと同じく，児童公園においても単に自由に遊ばせるだけに止まらず，良い遊びを指導し団体的訓練の機会ともしようとする積極的な過程に発展して来た」(末田，1997：139頁)。

すなわち，児童公園と従来の児童遊園との相違が明確に打ち出されており，遊園から公園へと機能的に変化させざるをえない，集団主義的な考え方に対応する団体訓練指導の必要という社会状況があった。「児童公園は公園であるから児童は自由に平等に利用して良いわけである。然し，そこには必ず共同生活としての統制と秩序がなければならない。統制と秩序があってこそ初めて理想的な利用が出来るのである。この個人的な自由は社会生活においては絶対に容れられないのだということは幼少の時から訓練されなければならない。こうした意味からも児童公園の指導は重大である。団体精神を涵養することは現在最も重要な教育上の目標の一つであって，あらゆる機会をとらえ，あらゆる場所を活用して……児童公園のように大勢の子供が集まる場所が団体精神陶冶の場所として活用される事は非常に効果が大きい」(末田，1997：142頁)。児童に対する指導が必要な理由も，この集団的生活において必要と考えられた「統制と秩序」をいち早く具現する場として児童公園を位置づけていたからであった。

2.4.3 児童公園における遊戯指導

大正8 (1919) 年に東京府庁社会課において，「東京府下における公園並に児童遊園の調査」が実施されることになった。これは，当時の東京府知事であった井上友一の命令によるものであった。その調査結果に基づき，大正9 (1920) 年に，「府下における公園並に児童遊園の調査付其に対する改善意見」が発表された。この調査命令は，大正8 (1919) 年の旧都市計画法の制定にともなう制度整備の中に公園が位置づけられたことによる。この時期すでに児童の遊び場に関する外国文献や事例の紹介により，児童公園の必要性は広く認識されていた (佐藤，1977b：81-82頁)。

また，大正8 (1919) 年の「旧都市計画法」の制定とともに児童公園は小公園の一部として分類されることになっていた。大正9 (1920) 年の内務省

主催の「児童衛生展覧会」開催に際しては，児童遊園関係の出品物が列挙され，その中には「児童遊園地設計図」および児童遊園関連の器具が提示されていた。また，この児童遊園に関する社会的な関心の高さは，児童遊園において行われた遊戯指導にも現れていた。

他方，児童遊園における遊戯指導は，大正2 (1913) 年の慶応義塾学監有泉義理作による「児童少年愛護会」の設立，春日神社境内において遊戯場を設け，遊戯指導を行った例があり，大正6 (1917) 年の岸辺福雄ら児童作家による虎ノ門・数寄屋橋両公園における児童遊戯の指導の例もあった。とくに，行政による児童遊園での遊戯指導の先例としては，大正11 (1922) 年に東京YMCAの職員であった矢津春男が東京市の嘱託により毎週土・日曜日に日比谷公園の児童公園で児童の遊戯指導を担当したことが最初とされる。矢津はその後も2年間にわたり児童に対し遊戯指導を行い，専任児童指導員が公園に配属された最初となった。この児童指導においては，①遊園内ではあくまで明朗な正しい遊びをすることを児童と約束すること，②もっとたくさんの遊びの方法を教えること，③競技の指導に力を注ぐことなどが工夫され，ときには公園の歌なども教えられていた。

なお，この児童の遊戯指導については以降も続けられ，大正13 (1924) 年には東京YMCAの末田ますが，東京市嘱託により日比谷公園に勤務，昭和2 (1926) 年には内田二郎，昭和5 (1930) 年には小田はな，昭和7 (1932) 年には金子九朗が日比谷，上野公園に専任として勤務した (佐藤, 1977b : 75頁)。

2.4.4 児童遊園の成立

児童の遊戯場所としての児童公園は，一般公園計画においては，小公園あるいは児童公園として独立したものが次第に，普通公園，近隣公園あるいは運動公園の中に児童遊戯の区画や施設などとして設けられるのが普通となってきた。また，児童の遊び場所問題は，都市計画としてではなく，児童福祉という社会事業の面からその関心が高まっていた。上述の児童遊園における遊戯指導は，この傾向の上にあったといえる (佐藤, 1977b : 76頁および東京都, 1975 : 40頁)。

こうした傾向は，とくに大正期後半に顕著となり，大正11 (1922) 年，東

京市社会局は浅草区御蔵前片町に面積203坪の「御蔵前児童遊園」を開園した。また，大正12（1923）年に本所太平町の日蓮宗法恩寺境内における児童遊園の開設，大正13（1924）年には牛込区若松町に198坪の「水野原児童遊園」の開設が相次ぎ，社会局所管の児童遊園は3か所となった。これらの児童遊園は後に，都市計画による計画公園としてではなく，厚生省所管の児童遊園の原型として戦後に継承されていくことになる。

他方，昭和13（1938）年頃からは「国民体位向上」の必要論が増大し，公園の機能を一気に転換させる重要な要因となった。それは，戦時体制の前段階における国民体位増強の一環として公園が位置づけられ，体力向上のための施設としての運動場および児童遊戯場の増設機運が高まったことによるものであった。そのため，昭和15（1940）年には厚生省に体力局が新設され，社会体育を主管することとなった。また従来の文部省体育局は，学校体育を強化していくことになった（佐藤，1977b：82頁）[31]。

このような変化をたどった児童遊園・公園は，戦後になってようやく本来の目的に添った本格的な新設・整備が始まるが，その児童公園に関する戦後の重要な変化は，都市施設としての児童公園の設置が都市計画的な問題からではなく，児童の安全な遊びや福祉という面から要求されたことであった。この変化は，終戦直後の昭和22（1947）年に法律第164号「児童福祉法」の制定とともに「児童福祉施設」に結びついていくことになる。

この戦前における児童遊園ならびに児童公園は，小規模の公園としてともに児童の遊び場の提供という役割を果たすものであったが，戦時体制の強化という社会状況によって小公園の機能は順次集団的指導という管理的性格へと変化し分離されていく。すなわち，戦後の縦割りの行政によって児童の福祉的側面が強調された「児童遊園」は「児童福祉法」の規定により厚生省の管轄下に，また，都市計画的側面が強調された「児童公園」は「都市公園法」の規定により建設省の管轄下におかれ，後に自治体の公園条例によって統合されるまで異なった管理主体によって維持管理された。

2.4.5 衛生行政における「公園」の意味

都市における公園が「公衆衛生の施設」であるという認識は，明治末期の

都市社会主義者らの議論に見られたが，公園が衛生局の所管事務として登場するのは，前で述べたように，明治30（1897）年の内務省衛生局の「分課規定」（10月25日付官報第4296号）においてであった。その保健課の分課規定の第6番目に「公園転地療養場及鉱泉場ニ関スル事項」と記されている項目や，明治31（1898）年の内務省官制改正にともなう，分課規定の改定でも同様の規定が見られており，この時期を境に公園の取り扱いに関する事務の掌握は内務省の地理局から同衛生局へ移行していたことがわかる。

しかし前述したように，明治39（1906）年に出された訓令第712号によって，公園設置に関しては内務省への伺いは不要とされ，それ以後中央において各府県の公園の実状は掌握不可の状態となった。公園の設置・変更・廃止の許可手続きを不要としたこの訓令は，公園の開設ならびに管理が主に地方において自主的に行われており，衛生局が関与する直接的な理由は生じていなかったことによるものであった。

ところが，昭和に入り戦時体制の構築に向けての国民の体力向上が重要な政治的課題として登場するようになった。その影響で，昭和12（1937）年には「保健社会省」の新設が閣議決定された。その「保健社会省」の設置に関する説明文には，「国民ノ健康ヲ増進シ……国民精神力及活動力ノ源泉ヲ維持培養シ産業経済及非常時国防ノ根本ヲ確立スルハ国家百年ノ大計……」と記され，あらゆる年齢層の体力づくりにとって公園・運動場が不可欠な施設であるという積極的な認識が前面に出されていた。

ここにおいて，「都市計画」とは別途の視点と機能をもつ公園が登場し始めた。公園行政が衛生行政の一部分として組み込まれるこの時期において公園が必要とされた理由は，都市環境の悪化への対応というよりは，戦時体制のために用意された広義の「衛生行政」の一環としてであった。すなわち，公園が「国民体力向上」施設として公衆衛生の対象となったことを意味し，それは第一次世界大戦を契機とした国策の範囲であった（丸山，1994：149頁および日本造園学会，1996：68-69頁）。

大正5（1916）年の「保健衛生調査会」の設置は，国家による国民健康管理の端緒となり，さらに昭和13（1938）年の「厚生省」の設置は，体力行政を通じた戦時体制の強化であり中央集権化であった。この厚生省体力局の設

置により，運動公園・運動場の増設は「国民体力向上」という大義名分の下に全国において積極的に行われた。

2.4.6　厚生省体力局の公園事務所管

「国民体力の向上」と「国民福祉の増進」の2大目標を掲げて厚生省が設置されたのは，昭和13(1938)年1月であった。この厚生省の設置目的は，「凡そ国民の健康を増進し以て其の精神力及活動力を充実すると共に各種社会施設を拡充して国民生活の安定を図ることは，国力発展の基礎を為すものであることは更めて云ふ迄もない」(沼佐，1997：序)と説明されていた。

この厚生省の設置に積極的だったのは陸軍であった。昭和12(1937)年6月に近衛内閣ができた際，陸軍は近衛内閣をサポートする重要な条件として，国民の体力を向上させる新しい省の案として作っており，近衛首相がその実現を約束したのである。陸軍は，近衛内閣が誕生する以前から徴兵検査の成績などを通じて国民の体力がはなはだしく劣等になりつつあることを痛感していたのだが，従来の政治家がこの一番大切な国民の保健衛生に冷淡であることを憂慮し，一つの政策として厚生省の新設を考えていたのである（大霞会編，1980：223-225頁）。

そのため，いくつかの行政機関に散在している保健衛生関連事務を総合統一する新省を設け，科学的に国民の体力と精神を鍛え上げる行政機関の設置にむけての第1私案として，昭和12(1937)年3月頃「衛生省案要綱」を陸軍省はまとめていた。当初の要綱案には，各省より「衛生省」へ移管合併すべき事項を取り上げていた。すなわち，内務省の所管事務のうちからは，衛生局・社会局において処理していた事務一般が，文部省からは大臣官房体育課の所管事務一般が，それぞれ移管されるべき事務としてあげられていた。

その後，この「衛生省案要綱」は，昭和12(1937)年6月に「保健社会省」案などを経て，昭和13(1938)年1月「厚生省」を誕生させる。すなわち，内務省の社会局および衛生局は合体し厚生省となって内務省から分離し，従来から衛生局にあった体育行政は厚生省の体力局として昇格して，体位の向上を図ることとなったのである。この体力局は国民体力を主管し，文部省は学生体育を主管した。

厚生省の組織は，大臣官房・体力局・衛生局・予防局・社会局・労働局・職業部などによって組織されていたが，公園関係の事務所管は「体力局施設課」であった。この施設課の所管事務は，①国立公園その外公園に関する事項，②体育向上施設に関する事項であった（沼佐，1997：51-52頁）。

　他方，体力局の掌握事務としては，①国民体操の普及徹底・国民大衆の供用すべき運動場・体育館など体育向上施設の拡充，②国民に適当な休養および運動の機会便宜を与え，これを奨励するため公園緑地，運動場，海水浴場，キャンプ場その他都市農村に適応する奨健施設の整備拡充を図るとともに，③温泉の保護およびその保健利用に関する方策を樹立し，④とくに国立公園内外の交通設備，簡易宿泊施設その他各種利用施設の拡充を図ることなどが取り上げられていた（丸山，1994：150頁）。

　また，厚生省の衛生行政において公園および体育施設に関する事務を所管する施設課の目標と役割は，次のような説明の中に集約されていた。すなわち，「国民体力に関する国家の施策は非常に広範に亘り，消極的衛生の外衣食住及環境の改善，労働の質と時間とに関する問題，其の他の各種経済社会問題等考慮すべき事項は甚だ多いが，就中我が国の実状に照らして最も大なる欠陥と認められるものの一つは，体育，運動，休養等に関する施設の欠如している点である。之等施設の充実設備は夙に英，米，独，伊，其の他の各国政府の施政の実績に徴しても，一日も等閑に附することも許さぬ重要案件」だったのである。

　この健全にして興味ある大衆的体育運動ならびに休養の施設を充実することは，国民の体力だけではなく，国防・保安・経済・教化などに貢献するところが非常に大きいものであるとの認識から，その重要性が強調されていた。[33] すなわち，公園は，体育運動施設の一部として，その位置づけがここで変化することとなったのである。

　その変化の理由は，「現在広く一般公衆の運動，休養，教化等の目的を以て設置されている公園も其の初めは公衆の静的休養の場所としてうまれたのだが時代の要求は漸次これに諸種の体育運動施設を併置することとなり，後には遂に諸種の体育運動施設を中心としてこれを造園的に取り扱った運動公園，児童公園等の設置を見るに至った」と説明していた。

しかし，児童公園，運動公園，休養公園に関して，これらの区別は，施設の内容における「程度の差」であり，判然たる区別はないとした上で，運動公園・休養公園はその大きさからして中公園に属するものであり，およそ1万坪以上を標準とし，誘致半径は約8～9町くらいであった。また，このような「体育運動」施設に基づき，国民体力向上を実現するためには，「国，府県，市町村その他諸団体等に於て互いに協力して根本策を樹立し，統制ある計画に基づき実行する必要がある」とし，国民全体を対象とした計画の樹立を強調していた。言い換えれば，このような体育運動施設を全国的に分布させるためには，国土計画・地方計画・都市計画の中に各種施設を織り込み，そのために必要かつ十分の土地の留保ならびに設置維持に要する財源の確保が国民体力向上の資源の問題として配慮されていたのである。とくに，土地問題より先に必要な財源の確保が強調され，「使用料・国又ハ府県補助金・受益者負担金・課税（新目的税の新設）・起債などに関して官民が速やかに対策を樹立すべきである」（丸山，1994：149-154頁）との主張もなされていた。

2.4.7 「運動場施設の普及に関する件」

ところが，この国民体力の向上に関する動きは，厚生省が先駆けではなかった。大正15（1926）年の内務省衛生局主宰「全国地方運動奨励事務主任者打ち合わせ会」が開催され，衛生局長発地方長官宛に「運動場施設の普及に関する件」が，「都会地における運動場施設の欠如は，小児ならびに一般市民の健康保持増進上甚だ遺憾となる所に付，各位は之が設置の促進に尽力せしめられたく，尚ほ都市農村を通じ大小各種運動競技場の建設は，該地方民をして之を利用し心身の鍛錬に親しましむるのみならず，青年男女をして剛健敢為の気風を涵養せしむる上に極めて有効ならんと認むるに依り，設計に際し輪奐の美を競ふなく，必要なる限度の施設に止め経費を節し適切なる方法により其実現を期するに努められたし」（佐藤，1977b：58頁）のように通達された。

この通達の内容から，大正期においても運動場に関する認識は高く，政府も当時一般社会体育を所管していた内務省衛生局を通じて外国の運動場の紹介やプールの設計などに努力していたことがわかる。

この時期の運動場ないし体育競技施設は，政府よりも各種競技団体が中心となり民間において活発に行われていたのである。各種運動大会の開催のために，電鉄会社の営業収入増大の手段でもあったが，大競技場，野球場などが造られた。ちなみに，この「運動場」に関する法的規定は前述のとおり，大正 8（1919）年の「都市計画法施行令」上の第 21 条規定「鉄道，軌道，運河，……運動場，市場，……ハ都市計画法第 16 条第 1 項ノ規定ニ依リ之ヲ指定ス」において最初に現われていた。すなわち，公園とは別途に都市計画施設として計画を定め，事業を行うことが法文上可能であったが，公園と運動場との都市計画法上の区別は明確なものではなかった。この「運動場」の概念は，後の昭和 43（1968）年の都市計画法の改正の際，法文上から削除され，「公共空地」の中の「その他」に含まれることになる（佐藤，1977b：57 頁）。

　厚生省の設置とともに，公園は実際上運動場と同様に「国民体位向上」のための重要施設の一つとして認識されたが，その後の社会情勢の変化は公園よりは運動場の設置に傾いていた。この変化は，昭和 14，15 年の厚生省の運動場設置に関する地方への国庫補助から読み取れる。すなわち，厚生省の運動場施設に関する国庫補助金は，昭和 14（1939）年には仙台市他人口 10 万人以上の 14 市に新設運動場に対しては 40 万円，既設体育施設の改良費として 10 万円が補助され，補助金の総額は 50 万円であった。また，昭和 15（1940）年には，旭川市の他 11 市に総額 23 万円の補助が行われた。この運動場ならびに体育施設に対する国庫補助は戦争への突入と同時に廃止された（佐藤，1977b：62 頁）。

　昭和 7（1932）年の満州事変の勃発以降，昭和 13（1938）年にかけて戦時色が濃厚になるにつれ，国民の体力増強という要望が一段と強くなり，学生体育はもちろん国民全体の社会体育が国策として急浮上してきた。とはいえ，公園政策がまったく無視ないし放棄されたわけではなかった。国民の体位・体力の増進や向上が目的であるならば，運動公園をつくり，その中に体育施設を設ける方法も多くの公園関係者によって強調されたが，公園よりは運動場の設置が優先された。[34]このような状況に対して，「運動場を本位とするときは動々もすれば自然の風致を破壊し若しくは公園の本旨を没却する如き状態をも惹き起こし易き場合が多いから，あくまでも公園を本位として運動

競技場をそのうちに於て行ひ得る如き場所を設くることに努むべきである」（大屋，1930：238-240頁）という批判などもあった。

これは，この時期，欧米においてスポーツを奨励し，多くの運動場や競技場を建設していて日本においてもその傾向が強くなっていることを勘案した考えであったが，一般世論も公園よりはむしろ運動場などの体育施設の建設に流れていた。すなわち，この時期は「衛生」や「休養」といった平常時の公園の機能が，国民の体位向上が生産および軍事ならびに人口政策から重要であると認識され，非常時の機能が優先されていく，いわゆる都市公園における「機能の転換期」であった。

明治末期において開設された洋風公園としての日比谷公園が江戸以降の庶民文化の否定と遊園機能の変化を促したとすれば，この公園における非常時機能の優先と施設化への傾向は都市公園の機能的変質を促した要因であるといえる。

公園の設置が国策の一環として組み込まれる過程において，公園は，国民の体力・精神の健全化とその向上のための体育施設として「施設化」されていた。ここにおいて，江戸以降の遊園的機能は完全に失われ，「施設」としての公園の観念が成立することになった。すなわち，「営造物公園」と呼ばれる施設観念としての「都市公園」の誕生であった。

(1) 「明治末期における東京の人口はすでに270万人を越えていたが，当時の公園面積は160ha弱で明治初期の太政官布達制定当時の130haに比べ40年の間，わずか30haの増加にとどまり，3倍に増加していた人口に対し公園面積は1人当たり0.6haにすぎなかった」（東京都，1995：22頁）。
(2) 田村は，当時大都市整備のために準用した東京市区改正条例の不十分さから都市を総合的に整備する一般法として成立した旧都市計画法について，次のようにその問題点を指摘している。①総合性の欠如，②都市自治の否定，③財政措置の欠如（田村，1996：36-37頁）。また，越沢は，日本の都市計画が震災や戦災という災害の後でしか実行されなかった原因を「政府自体に都市計画に対する認識がない状態で……法制化を実現した」ことにあると指摘している（越沢，1991：7頁）。
(3) 建設省監修の『公園緑地マニュアル』においては，この都市計画法の成立と公園・緑地制度に関して主要な点として次の2点を強調している。「①地域地区制が初めて導入され，用途地域，風致地区および風紀地区の規定が設けられた。②土地区画整理の制度が耕地整理法の準用という形で導入されたこと」（建設省監修日本公園緑地

協会編『公園緑地マニュアル　改訂平成10年版』1999：10頁）．

(4) 飯沼一省『都市計画の理論と法制』良書普及会，1927 参照．
(5) この協議の詳細は，『都市公論』2（7），1919 参照．
(6) この大正 10（1921）年の「公園私園調査票」の目的項目には，智育教化以外に鑑賞，娯楽，遊覧者招致などがあり，当時の公園の目的を明確に表わしている．
(7) 昭和 8（1919）年の「都市計画主任官会議」の内容については，『公園緑地』2（7），1938：33 頁参照．
(8) 大田謙吉「大東京公園緑地の発展史と二十年の回顧」『都市公論』第 18 巻，1938 参照．
(9) 復興院の設置と組織，審議内容およびその過程については，福岡駿治『東京の復興計画：都市再開発行政の構造』日本評論社，1991 を参照．
(10) 帝都復興院「帝都復興院参与会速記録（第2回）」，1923 より．
(11) 当初復興院総裁であった後藤新平が個人的に考えていた公園計画の総事業費約 1 億 1800 万円，都市公園 5 か所，近隣公園 5 か所，児童公園 80 か所，合計 100 万坪に比べれば，予算は 10 分の 1 である 1500 万円，面積は 5 分の 1 の 18 万 4000 坪にすぎなかったとされる．
(12) 関東大震災以前にも都市計画による区画整理事業はあったが，公園用地の無償提供は行われていなかった．この震災後の復興事業によってはじめて公園用地の無償提供の実例を示し，当時の 52 小公園の用地はすべてが区画整理の減歩によって生じた土地であった．この土地区画整理による公園用地の無償提供はここで原型がつくられた（佐藤，1977a：177 頁）．
(13) 「東京府施行の大公園 3 か所の設計上における特色は，それぞれアメリカのシカゴ市における公園を規範としたことである．すなわち，芝生や花壇の地割，幾何学的列植，曲線園路の組み合わせなどが影響されていた．他方，東京市施行の小公園 52 か所の設計には，ドイツのおよび北欧の公園が規範であった．建築的な整形の地割の中に外周の常緑樹による 4-6 メートル巾の防火植栽，独立樹の列植を持った広場と建築的なパーゴラを配置するプレイロットと，その中のブランコ・滑り台・砂場などはその後の東京において設置される児童公園の原型となった」（東京都，1995：24 頁）．
(14) 1924 年に復興局長官官房計画課が発行した『公園及休養娯楽施設論』（原著者：William Bennet Munroe）の中に，この近隣公園の紹介があり，同年の内務省の「公園計画基本案」にも，公園の種類の一つとして取り上げられていた．この訳書の中で，とくに注目される点は，「公園の発達は，都市計画の附随的事業ではなく，都市計画の欠くべからざる本質的要素である」と，都市における公園の意義を明確に述べていることである（復興局長官官房計画課，1924：27 頁）．
(15) なお「公園計画基本案」の全文は『都市公論』7（7），1924 にその詳細が掲載されているので参照されたい．
(16) 「パークシステム（Park System）とは，公園緑地と広幅員街路の系統（Parks, Parkways and Boulevard System）を略した都再計画の用語であり，都市公園整備の一手法

である。19世紀半ばにアメリカにおいて誕生したパークシステムは，20世紀都市計画の進行とともに都市計画の一環として多くの都市に適応された。これは，公園緑地と広幅員街路を系統的に結びつけた基幹整備を行うことにより，計画的な市街地の開発を誘導し良好な自然環境を有する緑地の保全，レクリエーション空間の整備を行ったものである」（日本造園学会編，1996：106頁）。

(17) アメリカにおける都市公園の展開について，本稿ではもっとも重要だと思われる「公園系統（Park System）」の概略的な説明にとどめるが，このアメリカの公園系統の詳細については，石川幹子の著作および日本レクリエーション協会監修・余暇問題研究所編『アメリカの公園・レクリエーション行政：その歴史的背景と研究』不昧堂出版，1999を参照されたい。

(18) 急激な都市化とそれによって拡大する都市を計画的に整備する手法として採用された公園系統は，その成立の経緯や特質から五つの類型に分類される。防災都市計画型（シカゴ），新市街地の基盤整備型（ボストン），自然環境保全型（ミネアポリス，セントポール），新興都市建設型（カンザス・シティー），広域都市計画型（ボストンの広域パークシステム）などがそれである（日本造園学会編，1996：110-112頁）。

(19) アメリカの大都市におけるこの「公園系統」に関連する紹介は，当時の都市計画および公園関係の議論において頻繁に登場していた。その代表的なものを拾ってみれば，大正7（1918）年の田村剛の「造園概論」，大正9（1920）年の折下吉延の「都市と公園計画」，大正10（1921）年の渡辺鉄蔵の「都市の自然化」などがあげられる（佐藤，1977a：21頁）。この中で，田村剛と折下吉延は，本多静六・上原敬二とともに直接公園行政に関わる関係者の立場となり，昭和初期の井下清・北村徳太郎などは戦前公園行政を担当した人物であった。

(20) 否決の理由は「土地に関する制度は，極めて重大な問題である。……政府が近く土地増価税となるものを，勅令をもって制定しようとしているが，それはもってほかの措置といわねばならぬ」というのであった（大霞会，1980：201頁）。

(21) この会議において示された公園計画案は，前述の「内務省都市計画局第二技術課私案」であり，用語や公園の計画論的な考えが見られ，当時多くの公園計画に関係していた，公園担当技師の北村徳太郎だろうと考えられている。この北村徳太郎は，公園計画の理論化に大きな影響を与えた人であった。

(22) 「公園系統（Park System）」に関する最初の紹介は，大正5（1916）年の片山安の「現代都市之研究」においてであり，大正7（1918）年の田村剛，大正8（1919）年の武居高四郎，大正9（1920）年の折下吉延，大正10（1921）年の渡辺鉄蔵などの紹介がなされていた。とくに，大正10（1921）年の渡辺による「公園系統」の紹介は相当詳細なものであり，公園系統の必要性に関する意見は重要性を持つものであった。

(23) 「土地区画整理とは，都市計画区域内一定範囲の土地の区域において，土地に関する所有権などの権利に交換分合その他の変更を加え，必要な公共施設の用地を収得し，公共施設の新設または改良を行うとともに，公共施設用地以外の宅地を整然と区画することによって，市街地の総合的な整備を行う手法である」（下出，1983：11頁）。

(24) これらの審査設計標準の案は，通達などによるものではなく，昭和2 (1927) 年に開かれた「都市計画主任官会議」で配布された資料の形式をとっていた。その会議において，区画整理において得られる用地を「公園地」に充てることへの理解に苦しんでいたことが，その後の内務省宛の照会からうかがえる。

(25) 「縄延とは，①延ばした縄の長さ，②実際の段別が従前の検地帳に記載された段別よりも多いこと。また，再検地して余分の段別を測り出すこと。竿延び」(新村，1971：1678頁。)

(26) 話は遡るが，大正13 (1924) 年に近代都市計画史上大きな出来事が，アムステルダムであった。田園都市の発案者で知られるエベネザ・ハワードが率いる，国際田園都市および都市計画連盟の第8回国際会議 (1958年からは国際住宅・都市計画会議 (IFHP) に改称) が行われ，世界の各地において急速に膨張し続けている，巨大都市化の懸念から「七ヶ条宣言」が採択された。この「七ヶ条」宣言は，単なる宣言の次元を超え，以降の都市膨張に対する，強力な影響力を持った計画思潮として定着した。その七ヶ条とは，①都市スプロールに対する警告，②衛星都市の意義，③グリーンベルト論，④自動車交通の発展，⑤連担都市 (conurbation) の抑制，⑥地方計画の弾力性，⑦都市および地方計画における計画決定主義を内容とするものであった (佐藤，1977a：330-331頁)。

(27) 「景園地」は，原始地域ないし風景地域に合致した緑地概念であったし，「環状緑地帯」は産業地域ないし都市地域に適合した緑地概念であり，それぞれの概念領域は今日の緑地体系の柱となっている。景園地の計画は同時に行楽道路の計画を必要とし，環状緑地帯の計画には大公園，小公園区の計画が不可欠であった。この景園地および環状緑地帯計画はともに「地域割」の考え方に基づいており，地域それぞれの役割分担がグリーンベルト構想の中に意外とはっきり連携されていたことがわかる。

(28) その他に，臨時委員として神奈川県土木部都市計画課長，埼玉県内務部土木課長，千葉県内務部土木課長，東京鉄道局運輸課長，東京警備指令部員，内務省東京土木出張所員を役職委員としていた。また，協議会の下には，総会提出の原案を作成する幹事会があり，委員会は計画の要点を議決する機関であった。そのため原案に関する調整は幹事会を中心に行われ，委員会にかけられる原案の精度は高かったと考えられる (佐藤，1977a：373-374頁)。

(29) 木村英夫『都市防空と緑地・空地』日本公園緑地協会，1990が詳しい。他には同「内務省時代の都市計画」『都市計画』第144号，「東京緑地計画特集」『公園緑地』3 (2, 3合併号)，「東京大緑地特集」『公園緑地』4 (4) などにその詳細が載っているので参照されたい。

(30) 関東大震災を前後とし公園地の寄付行為が多くなった理由について，『東京都の公園120』では次のように説明している。「①明治末期から第1次世界大戦にかけて，富国強兵の政策から工業化が進み，都市の急激な成長が進むなか，公園の必要性が順次認識されはじめた一方，②財源不足から公園の整備は進まず，都市の人口増に追いつけない状況であった，③関東大震災が公園の認識を高める結果となった」(東

京都，1995：24頁）。

(31) 厚生省は，この昭和15（1930）年から自治体の学校体育に対する国庫補助金を出すことにしたが，その内容は人口10万以上の都市に対して「児童運動場」の用地費および設備費の5分の1を国庫補助とするものであった。昭和15（1940）年度には，全国15都市，40か所，国庫補助金額計16万4000円あまりで行われたが，この国庫補助は昭和16（1941）年の第2次世界大戦突入により中止となった（石原，1949：12-15頁）。

(32) 厚生省の設置過程に関しては，大霞会，1980：223-224頁参照。

(33) そのための施設としては，次のように区分された。「甲，公共的施設：①公園及準公園：公衆ノ運動，休養教化等ノ用ニ供スル園地ニシテ国又ハ公共団体ガ管理スルモノ，②学校植物園・社寺苑・公開私園・墓苑等公園ニ準スルモノ，③体育運動施設：公衆ノ体育運動ノ用ニ供スル施設，指導機関ヲ有シ体操ノ外数種ノ体育運動設備ヲ総合セル屋内施設。乙，非公共的施設，①園地：運動，休養，教育等ノ用ニ供スル園地ニシテ営利ヲ目的トスル，②園地又ハ特定人ノ用ニ供スルモノ。③体育運動施設：体育運動ノ用ニ供スル園地ニシテ営利ヲ目的トスル施設又ハ特定ノ用ニ供スルモノ」（沼佐，1997：52-53頁）。

(34) 当時，運動場の必要性とその意義に関する文献は，以下のようなものがあった。田村剛「近代公園と運動場の新傾向」『公衆衛生』44(9)，1925 および「都市の運動公園」『都市問題』23(2)，1936；佐藤昌「運動公園設計基礎としての運動場規格」『都市公論』14(8)，1931；北村徳太郎「欧米各国運動競技場視察記」『公園緑地』1(1-6)，1937；石神甲子郎「国費による運動場の助成」『公園緑地』3(10)，1939。

第3章　量的拡大政策と公園機能の複合化

3.1 戦災復興計画と都市公園の消失

3.1.1 「戦災地復興計画基本方針」の成立

明治6（1873）年の太政官布達第16号から明治31（1898）年の東京市制実施まで，東京府下15区の公園は府知事によって管理運営されていた。それ以降は，東京市長が府知事の監督を受け，内務大臣の認可のもとで市区改正による設計公園の新設・整備を行う一方，市独自の公園用地買収や改良を進めていた。

公園の量的整備は震災復興計画によって大幅な拡張をみたものの，震災復興事業の完了とともに東京府は，公園緑地に対する方針を変えていくことになる。すなわち，主に東京緑地計画の推進を通し山岳地帯の景勝地における便益施設や保護施設に中心をおいた健民施策，日中戦争に対処するための防空的機能が当面の目的とされ，緑地帯計画における大緑地の整備だけに限定することになった。

他方，東京市においては，市域合併にともない新市域となった地域に区画整理事業・都市計画公園を通じた公園の新設にかかわっていた。また，民間人の有志による公園の寄付や恩賜公園が最盛期を迎えていたことなどが重なり合い，戦前の公園は量的な面においては大幅な進捗をみたのである。

しかし，このような機能的に歪められた公園緑地の量的拡大は，終戦後の混乱期にあって減少・衰退に転じていくことになる。その主な理由は，公園の法制度の不備と管理活動の欠如であった。これらは「空地性」・「永続性」をその制度的規範とする公園政策においては致命的な要因であった。その結果は，終戦後の困難期を通じて多くの公園の転用ないし廃止に直接結びついていた。

戦災復興事業の最高指針である「戦災地復興計画基本方針」は，内務省国

土局計画課が中心となって方針の策定を行い，昭和 20（1945）年 9 月 7 日に代表府県の都市計画主務課長を召集・討議し，一応の成案を得た（建設省，1959：43-47 頁）。そこで，同年 10 月 12 日に全国都市計画主任官会議を開き，戦災復興という新しい事態に対応するための「復興基本方針」を示し，最終的に同年 12 月 30 日に閣議決定された。

これにしたがい，戦災復興計画の所管官庁として「戦災復興院」が設置され，各種都市計画施設の計画標準の土地利用計画，街路計画，駅前広場計画，緑地計画，緑地地域などについての詳細は，昭和 21（1946）年 9 月以降，戦災復興院より順次通達された(1)。

この戦後最初であり，最大となった「戦災地復興計画基本方針」（昭和 20 年 12 月 30 日閣議決定）における公園緑地関連事項は，公園を個別施設としてではなく，「緑地」という空間概念で捉えていた。その緑地政策の中においての公園は，「公園運動場，公園道路其の他の緑地は都市，集落の性格お

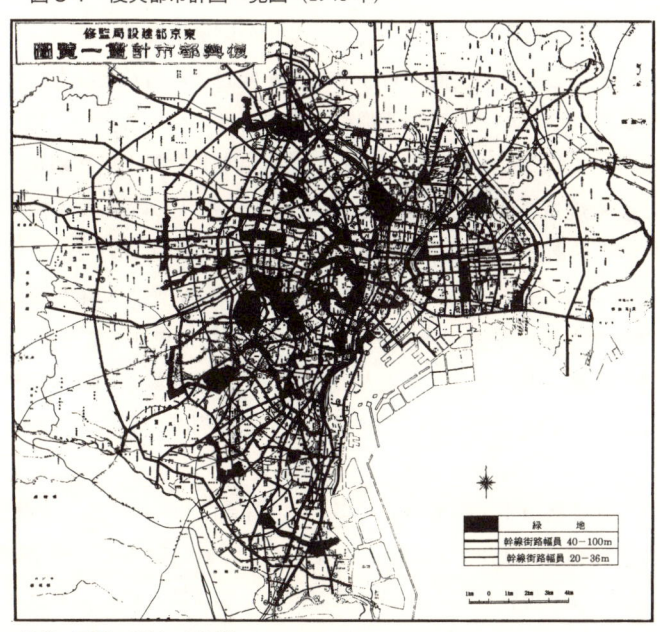

図 3-1　復興都市計画一覧図（1946 年）

出典：石川，2001：262 頁

よび土地利用計画に応じ系統的に配置せられること，緑地の総面積は市街地面積の10％以上を目途として整備せられること，必要に応じ市街外周において農地，山林，原野，河川等空地の保存を図る為緑地帯を指定し其の他の緑地と相まって市街地への編入を図ること」（建設省編，1959：173頁）などが決定された。

　ところが，この戦災復興計画に対して，経済的状況などを考慮して計画の規模についての「戦災復興都市計画の再検討に関する基本方針」（以下，「再検討」）が適用されることとなった。「再検討」の目的は，過大な街路計画，広場計画，緑地計画などの縮小，罹災地における建築制限の緩和，区画整理事業の縮小による3か年計画の立案などであった。しかし，3か年という期間に関して，経験や事業費の縮小は戦災復興計画の意図を損なう恐れなどが指摘され，結局5か年計画となった。[2]

　この「再検討」においては，児童公園および運動場が公園計画の中心に置かれていたが，それは，前述した戦前の内務省・厚生省の公園に対する基本方針が連続されていることを明確に示していた。この基本方針は，続く「戦災復興都市計画再検討実施要綱」において，公園緑地については，系統的な配置計画に準拠してその位置ならびに面積が検討されることとなった。その結果，閣議決定された「戦災復興都市計画の促進について」の「(2) 公園，緑地」項の中では，「公園緑地の計画については出来得る限り縮小することとし，とくに焼残りの家屋の多い公園緑地或は帯状の緑地で広幅の街路と重複のきらいのあるものは之を廃止する」との内容が示された。[3]それによると，「3事業 (7) 公共空地事業」において，①用地の確保に重点をおくこと，②簡単な整地と最小限度の施設を行って一応利用に供すること，③事業は児童公園の整備に重点をおき，大人の利用する運動広場の如きは簡単な施設に留めることなどの方針に沿って検討し，事業の節減に努力するよう指示していた。

　以上の方針に基づく「再検討」により，東京都においては，公園緑地の事業費が当初計画の約15％の10億円となった。これによって，東京の公園緑地は，消極的な「現状維持」ないし戦災地の一部復興だけに留めざるをえなくなった。しかもこの「再検討」の縮小方針に先立って，終戦後の各種都市

図3-2 復興計画緑地及び公園図（1948年）

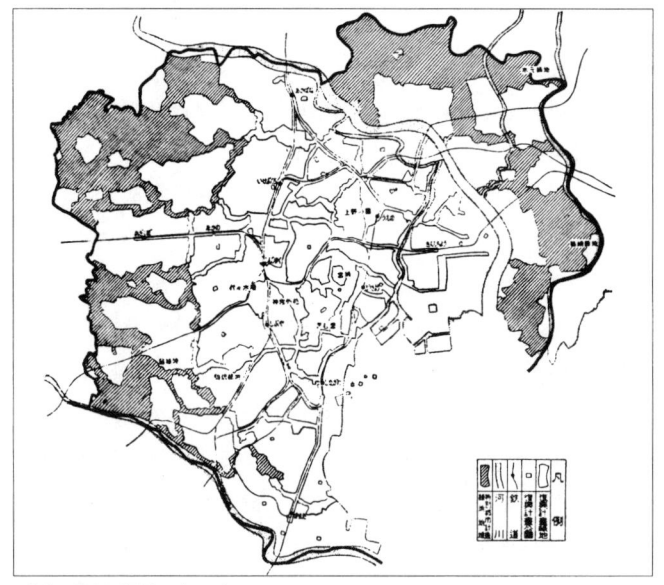

出典：『公園緑地』(1948) より

計画施設の計画標準についての議論が，終戦の年8月末から内務省国土局計画課を中心に行われ，街路，広場，公園などの計画標準ならびに換地計算法，土地区画整理事業実施要綱などの再検討も行われていた。

　ここで，「戦災都市復興計画」を原則とし「特別都市計画法」に基づいて，計画を決定した理由は他にあった。「戦災地復興都市計画基本方針」が示すように，市街地の大部分を焼失したこの際，新しい都市改造を行うという旧内務省の思惑がその中に潜んでいた。すなわち，大正期以降各種都市計画が政治的な理由により挫折してきた経験があり，市街地における被害の復興に留めるのではなく，人為による戦災を震災復興のような好機とし，帝都改造を超え全国の改造を射程にいれていたのである。この際の各種標準は，昭和8（1933）年より決められていた各種都市計画標準について検討を加え，「戦災復興都市計画標準」として決定された。この「戦災復興都市計画標準」の中には，昭和21（1946）年10月1日の復計第193号「戦災都市における土地利用計画の設定について」（戦災復興院計画局長，建築局長連名通牒）ならび

に街路，駅前広場，緑地計画標準，緑地地域指定標準などが含まれていた。

3.1.2 戦災被害と公園の消滅

戦時中から戦後直後にかけての公園の被害や消滅は，戦災者の仮埋葬・仮設住宅地の建設・駐留軍接収・戦災者による不法占有という戦災による直接・間接的な原因と，農地解放と政教分離政策等の戦後改革によるものとが主な原因であった。

まず戦時中公園における被害の内容としては，まず公園緑地の農場化であり，その次が昭和18（1933）年の閣議決定によって行われた金属回収および比較的大きな面積をもつ公園緑地の軍用基地化，東京空襲による被災者の処理によるものであった。とくに，戦時中における食料の増産のため公園緑地が臨時農場化され，多くの公園緑地がそのまま戦後の農地解放の対象とされた。金属回収要綱によっては，多くの公園に設置されていた金属外柵，遊戯器具，銅像などが回収され，被災者の埋葬用に井の頭公園にあった杉の大樹木の多くが戦災死者収納棺材として伐採された（東京都，1965：91-92頁）。また，東京空襲の後11万人の死者のため猿江公園・上野公園・隅田公園など30か所，面積にして1万坪の公園が仮埋葬地となった。その際，非常措置屍体処理事務は通常時公園業務の一部として葬務関係事務を担当していた公園緑地部が一括して担当した。

表3-1　昭和20年から30年の間の公園地の消失

事由・転用先	消失・転用された公園数	面積（坪）
廃棄	21	127,805
公用建築物用地	30	29,620
学校用地	12	55,130
半公用建築物用地	11	20,430
米軍接収	19	319,764
競馬・競輪・オートレース用地	19	253,410
住宅	33	85,877
店舗・工場	14	34,130
引揚者住宅など	2	1,200
宗教建築物	2	1,500
計	163	928,866

出典：佐藤，1977a：458頁より

しかし、これらの社会状況によるものの他に公園に対する管理活動の不備により、多くの公園地が転用されていくことになった。たとえば、昭和20年から昭和30年にかけての10年間の間、失われた公園地の内容は表3-1のとおりであった。

他方、公園地内における施設物の設置に関する可否問題もこの時期多く見られた。たとえば、日比谷公園内における近代美術館の建設問題や上野公園内のプロ野球の殿堂建設問題、新宿御苑におけるプール建設問題などがそれである（佐藤、1977a：461頁および田中、1974：104頁）。

これらの被害内容については多くの公園関係文献が取り上げていることを勘案し、本章では公園の消滅ならびに公園地の転用に、最も大きな被害をもたらした「農地解放」と「政教分離」および公園管理に関する制度不備および活動の問題により廃止にまで至った「虎ノ門公園」問題を取り上げる。

3.1.3 農地解放と公用公園緑地の廃止

戦時中において大面積の公園緑地が食料増産のための基地として考慮されたのは、昭和18（1933）年頃からであった。東京都においては「大緑地増産協力臨機処置要綱」が決められ、都市計画事業により買収済みの緑地の大部分は農耕地に振り向けられた。そのうえ、東京都有財産条例第6条により臨時かつ特別に当該緑地を地元の農事実行組合に貸し付けることとなった。その際、土地使用料は旧来の公園地使用料などとは関係なく、附近の慣習的小作料を勘案し、きわめて廉価にし、その生産品から一定量を供出させ、大緑地造成のために動員されていた勤労報国隊の用に供するほか、都下動物園の飼料に充てられた。

このような戦時中の公園緑地の農地化はしばらく続いたが、昭和22（1947）年11月に「土地区画整理施行地区ニ関スル自作農創設特別法第4号ノ指定基準等ニ関スル件」（政府は農政第2460号）が各知事宛に通達され、公園緑地の農地化を本格的に推進することになった。この通達の主な内容は、「特別都市計画法による区画整理施行地区については、全地域中1割までの農地は指定する。ただし、1団地に3町歩以上のものは指定しない。……道路、公営住宅等、公用または公共用予定地で、昭和23年12月31日まで事業計

画を実施する見込みのないもの［は農地として指定する］」（［　］は引用者注）とのことであった。これを受け，各都道府県においては「土地区画整理地区等指定委員会」が設けられ，公園・緑地・墓地用であって買収済みの公共有地のうち，現実に農耕地となっている土地を本来の目的に戻すべきか，農地となっている現状を尊重しこれを永続させるために本来目的である公用を廃止すべきかについての議論が展開された（佐藤，1977a：258-259頁）。

　しかし，公園・緑地を存続しようとする「存続論」よりは，食糧危機に際し現実的な増産政策の必要性が優先された。昭和22（1947）年10月に農地解放に関する通達が出され，その理由は，「土地区画整理施行地区に関する自作農創設特別措置法第5条第4号の指定基準等については，既に昭和22年農政460号において通達したが，公園緑地等都市計画法第16条第1項の施設に関する同法同号の指定とその他の取り扱いも，同通牒によって処理されたい。……公園または公共用予定地には，公園緑地も含まれているが政府において保有する場合でも食料事情が好転するまでは農地を公園緑地とする」と説明されていた。

　この農地解放によって戦前の公園緑地の63％，面積にして約140万坪あまりが農地として解放され，次に述べる「政教分離」による社寺境内地公園の消滅とともに，戦後の公園緑地政策に大きな打撃をもたらした。

3.1.4　政教分離と社寺境内地公園の消滅

　太政官布達公園から戦前にかけて公園用地の多くが古来名所や社寺境内地を物的基盤としてきたことはすでに述べたが，旧社寺境内地というのは元来官有地とされていた土地であった。とくに，明治6(1873)年の公園地指定以降，東京において設置された公園の中，麹町・湯島・白山・四谷などは神社の境内地であって，その神社の要望や市区改正設計によって公園地として設定された。しかし，この社寺境内地に公園を設けることには複雑な歴史的問題が潜んでいた。⁽⁴⁾

　封建社会において社寺・神社は社会を構成する重要な施設とされ，幕府は社寺を保護し，朱印地・除地下付の制度を設けてきた。江戸時代において，これらの社寺は膨大な土地を所有しており，自給自足が可能な状態であった。

しかし，これらの社寺所有地は明治新政府の「上地令」によって公収され，従来直作の土地で税金を納めていたものだけが除外されることになった。

　その結果，社寺の経済が急速に崩壊し，政府はその救済を目的として，明治32（1899）年4月に「国有土地森林原野下戻法」を公布した。それは，社寺上地処分または官民有地区分によって官有地に編入され現に国有に属している土地について，その所有または分収の事実があるものに限り，主務大臣に下戻の申請ができるようにしたものであった。それによって，証拠書類を整えて申請，その結果によって正式に下戻を受ける仕組みであった。が，場合によっては不許可によって行政裁判にかけられることもしばしばあり，初期の明治政府においては「境内地が朱印地・除地であることだけで，その私有権があるという証拠にはならない」との立場を固執していた。しかし，明治43（1910）年に至り，「上記の境内地が朱印などによって免除されていたことは，反対の証拠がない限り私有地である」との判決があった。その結果，境内地公園の還元を求める請求が数多く起こり，東京においては芝・浅草公園地の一部が所有権の移転をみた。

　この社寺境内地の公園用地問題については，大正14（1924）年の「国有財産法」公布の際，社寺境内地は新たに「公用財産」（法第2条規定）に指定され，「従来より引き続いて寺院仏堂の用に供する雑種財産はその用に供する間は無償でその寺院仏堂に貸付したもの」（法第24条規定）と定められ，私有権の行使が容認された。

　しかし，このような一時的処方では公園用地の問題は完全な解決に至らず，昭和14（1939）年の「宗教団体法」を経て，昭和22（1947）年の「宗教法人法」においての完全な政教分離にともない，社寺境内地の拘束は完全に解除され，公用廃止となった。

　東京において昭和22年から昭和30年にかけて解除された面積は全域・一部合わせ，約122万6000坪であった。すなわち，昭和20（1945）年の終戦直前に都市計画上決定を見た公園緑地は，約461万坪であり，実際に事業を行った面積は約291万坪であった。が，この「農地解放」と「政教分離」によって消滅した境内地公園の総面積は，その半分以上の約150万坪であったことから，その被害面積の大きさがわかる（東京都，1965：101頁）。

3.1.5 虎ノ門公園問題と公園管理

終戦時における公園の消滅は，かならずしも戦災に限らないところに問題がある。ここで取り上げる「虎ノ門公園」問題は，数多くあった公園の消滅ないし廃止の一つの事例にすぎないかもしれない。しかし，公園の設置よりむしろ，設置されている公園を管理していくことの重要性を認識させた戦後最大の事件であった。この「虎ノ門公園」の廃止をめぐっては大きな政治的議論となり，その議論は10年も続くことになった。後に公園の管理法制的性格の強い「都市公園法」を生むきっかけともなった。

すでに述べたように，太政官布達以降の公園地は「地盤国有地」であり，基本的には内務省所管の公共財産として，その管理は地方機関であった府県知事に委任，市町村に再委任される構造であった。そのため，国有財産でありながらも実際上その管理において，本来公園の目的にそぐわない不当な管理が公園軽視という，戦前の公園贅沢論の中で連続していた。

そのうえ，公園本来の目的が，太政官布達公園において遊園的なイメージが強かったこと，維持管理費用の調達が公園の独立採算制によって行われていたことなどにより，初期公園行政では公園は「盛り場」として軽視されていたとさえ考えられる[5]（日本公園百年史刊行会，1978：294頁）。

公園の管理については，大正3（1914）年に公布された「公共団体ノ管理スル公共用地上物件ノ使用ニ関スル法律」（法律第37号）の第1条において，「公共団体ニ於テ管理スル道路，公園，堤塘，溝渠其ノ他公共ノ用ニ供スル土地物件ヲ濫ニ使用シ又ハ許可ノ条件ニ反シテ使用スル者ニ対シ，管理者タル行政庁ハ，地上物件ノ撤去其ノ他原状回復ノ為必要ナル措置ヲ命ズルコトヲ得」と規定していた。この法律の趣旨は，公園が不法に占有・使用されることに対して公園管理者である地方長に公園管理の法的根拠を付与したものであるが，厳守されていなかった。

この公園に関する不適切な管理について，建設省では「標記公園［太政官布達公園］は，明治6（1873）年太政官布達第16号に基づき国が直接公共の用に供するために設置し，これを公共団体に管理せしめている由緒ある公園であるが其の後これらの公園の区域内にその機能を著しく害すると認められる施設が設けられているものがある現況に鑑み，とくに当該公園中地盤が国

有に属する区域内のこれらの施設を公園区域外に移転し，若しくは公園施設に切り替えるなど適切な措置を講じ，もって公園の管理運営の万全を期せられたい」（[　]は筆者注）と述べ，その管理の徹底を指示していた。[6]

　終戦直後の公園管理の不備は，多くの公園地を廃止の危機に遭わせていた。東京においては上野公園地内に近代美術館を建てようとした運動や不忍池を埋め立てて野球場を建設しようとした騒ぎ，浜離宮公園における極洋捕鯨基地の建設要望などが，その代表的なものであった。この中には「虎ノ門公園」も含まれていて，実際廃止にまで至った公園であった。

3.1.6　潰廃の経緯

　「虎ノ門公園」は，市区改正設計によって公園に決定され，大正3（1914）年に開園した旧設計公園であった。[7] この公園は面積約2000坪で，公園中央には旧江戸城外濠の石垣の一部が残されていて，その周りには小さな池が造られ，一種の史跡公園であり街区公園でもあった。この公園の潰廃問題が起こったのは，昭和26（1951）年のことである。

　終戦とともに駐留軍によって接収されていた虎ノ門公園の一部が解除され，その部分がニューエンパイヤーモーターというフォード自動車の関連会社がその使用を許可され，外国車の修理・部品の販売・ガソリンスタンドなどに供用していた。そこで，使用許可条件となっていた4か年の期限が終了したにもかかわらず，そのまま使用を続けていたのである。この不法占有状態が国会の決算委員会において取り上げられ，速やかに本来の公園に復元すべきとの姿勢で返還を求めていた。

　この公園復元問題に関して関連する行政側の意見は二つに分かれていた。本来の公園への復元を主張したのは東京都と建設省であり，公園として機能を失っている現状を重視し，公園を廃止したうえで，「雑種財産」として処理すべきであるとの立場をとったのが会計検査院と大蔵省であった。公園用地をめぐって戦前から続いてきた構造的な対立が潜んでいたのである（山下，1953：111-120頁）。

　この「虎ノ門公園」の用地還元問題は，大蔵大臣と建設大臣の話し合いによって，公園を廃止し，その用地は普通財産として大蔵省に引き継ぐことで

合意した。しかし、国会審議においては依然として公園復元を望む意見が多く、大蔵省も公園復元の方向で訴訟に持ち込んだ。法務省が国側の当事者として10年におよぶ訴訟の末、裁判所による和解勧告が出された。その結果、公園地は国有財産として払い下げとなり、三井不動産株式会社の所有となった。

この「虎ノ門公園」が廃止されるに至った決定的な原因は、当時のGHQによる東京都への公園地使用要請であった。すなわち、昭和23（1948）年頃からニューエンパイヤーモーターという会社が公園地を使用できるよう、GHQと通産省からの要請が東京都に寄せられた。東京都は都議会の承認を経て、使用させることを建設省へ照会した。建設省は当該公園地が地盤国有公園であることを理由に使用面積（651坪）、使用期間（4か年）の条件付きで承認するとの回答を出し、翌昭和24（1949）年2月に東京都から使用許可が下りた。

しかし、この措置について大蔵省が「地盤国有公園を第三者に貸し付ける場合は、大蔵省において貸し付けるのが当然であるから、公園を廃止して変換すべきである」と反発し、これに対し建設省は「国有公園地は普通財産であるが、現在は普通財産のうち公共物として建設省の所管となっている。「虎ノ門公園」は、4か年間暫定的に貸したもので、期間満了の際建築物を撤去させるのが適当で、期間満了前に解除することはできない」と反論していた（山下、1998：50頁以下「経緯説明」参照）。

この問題の直接的な原因は、最初に建設省が使用許可時につけた条件における公園地の建物に関する項目であった。その条件とは、期間満了後の解体が容易な木造建築物としたことであった。しかし、東京都においてこの「虎ノ門公園」地が甲種防火地帯であり、木造二階建ては許されないので解体や材料の再利用などを考え、組立式の鉄骨構造物を許可したことが大きな問題へと拡大していた。

その結果、公園地は大蔵省の主張どおり、建設省から用途廃止後引き継ぎで渡され、払い下げ国有財産とされたが、本来「空地性」と「永続性」を原則とした公園地が行政側の管理不十分により公園地としての機能を失い、開発業者に奪われたことに問題の深刻性があった。この公園管理に関する法制

度と管理活動の不備はその後，管理法的な性格が強い「都市公園法」を生み出すきっかけとなった。

3.1.7 公園の管理問題とその対応

ところが，戦後まもない時期の公園行政について言えば，ただ都市公園の管理法制の不備だけでなく，多様な問題があった。それらの問題は広く公園関係者の間で認知され，ほぼ共通的な認識として議論が展開され，「公園思想の普及，公園愛護の醸成，都市緑化，公園計画標準，レクリエーション計画，社寺境内地公園共用，駐留軍による公園地接収問題，公園管理行政機構の問題」などが取り上げられていた。

しかし，このような諸問題の根本にあったのは，戦前から貫いてきた公園に対する認識，すなわち公園運動場などの屋外レクリエーション施設が，「直ちに個人の経済生活に結びつかないものである」という「公園不要論」であり，①公園に対する一般市民の理解不足，②レクリエーション行政における無計画性であり，その無関心と計画性の欠如により公園計画の困難，用地問題と財政問題が生じていると指摘されていた（佐藤，1953：47-48頁）。

このような贅沢論ないし不要論のような公園軽視の社会的風潮は都市における公園の必要性にも影響し，建前（計画）と本音（実施）における乖離を生じさせる原因であった。参考に，「市区改正設計公園」から戦後の「再検討」に至るまでの各種計画の進捗状況は表3-2が示すとおりであった。

他方，この時期の公園管理をめぐる議論の中には，当面の公園計画におい

表3-2　東京市区改正以降の各種公園計画の進捗結果　　　（単位：面積 ha，比率 %）

計画名	計画面積	事業決定面積	計画対実施率	実現面積	計画対実現
市区改正新設計	220.18	—	—	251.79	114.4
震災復興計画	35.51	35.51	100	43.38	122.2
防空緑地計画	1,707.94	1,020.88	59.77	401.03	23.48
大緑地（府事業）	679.00	669.00	98.53	173.65	25.57
その他（市事業）	1,028.94	351.88	34.20	227.38	22.09
戦災復興計画	3,343.75	1.71	—	545.78	16.30
特別都市計画	1,760.77	319.56	18.15	551.73	29.60
再検討計画	3,148.20	270.47	0.09	1,562.45	22.70

出典：末松，1981：41頁

て公園用地の確保や財政的措置という現実的手段をいかに確保していくのかについての議論も盛んに行われていた。公園は用地を取得した時に,事業の8割を完了するといい,公園の設置の第一歩はなによりもその用地確保に置かれていた。それは,明治政府の公園地指定から戦前の防空公園までの国有地の公園化,および戦後国有財産法の改正にともない行われた旧軍用地の公園化などが公園の拡大に寄与したように,国庫補助による公園地の確保が必須であるとの認識によるものであった。

そのため,「①受益者負担による公園設置費用の捻出,②水利地域税の活用,③超過収用による余剰地の売却による経費利用,④区画整理による公園地の確保などの積極的な活用」の上に,研究されるべき新法制度として,「①公共団体による計画地の先買権の法制化（ドイツ）,②市町村計画法による付加価値税・緑地帯法の国家融資の方法（イギリス）,③公園区における課税権の設定（アメリカ）のほか,④目的税の復活,⑤公園特別会計ないし基金の設定,⑥特別融資の方法,⑦民間寄付金や後援会への援助」などが取り上げられていた。また,将来物価賃金などの上昇にともない公園の維持管理費において問題が生じることを考え,平均交付金の算定基準に公園面積を加える法的措置を検討するとともに入園料・使用料等の収入の増加,地元後援会の設置（公園愛護会など）,失業対策費の活用なども考慮すべき事項であった。

他方,現行の都市計画法だけでは,公園の管理に大きな問題点が内包されていることが徐々に認識されてきた。それは,太政官布達以来の地盤国有公園の管理について布達に基づく規制策は明確なものではなく,戦後に制定された「地方自治法」の公共施設管理規定だけでは公園維持管理および運営において生じている問題に対応できないことへの懸念であった。実際,多くの公園地が管理不足や管理規定の不備によって転用されつつあったのである。そのため,公園財政の確立とともに公園管理の適正化,管理基準の作成,保勝地の公園指定などが公園法制の新設において求められていた（関口,1943：79頁および佐藤,1955：8-16頁参照）。

その後の昭和22(1947)年の4月に「地方自治法」（法律第67号）が制定され,その第2条以下の規定において,「普通地方公共団体はその区域内における

その他の行政事務で国の事務に属しないものを処理する。三，公園，運動場，広場，緑地，道路，橋梁，河川を設置し若しくは管理し，またこれらを使用する権利を規制する」ということが定められ，公園事務の処理が自治体に属することとされた。

ところが，昭和23（1948）年の6月に「国有財産法」（法律第73号）が制定され，第3条2項の「二，公共福祉用財産」の，「国において直接公共の用に供し，若しくは供するもの」と規定した「公園若しくは広場または公共のために保全する記念物若しくは国宝その他の重要文化財」という条項は，現実の公園実態，すなわち，現存する市町村の公園が法規定どおりの「国において直接公共の用に供する」ものではなかった。そこで，建設省は検討の末，「国において直接，道路，河川，水路，港湾その他公共の用に供する財産であって公共福祉用財産以外のもの」と同法に規定されたいわゆる「公共物」として公園を扱うことを決めたうえ，同法規定9条に基づいて建設省管理の公園を地方公共団体の長に委任・維持させることとなった。

3.2 「都市公園法」の制定と量的整備の本格化

3.2.1 「都市公園法」の制定

公園に関する単独法の必要性は，大正期から専門家の間で指摘されていたが，内務省の「公共財産」と大蔵省の「雑種財産」という見解の相違があり，長い間，公園に関する単独法の検討は放置されていた。

しかし，戦中から戦後にかけて公園の喪失や廃墟化が目立ちはじめ，こうしたこともあって公園に関する単独法制定に関する動きが活発化した。公園の保存や設置に関する公園計画が戦災復興計画において扱われることとなり，その施設基準や公園管理の基準などが整備されはじめた。「都市公園法」案は，昭和31（1956）年に国会に提出され，4月に原案通りに可決され，法律第79号として公布された。同年9月には「都市公園法施行令」（政令第290号）が，また10月には「都市公園法施行規則」（建設省令第30号）がそれぞれ施行された。この「都市公園法」は，都市公園の管理を明確にすることに重点があ

った。この法律の制定によって，従来の慣習的な公園管理ないし都市公園に関する諸問題を解決しうる根拠法をもつことになった。

この「都市公園法」の特徴としては，「①都市公園の配置と規模，施設に関する技術的基準を決めたこと，②公園敷地内における建ぺい率を決めたこと，③地方公共団体（公園管理者）が，公園管理者以外の者に公園施設の設置および管理をさせる場合の規定が設けられたこと，④公園施設以外の工作物などの占用の規定が定められたこと，⑤公園管理者は特別な場合を除く他公園の全部または一部を廃止してはならないことを規定したこと，⑥公園台帳の作成保管義務の規定を定めたこと，⑦国は，政令で決めるところにより都市公園の新設・改築に要する費用の一部を補助する制度を設けたこと」などがあげられる。その中でも最も重要なのは，都市公園に関する諸基準を明確に定めたことであった（佐藤，1977a：468頁）。それは，1人当たり都市公園面積の標準を6㎡に規定する他，都市公園を機能ごとに9種類に分類し，公園の敷地に対する建造物の建ぺい率を2％，運動施設の場合50％以内とするなどの詳細な基準が設けられたことであった（日本公園百年史刊行会，1978：307-309頁）。

前述のとおり，戦後の諸困難から多くの公園が転用・廃止されていくことが懸念され，「虎ノ門公園」の廃止をきっかけに公園法制の整備へと進み，昭和31（1956）年に「都市公園法」が制定された。この都市公園法は，戦後の都市公園を規定する唯一の法制であったが，主として都市公園の保護にその目的があった。都市公園法の各条文は表3-3が示しているとおりであったが，公園の管理にかかわる事務の処理手順や管理行為の範囲などが盛り込まれている。

この条項における構成上の特徴は，従来の慣習的な管理ないしそのため生じていた問題への対応のために構成されていることにある。とくに，都市公園の対象と管理の主体を明確に規定（第1条，第2条）したうえ，占用などの処理基準をもうけたこと（第6条～第10条），ならびにその設置の際の費用の負担関係を明確にしたこと（第12条），設置および管理に対し条例を定めること（第18条）ができるようになったことが最大の特徴であった。[8]

他方，都市公園の設置に関する戦後最初の基準は，昭和26（1951）年6月

表 3-3　都市公園法の内容

条文	項目	条文	項目
1条	目的	12条の6	兼用工作物の管理に要する費用の負担
2条	定義		
2条の2	都市公園の管理	13条	原因者負担金
3条	都市公園の設置基準	14条	附帯工事に要する費用
4条	公園施設の設置基準	15条	義務履行のために必要な費用
5条	公園管理者以外の者の公園施設の設置等	16条	都市公園の保存
		17条	都市公園台帳
5条の2	兼用工作物の管理	18条	条例で規定する事項
5条の3	公園管理者の権限の代行	18条の2	自然公園の施設の関する特例
6条	都市公園の占用許可	19条	補助金
7条	都市公園の占用許可の基準	20条	報告および資料の提出
8条	公園施設の管理，占用許可の条件	21条	都市公園の行政・技術に対する勧告等
9条	国等の行う占用の特例		
10条	占用を廃止した場合の原状回復	22条	私権の制限
10条の2	国設置の都市公園での行為の禁止	23条	公園予定地等
10条の3	国設置の都市公園での行為の許可	24条	不服申立て
11条	監督処分	24条の2	権限の委任
12条	監督処分に伴う損失の補償	25条	
12条の2	都市公園の設置管理費用の負担原則	26条	
		27条	罰則
12条の3	関係都府県の費用負担	28条	
12条の4	関係市町村の費用の負担	29条	
12条の5	負担金の納付		

出典：建設省・公園緑地管理財団，1998：334-335頁

に建設省の出した通達「公園施設基準制定について」がその最初であった。(9)その通達によれば，公園施設基準の対象は，「地盤国有公園に属する公園（国営公園を除く），都市計画事業または特別都市計画事業および別途事業により営造物として設置した公園並び建設中の公園，土地区画整理により生じる公園」であり，公園の配置その他公園計画上必要な事項ならびに公園の分類については，昭和21（1946）年の「緑地計画標準」に準拠するように各公園内施設の詳細基準を通達していた（佐藤，1977b：19頁）。

しかし，これらの設置基準などの根拠は，都市公園に関する基本法であり管理法の性格を帯びている「都市公園法」よりは，「都市計画法」上の規定によって処理されることが「都市公園法」の欠点をよく物語っている。すなわち，昭和31（1956）年に「都市公園法」が制定され，都市公園の規模，施

設などに関する標準を規定していたにもかかわらず，後述する「新都市計画法」(1968) の施行にともない，都市公園に関する整備が二元的に進められることになった。

3.2.2 都市公園法制定後の公園管理状況

太政官布達による公園の開設から90年を迎えた昭和38 (1963) 年頃は，戦災復興事業がある程度進捗を見たうえ，東京オリンピックの開催を控え，高速道路をはじめ幹線道路・地下鉄など交通網の整備，上下水道など公共的な施設の建設・改造・拡張が急激に整備された時期であった。

しかし，このような急激な都市施設の整備が行われていたにもかかわらず公園事業だけが劣悪な状況のままであった。その主な原因は，利用者と管理者の両面から指摘できる。すなわち，利用者においては戦前から続く公園に対する関心の低さと公園施設に対する破壊的行為などが，管理者たる行政においては用地確保や人員・経費など財政的な不足から生じる管理活動の不備が，それである。

この時期，東京都における都市公園の全体数は445か所で，その面積は約217万坪 (717ha) であったのに対し，公園管理にかかわる人数は833人であった。それは，管理者1人の担当が平均7000坪の管理面積，施設利用者平均3万人に達していた。当時，公園清掃の主力であった失業対策事業に限っても1人平均1400坪を管理区域として受け持つ計算となっていた (佐伯，1963：29頁)。とくに，未開設の都市公園の管理には，不当な占有や損害行為による問題が散在しており，公園の管理およびその利用に深刻な被害をもたらしていた。たとえば，当時の東京都の公園地として設定されていた94か所，97万坪の未開設公園地のうち12万坪余が不適格物件などであった。すなわち，都営住宅・学校・病院・官公署建築の敷地として充当されているものや戦後住宅の不足による宅地の一時的提供が立ち退き不可能となっていること，公園が管理活動の不足によって空地視されていたのである。このような状況に置かれていた都市公園の整備を本格的に推進させたのが，昭和43 (1968) 年施行の「都市計画法」(戦前の旧都市計画法に対し新都市計画法) であった。

3.2.3 新都市計画法と都市公園整備

「新都市計画法」において都市公園は，都市計画法の規定「公園，緑地，広場，墓苑その他の公共空地」（第11条1項2号）に含まれており，その施行規則第7条においては公共空地の種類ごとに定義され，同第25条では公園の技術的な細目が示されていた。また，昭和44（1969）年には，建設省通達「都市計画法の施行について」のⅣ，「都市施設に関する項（4）」において公園の種類およびその名称を指示している（佐藤，1977b：113-116頁）。

「新都市計画法」においては，都市計画決定権限の変化にともない，同法第15条1項3号規定「一つの市町村の区域を超える広域の見地から決定すべき都市施設，または根幹的都市施設」については，都市計画の決定権者を当該知事の決定とした。また，公園の整備においては市街化区域について重点的に行うものとし，市街化を促進する恐れのないものなどについては，市街化調整区域においても定め得るが，住区を構成する基幹的施設である近隣公園・児童公園については，原則として市街化調整区域には定めないものとし，やむをえない場合を除き，公園関連事業は施行しない方針を立てていた。

他方，この「新都市計画法」において都市計画の策定に関する権限の一部が特別区長に移譲され，公園事業は著しく進捗されることとなった。昭和45（1970）年における区部の公園整備量は全体として約380haであったが，その10年後の昭和55（1980）年には約1030haにまで拡大していた。この「新都市計画法」の制定は自然保護に対する市民意識の高まりに影響された側面もあり，国分寺市の殿ヶ谷庭園の場合がその典型的な事例である。殿ヶ谷庭園は，昭和37（1962）年に都市計画が決定されていたが，その後，都市計画法に基づく用途地域の変更の際，商業地域への変更という都市計画案が提出され公園としての存続が危ぶまれた。これをきっかけに市民運動が展開され，用途地域の変更は見送られた。翌年に用地が買収され，昭和54（1979）年に開園した（東京都，1994：642頁）。

「新都市計画法」における公園整備の基本方針は「市街地地域」に重点をおきながら，「既成市街地」，「既成市街地周辺部」，「新市街地」に区別され，それぞれの地域ごとの整備方針が定められた。まず，「既成市街地」においては，小規模の都市施設などは市街地再開発事業や土地区画整理事業を通じ

て順次整備していくこととし，根幹的都市施設である大公園などの整備が優先的に取り上げられていた。つぎの，「既成市街地周辺部」においては，公共設備の整備が遅れている道路，公園などの都市施設の整備が優先された。そのための公共施設の整備計画を詳細まで定め得る土地区画整理事業の都市計画を早期に定めることとし，一つの地区には一つの近隣公園と四つの児童公園を整備することが決まった。それにより10年後の1人当たり公園面積は 4.6 ㎡と想定された。

その「新市街地」においては，都市の骨格となる一般公園から近隣住区内の必要施設である児童公園まで都市計画として定め，新住宅市街地開発事業，土地区画整理事業などを通じて大規模な面的整備事業を行うことが決まった。しかし，これらの方針において注目される点は，既成市街地および既成市街地周辺地域において整備できない，または既成市街地において不足している公園必要面積の不足分を新市街地において補い，全体としては平均的公園面積の上昇を念頭においたことであった。

また，「新都市計画法」における公園分野の整備には，費用の分担が明確に示されていた。土地区画整理事業，市街地再開発事業などの市街地開発事業によらない単独事業の公園整備に必要な経費については，用地費および施設などの工事費を全額公共主体が負担することや，市街地開発事業による面的公園整備に必要とされる経費については，原則として面的整備を行う区域面積の3％に該当する用地の取得費用は面的整備を行う者が負担し，施設などの工事費用に関しては7割を公共主体が，残りの3割を民間が負担することになった。

そのうえ，「既成市街地」における面的整備事業の場合，整備区域の3％にあたる用地の購入が困難な時には1割を公共主体が負担しうるが，原則には開発者である民間が全額負担することとなった（日本公園百年史刊行会，1978：334頁）。そのため，昭和46（1971）年から昭和55（1980）年までの10か年における市街化区域の公園整備に必要な投資経費の試算として，全体としては公共主体による投資額が1兆1500億円，民間による投資額が7000億円で総計1兆8700億円が総投資額として算定された。とくに，新市街地における投資額の 22.5％が既成市街地において不足している公園面積の改善

のためであり，大規模の公園として整備することでその不足を補おうとするものであった。

3.2.4 長期的な公園計画の必要

他方，戦後における都市公園政策を主導したのは，中央の「都市計画中央審議会」（以下，「中央審議会」）であった。この「中央審議会」の特徴は，答申の主な内容が建設省の重要政策として成立するところにあった。

都市計画の諮問機関として設置された「中央審議会」は，昭和46（1971）年の公園緑地の計画的な整備に関する答申をはじめ，現在まで総計12回の公園政策に関する重要な答申を出している。すなわち，昭和46（1971）年の「都市における公園緑地等の計画的な整備を推進するための方策に関する中間答申」から12回の公園緑地に関する提言が行われた。これらの提言は主に，①制度の創設にかかわるもの，②都市公園整備の長期的計画の重点事業にかかわるもの，③都市緑化施策の全般にかかわるものなど3種類に大別される（有路，1992：49頁）。

そのうち，昭和46（1971）年の諮問「都市における公園緑地等の計画的な整備を推進するための方策に関する中間答申」（昭和46年8月）は，戦後最初に低迷していた都市公園政策に関して一つの公園体系整備およびその理論的基礎を提供した。その内容を簡略にまとめれば，次のようになる。まず都市公園の今日的意義として，「環境問題への対応，民間設備投資に対して公共投資の立ち後れたため社会資本の不足が深刻化，生活環境の悪化等による公共施設・サービスへのニーズ増加，社会資本・生活基盤整備の課題，経済政策において〈成長追求型〉から〈成長活用型〉へ，〈産業基盤整備型〉から〈生活基盤整備型〉への質的転換などの社会状況変化」を取り上げていた。そのうえ，緑とオープンスペースの必要性を，「①都市空間におけるオープンスペースの不足は都市構造の問題，②狭義のオープンスペース整備が急務（広義のオープンスペース，街路），③都市形態の変化（宅地形態）――低層個別住宅から高層集合住宅へ変化するにつれ私的空間としての「にわ」に代わる新たな空間の必要性の登場，④街路空間の変質，公害および災害に対する都市の貧弱化，⑤国民所得水準向上による社会的欲求（レクリエーション機

能)の増大」によるものとして認識していた(日本公園百年史刊行会,1978:334-342頁)。

また，将来的な都市公園政策に関して長期構想を発表し，その長期構想においては，「①環境対策の一環としての都市公園行政の位置づけ，②上位計画，都市計画法に基づく土地利用計画，都市施設等の計画との連携，調整・都市環境改善のための基幹公園（住区基幹公園および都市基幹公園）の整備，③公害，災害防止のための公害，災害対策緑地（緩衝緑地など）の整備，④広域レクリエーション需要に対応する大規模公園（広域公園，レクリエーション都市）の整備」などを取り上げ，その早期確立を至急な課題として掲げた。この第1回目の中央審議会答申は，「緑のマスタープラン」の全国的成立を促し，戦後低迷していた都市公園政策に新たな枠組みを提供した。

他方，高度経済成長による都市基盤整備が量的整備の段階を終え質的な整備に転換しはじめた1990年代の初めに出された中央審議会の答申，すなわち，平成4 (1992) 年の「経済社会の変化を踏まえた都市公園制度をはじめとする都市の〈緑とオープンスペース〉の整備と管理の方策はいかにあるべきか」についての答申は，先進諸国の都市公園整備水準に比しての遅れを再認識するとともに総合的な整備体系の構築をめざしたものであった。

この答申の特徴としては，公園の設置基準などについて，国民1人当たりの整備目標水準は20㎡とし，都市計画区域の市街地内における都市公園の整備目標水準は10㎡/人程度とするよう見直す必要を再認識し，その具体的な整備目標を定めたことにあった。

また，後の「緑のマスタープラン」は，都市緑化推進計画を取り込み，緑に関する計画の総合性を強化するとともに都市計画における整備，開発または保全の方針に位置づけ，いわゆる「市町村のマスタープラン」との調整・連携を充分図り，「都市の緑を保全・創出する基本計画（緑の基本計画）」として策定することが必要であると強調していた。

なお，「緑地保全地区」に関しては，新たな緑地保全制度の創設を制度として設け，優良な民間の公開緑地を保全し整備する民間事業者について支援する制度の検討が必要であるとした。そのため，緑化を積極的に推進すべき地区を「緑化推進地区」に設定する必要があると述べていた（丸太, 1983:

139-147 頁)。

3.2.5 「都市公園等整備緊急措置法」と整備5か年計画

戦後において都市環境の悪化が目立ち，生活における都市装置の欠如は深刻さを増していた。戦前において確保されてきた公園緑地はもちろん，民間において保存維持されてきた民有地などが急激な都市化と，それに連動した自然的環境の宅地化や工場地化への変更によって，都市における大量なオープンスペースの激減を招いた。

都市公園などの整備が本格的に行われるようになったのは，このような社会情勢の変化に反応した結果であり，その具体的な整備計画が打ち出されたのは都市公園法の制定から15年も遅れた昭和46（1971）年の都市計画中央審議会の答申においてであった。また，観光や屋外レクリエーションに関する社会的需要も飛躍的に高まり，健康やレクリエーションの場を公園などに求めることとなった。

表3-4 戦後の都市公園等整備中・長期目標

法制度・計画	目標年次	整備目標
都市公園法	—	6 ㎡
都市公園法施行令	—	10 ㎡
第1次5か年計画	昭和50年	4.2 ㎡
第2次5か年計画	昭和55年	4.5 ㎡
第3次5か年計画	昭和60年	5.0 ㎡
第4次5か年計画	平成2年	5.7 ㎡
第5次5か年計画	平成7年	7.0 ㎡
第6次5か年計画	平成14年	9.5 ㎡
旧公共投資基本計画	平成12年	10 ㎡程度
国土建設の長期構想	21世紀初頭	概ね20 ㎡
生活大国5か年計画	平成8年末	歩いて行ける範囲の公園の普及率を59%にする
新公共投資基本計画	21世紀初頭	概ねすべての市街地において歩いて行ける範囲に公園のネットワークを整備する
都市計画中央審議会答申	21世紀初頭	20 ㎡

出典：都市公園法（昭和56年改正），都市公園法施行令（平成5年改正），国土建設の長期構想（昭和61年建設省），生活大国5か年計画（平成4年閣議決定），公共投資基本計画（平成6年閣議決定），都市計画中央審議会答申（平成7年）

他方，都市公園の整備に関しては，昭和44(1969)年に建設省において「都市公園問題研究会」が設けられ，約2年におよぶ検討の末，都市公園整備に当たっての財政問題や長期構想等に関する中央政府の方針が「緑のマスタープラン」の形で生み出されていた。

　このような社会的動きを反映する形での法制度の進展が相次ぎ，昭和45(1970)年には「レクリエーション都市整備要綱」が，昭和47(1972)年には「都市公園等整備緊急措置法」ならびに「都市公園等整備5か年計画」(以下，「5か年計画」)が打ち出された。とくに，「都市公園等整備緊急措置法」は，政府において「5か年計画」を実施するための必要措置を講ずることや自治体が本計画に即して都市公園の緊急的な整備を行うことが記されていた。

　すなわち，戦後の「量的拡大」政策を支えたこの「都市公園等整備緊急措置法」(法律第67号)の目的は，「都市公園等の緊急かつ計画的な整備を促進することにより，都市環境の改善を図り，もって都市の健康な発展と住民の心身健康の保持増進に寄与すること」(第1条)とされ，「都市公園等整備事業」とは，「都市公園等の新設または改築に関する事業」(第2条の2)として定義された。主な内容においては，「都市公園等整備5か年計画」の策定とそのための財源措置を講ずることによって構成されていた。その中で，「5か年計画」の期間内に行う事業の実施の目標や量の設定を指示し，計画策定の際には経済企画庁および国土庁長官との協議の義務づけが定められていた。この協議に関する条項から，「都市公園等整備緊急措置法」および「5か年計画」が，当時の経済計画や国土計画(「全国総合開発計画」)の枠組みにおいて相関性をもって規定されていたことがわかる。

表3-5　都市公園等整備5か年計画の推移

区分	年次	整備量 (ha)	予算額 (億円)	1人当たりの 面積 (㎡)
第1次	昭和47〜50	16,500	9,000	2.8 → 3.4
第2次	51〜55	14,400	16,500	3.4 → 4.1
第3次	56〜60	12,011	28,800	4.1 → 4.9
第4次	61〜平成2	9,220	31,100	4.9 → 5.8
第5次	3〜7	14,210	50,000	5.8 → 7.1
第6次	8〜14	32,600	72,000	7.1 → 9.5

出典：建設省監修，1987：310頁より作成

「都市公園等整備緊急措置法」の制定と同時に「第1次都市公園整備等5か年計画」が策定された。昭和47（1971）年度末，全国都市計画区域人口1人当たり都市公園面積約2.8 ㎡/人を，昭和49（1976）年度末までに約4.2 ㎡/人へ，5年間整備総面積約1万6500haにすることを目標とし，総額整備費9000億円を投資することが決まった。

この「5か年計画」における公園など整備の基本的方向性は，この「5か年計画」の策定が主な内容とされる「都市公園等整備緊急措置法」とその母胎となった都市計画中央審議会の「都市における公園緑地等の計画的整備を推進するための方策に関する中間答申」における都市公園の整備が立ち後れた原因分析において明確に現れていた。すなわち，この「中間答申」は，都市公園が他の都市基盤設備に比べその整備が立ち後れている主な原因を高度経済成長の過程を通じて資源配分が産業部門ないし産業基盤整備を優先的に行ったことおよび従来の都市公園の整備が市町村単位で進められたために，大都市地域では広域にわたる都市公園の整備の体制が立ち後れていたと指摘していた（建設省・都市計画中央審議会中間答申，1971）。

このような問題認識は，都市公園などの整備に対する予算措置の拡大と大規模広域公園の整備の必要性に直接結びつき，「5か年計画」の策定および後の「都市公園法」の改正によって着実に現実化していくことになる。

3.2.6　量的拡大と防災機能の重視

他方，明治以降の都市公園における防災機能の重視は，戦前戦後を貫く連続的なものであった。「喧嘩と火事は江戸の華」といわれたほど江戸以降の東京は火事が多かった。とくに，東京市区改正を促した直接的なきっかけは当時の火事の頻発によるものであった。また，関東大震災後の震災復興計画ならびに防空緑地の整備，戦後において広域的な緑地の整備や防災公園の設置などの目的は，この都市における防災であった。

しかし，この防災的機能への思いは関東大震災以降充実されてきたのであろうか。阪神・淡路大震災の際，多くの都市公園が避難場所やその後の復旧のための拠点となったことは，周知のとおりである。「防災」機能を重視し，都市公園などの整備の一環として行われている防災公園施策においては，非

常時に対応できるようにさまざまな工夫がなされるようになった。

公園の機能を日常的なものと非日常的なものに大別して考えてみれば、多くの公園緑地においてこの二つの機能が混在しているといえる。すなわち、江戸期以来、火事やその防災対策としては、「火除地」や「広小路」が設けられていて公園とは異なった機能が働いていた。「火除地」とは、火災時の避難地として、また類焼を防ぐために設けられた空間であって、従来の道路に沿う町屋を立ち退かせて、「道幅を一定の区間だけ広げて設けた広場」である。その配置は、火災時に被害者が出そうな混雑した場所を選び、広さや向きなどは附近の人口や火災時の風向などを勘案して設置された（前島、1989：6頁）。

もちろん、この火除地や広小路が平時においては街区公園的な機能があったことは否定できないが、自然的な風景や飲食などが中心となった遊観地としての公園に比べればその機能は小さいものであった。この火除地や広小路は、広場のようなものであった。制度的な公園制度が成立する以前の江戸においては、その機能によって伝統的な行楽を担当するところとしての「遊観地」と都市における防災対策としての「火除地」、「広小路」が両立していた。

「防災公園」とは、地震に起因して発生する市街地火災などの二次的災害時において、国民の生命・財産を守り、大都市地域などにおいて都市の防災構造を強化するために整備される、広域防災拠点、避難地、避難路としての役割をもつ都市公園である。この防災公園には、広域防災拠点（広域公園）・広域避難地（都市基幹公園、広域公園）・一次避難地（近隣公園、地区公園）・緩衝緑地（緑道）の他に、石油コンビナートの緩衝緑地、身近な防災活動拠点の機能を有する都市公園（街区公園）などが含まれる（小林、2000：14頁）。

防災公園は、平成10（1998）年1月に建設省都市局公園緑地課が示した「防災公園整備プログラム」によると、「災害時において避難地、避難路、防災拠点等となる都市公園」とされ、近年その配置のあり方、果たすべき防災機能、防災施設や防災設備の設計基準などの研究が深められつつある。[12]

この公園における「防災機能」の重視は、周知のように阪神・淡路大震災の教訓において、①公園緑地等のオープンスペースが避難地や救援活動の拠点、②街路樹や生垣等の樹木が家屋の倒壊や火災の延焼を防ぐなど、「緑

とオープンスペース」がさまざまな防災的役割を果たしたことによって，再度確認された。なかでも都市の「緑とオープンスペース」を代表する都市公園は，防災機能を有する根幹となる都市施設であることが改めて確認され，このため地方自治体が定める地域防災計画においても，公園緑地の役割が明確に位置づけられるようになる。都市公園の整備計画においても，いわゆる防災公園としての役割を有する公園整備が注目されるようになってきている。

関東大震災の教訓を踏まえるという，この防災公園の主な機能は，①災害時の避難場所（1次・2次避難場所），②災害対策拠点（救援活動の場，復旧・復興の場），③災害の緩和・防止などである。しかし，関東大震災の経験から分析された防災的機能を果たす，具体的には焼失区域内にあって避難地とされた公園の面積は，おおむね4.7haであったことに注目しなければならない（建設省都市局公園緑地課編，1999：10頁）。すなわち，災害時において避難地ないし活動の拠点として機能を果たしうる最低限の公園緑地面積が4.7haとされる。この面積から単純に考えれば，東京都内において都市公園の6割を占めている街区公園など小規模の公園はその防災的機能を果たせないことになる。[13]

この都市防災上の拠点となる「防災公園」が，都市公園整備の重点事業として始められたのは，昭和53（1978）年であるが，現在，防災公園の整備に関わる事業制度には，①防災公園の整備，②防災緑地緊急整備事業，③防災公園・市街地一体整備事業，④その他防災機能を有する都市公園の整備に関連する事業として，グリーンオアシス緊急整備事業・緑化重点地区総合整備事業などがある。

前述したように，都市公園に関わる防災公園の整備は阪神・淡路大震災の被害状況を踏まえ，平成10（1998）年に建設省より「防災公園整備プログラム」の策定が示された。[14]「防災公園整備プログラム」とは，災害時において避難地，避難路，防災の拠点となる都市公園について，整備方針・整備計画などを明らかにし，計画の透明化と効率的・効果的な事業推進を図ることを目的としている。また，この「防災公園整備プログラム」は，整備すべき対象の規模に応じて「都道府県防災公園整備プログラム」と「市町村防災公園整備プログラム」に分類されている（㈶都市緑化技術開発機構・公園緑地防災

表 3-6 防災公園整備プログラムの対象となる防災公園の種類

機能区分	公園種別	機能の位置づけ	補助採択要件等			補助対象となる災害応急対策施設
			面積要件等	対象都市	対象地域等	
広域防災拠点となる防災公園	広域公園等	災害発生時の復旧・復興本部や救援・救助部隊，電気・水道・ガス等のライフラインの復旧部隊等，災害復旧活動の支援拠点，復旧のための資機材や生活物資の中継基地等となる都市公園	面積おおむね50ha以上	条件なし	条件なし	備蓄倉庫 耐震性貯水槽 放送施設 ヘリポート
広域避難地となる防災公園	都市基幹公園 広域公園等	地震災害時において主として一つの市町村の区域内に居住するものの広域的避難の用に供する都市公園	面積10ha以上 ［周辺の空地と一体となって10ha以上となるものを含む］	防災公園対象都市に限る	人口密度が40人/ha以上であること ［10ha以上の広域避難地として，都市公園以外の広域避難地を含めても，歩行距離2km以内の避難圏域内人口1人当たり2㎡が確保されていないこと］	備蓄倉庫 耐震性貯水槽 放送施設 ヘリポート
一次避難地となる防災公園	近隣公園 地区公園等	大震火災等の災害発生時において主として近隣の住民の一時的避難の用に供する都市公園	面積1ha以上	条件なし	人口集中地区内にあること ［災害発生時の緊急な1ha以上の一次避難地として，学校施設等他施設を含めても歩行距離500m以内の避難圏域内人口1人当たり2㎡が確保されていないこと］	備蓄倉庫 耐震性貯水槽
避難路となる緑道	緑道	広域避難地またはこれに準ずる安全な場所へ通ずる避難路となる緑道	幅員10m以上	条件なし	人口密度が40人/ha以上であること	備蓄倉庫 耐震性貯水槽 放送施設 ヘリポート
緩衝緑地	緩衝緑地	主として災害を防止することを目的とする緩衝地帯としての都市公園	石油コンビナート地帯等と背後の一般市街地を遮断するもの	条件なし	人口密度が40人/ha以上であること	備蓄倉庫 耐震性貯水槽 放送施設 ヘリポート

出典：日本公園緑地協会，1999：245頁

技術共同研究会編『防災公園技術ハンドブック』2000：270-271頁）。

3.3　緑地計画への融合——都市緑化対策の展開

3.3.1　急激な市街地拡大

　明治6（1873）年に遡る都市公園政策は100年以上の歴史をもつが，第2次大戦後の高度経済成長以前までの都市には，農地，雑木林，社寺境内，個人宅地緑地など都市公園の機能の一部を代替する空間が，都市内に残っていたこともあって，都市施設としての都市公園の整備はきわめて緩慢なテンポで進んできた。

　第2次大戦後，都市化の進展・深化にともない都市内に存続していた私的・公的空間の緑とオープンスペース機能は工業基盤化・宅地開発などに転化し，急激に失われた。こうした中で，昭和31（1956）年に「首都圏整備法」が制定され市街地の整備に対応する一方，無秩序な状況の拡大を防ぐために近郊緑地帯が設けられ，それらを結ぶいわゆる「グリーンベルト」の設定が大都市における人口・産業集中の抑制策として試みられた。しかし，この「グリーンベルト構想」は地元地域の反対により実現されず，昭和40（1965）年の「首都圏整備法」の改正により，「近郊地帯」は「近郊整備地帯」と改められた。

　昭和30年代以降の高度経済成長により，大都市圏の中心では人口・産業などの集中が起こる一方，市街地はスプロール現象により外延化されつつあった。とくに，首都圏では昭和30年代後半に人口急増帯が次第に郊外部へ移行するドーナッツ現象が進んだ。すなわち，市街地のスプロール化が進むことにつれ，外縁部では農業的土地利用と都市的土地利用の無秩序な混在状態が顕著化するなど大都市圏における都市構造の変質が生じていた。

　都市の緑化については，昭和29年（1954）に「広域緑地計画」（一つの都市を単位とした計画ではなく複数の都市または県区域，またそれ以上の圏域を対象とした計画）の策定を指示したが，成果はなかった。その原因は，当時には広域緑地計画に対する認識が稀薄だったことが挙げられる。

　しかし，昭和35（1960）年以降，都市の過密化・自然環境の消失およびレ

クリエーションに対する需要が次第に大きくなり，公園整備に対する公園造成費の国庫補助が順次拡大された。それにしたがい，自治体においても都市公園に関する従来の整備計画の見直しおよび新たに立案を行う都市が増加した。そして，昭和40年代に入り，公害からの自然環境の保護・保全，とくに「緑化」ないし「緑」に対する認識が急速に広がり，組織の新設，条例の策定等が目立つようになった。東京の市町村では，緑化および公園関連組織もこの時期盛んに行われていた。

3.3.2 「首都圏整備法」と緑地制度の整備

「首都建設法」に代わって昭和31（1956）年4月に制定された「首都圏整備法」の第1条において，この首都圏整備法の目的は，「首都圏整備に関する総合的な計画を策定し，その実施を推進することによって，わが国の政治，経済，文化等の中心にふさわしい首都圏の建設とその秩序ある発展を図ること」とされ，公園・緑地等の空地に関する事項は「基本計画」のうち，「1 既成市街地，近郊地帯および市街地開発区域の整備に関する事項」の中に取

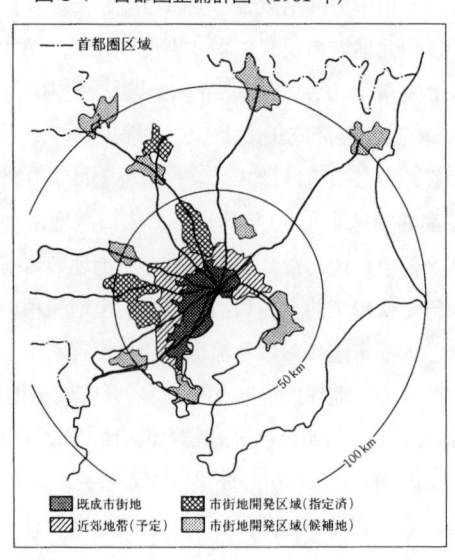

図3-1 首都圏整備計画（1961年）

出典：東京都，1961より

り上げられていた。[15]

　また，首都圏の範囲は東京駅を中心に半径約100kmの圏内と政令で定められ，昭和32（1957）年には「首都圏整備計画第1次10か年計画」が立てられた。その首都圏既成市街地公共空地整備10か年計画の中で，公園緑地に関しては緊急の整備を必要とする公園緑地として，児童公園130か所＝約33ha，近隣公園27か所＝約57ha，大公園34か所＝約318ha，他に遮断緑地3か所を設けることが決定された。

　「首都圏整備計画」における全体の公園・緑地計画については，東京都市計画地方審議会の中に「公園緑地特別委員会」が組織され，研究調査が進められた。「公園緑地特別委員会」では，都の財政状況を勘案し，事業化不可能な計画の廃止，その代用に河川・池沼・社寺境内・官公有地等の公共空地を積極的に確保するとともに，準公園的施設の保護を考慮にいれた議論が行われた。さらに，小公園は都市の中高層不燃化計画実施によって立体化後生じる空地を確保し整備するなどといった内容の調査結果を都市計画地方審議会に報告している（公園特別委員会，1957参照）。この報告に基づき，公園緑地に関する戦後最初の実効性をともなった都市計画公園緑地の大改定が行われ，昭和32（1957）年12月に建設省告示第1689号として公示された。同時に，明治36（1906）年の市区改正新設計以降の，都市計画公園緑地に関するすべての告示は廃止された（首都圏整備研究会編，1986参照）。

　他方，東京都における公園緑地の本格的な整備事業は，昭和44（1969）年度を起点としている。すなわち，同年の「東京都中期計画'69」において，公園緑地は中項目に含まれ，昭和60（1985）年を目標年次とし，1人当たり公園緑地面積3㎡/人を基準値に都全域において3780ha（都立公園1890haを含む）の整備が決定された。また短期計画として，昭和45年から47年にかけて整備目標約290ha，経費約174億円が策定された（東京都，1969：209-211頁）。

　昭和30年代後半から40年代にかけて都市公園の整備は，主に主要河川の公園化において進められた。この時期は，経済成長の歪みが生活環境の悪化に連動した時期でもあり，自然保護思想の普及に伴い自然的環境に対する保護および保全に関する関心が高まり，各種の制度が法制化された時期でもあ

第3章　量的拡大政策と公園機能の複合化　　165

る。昭和31（1956）年に管理法的性格をもった「都市公園法」が制定され，東京都においては「東京都公園条例」が同年に制定された。

他方，昭和40年代前半の公害防止関連法制の整備をはじめ，昭和42（1967）年から昭和45（1970）年にかけて，「公害対策基本法」・「大気汚染防止法」・「海洋汚染防止法」・「水質汚濁防止法」・「公害負担法」・「公害紛争処理法」などの規制関係の法制化のほか，昭和47（1972）年には，「自然環境保護法」・「都市緑地保全法」・「生産緑地法」・「国土利用計画法」などの自然の保全を図るための法制が整備された。

こうした中で，昭和40（1965）年を境に，動態的な公園需要，とりわけ運動機能に対する需要の拡散にしたがい，用地費など事業化に財政的負担の少ない河川敷地の都市公園化が盛んに行われた。これは，昭和40（1965）年に定められた「河川敷地占用許可準則」により，大都市周辺部の河川敷地の公園化が容易になったからであった。また，昭和47（1972）年の「都市公園等整備緊急措置法」の制定以降，都の財政における都市公園整備事業費が大幅に増額され，昭和50年代からは近郊緑地の買収による公園化が進められた。[16]

3.3.3 昭和40年代からの都市公園整備

生活環境・都市環境の悪化による都市生活のための社会資本整備の立ち遅れが次第に政策ニーズとして緊急の課題となった。このような背景から，都市生活の形成にとって根幹的施設である都市公園整備の重要性に対する認識も急速に高まり，昭和40年代から都市公園整備が政策的に進められるようになった。

昭和47（1972）年を初年度とする「第1次都市公園等整備5か年計画」によって，都市公園の急速な整備が進められた。たとえば，昭和50（1975）年度には都市公園の数2万1241か所，面積は3万1948haとなり，1人当たりの都市公園面積は約3.4 m²となった。これは，終戦直後の昭和25（1950）年の2569か所，面積1万3630haおよび昭和46（5か年計画の前年，1971）年度の1万2220か所，面積2万3633haに比べ，大幅な量的整備であった（日本公園緑地協会編，1999：126頁）。

引き続き，昭和51（1976）年からの「第2次都市公園等整備5か年計画」

期間中に約1万600ha,昭和56 (1981) 年からの「第3次都市公園整備等5か年計画」期間中に約1万2400ha, さらに昭和61 (1986) 年からの「第4次都市公園整備等5か年計画」中には約9200haの都市公園がそれぞれ整備されることとなった。その結果,昭和60 (1985) 年度末の都市公園等の整備現況は4万8125か所,面積5万4870haであり,1人当たりの面積は4.9㎡となっている。

　しかし,このような整備政策にもかかわらず,都市基幹施設としての都市公園の整備は,他の道路・住宅・下水道などの都市装置に比較し,国の公共事業費および建設省関係予算における割合は依然として低い状況であった (建設省監修,1984：311-312頁)。このような予算配分における比率の低さは,都市公園などを非生産的な部門として見放す戦前の贅沢論の継承であったといえよう。すなわち,「公共事業」における産業基盤整備への優先的投資が重視され市民生活の基盤整備としての都市公園整備は,周知のごとく昭和40年代を待たなければならなかった (総合研究開発機構地域政策研究グループ,1984：476-495頁)。

　その上,戦前型公園政策における徹底的に中央集権的な整備政策を継承し維持してきた,画一的・全国的な公園政策の枠組みが,計画中心の制度的枠組みを提示することに留まり,管理法の性格が強い「都市公園法」の制定 (1956年) にもかかわらず,公園整備に関する政策は「現状維持」を脱皮できなかったからである (田代,1985参照)。

3.3.4　レクリエーション需要と広域公園の整備

　自然保護と緑地保全の要望が全国的な広がりを見せたのは昭和40年代以降であり,広域区域内の緑地の保全計画の必要性が認識されてきたのもこの時期である。この時期の緑地の保全や広域的な開発計画を促した社会的変化は,自然保護思想の台頭,レクリエーション需要の増大,小規模公園整備から地域的広域公園への転換の必要性,などに要約できる (佐藤,1977b：152頁)。

　また,緑地計画における現状維持中心の凍結型政策の転換は,規模の拡大を通じた面的整備の方向へと進んでいた。とくに,所得や余暇時間の増加,交通機関の整備・発達などによって,日常的利用を前提とする小規模の都市

公園整備の他,連休や休暇・余暇時間の利用に対応した広域的公園の整備に変化しつつあった。しかも,財政的状況の改善や国庫補助などの裏づけは用地の取得・造成・管理などにおいて好条件として作用した。

営造物公園の整備にかかわるこれらの条件の中で,「全国総合開発計画」との接点があったのは偶然ではなかった。すなわち,高度経済成長の進行によって生じた余暇・レクリエーションに関する社会的変化と,それに連動した緑地とレクリエーション計画との結合は当然の結果であった。これまで,主に防災や衛生,防空,都市骨格の形成などに置かれていた都市公園の機能に経済生活のゆとりに促された観光やレクリエーションへの要求が加わり,社会的需要として浮上してきた。[17]

昭和35 (1960) 年以降のレクリエーション需要に関する増加は,昭和40 (1965) 年の首都圏整備委員会の調査報告「既成市街地の周辺における緑地計画作成のための調査報告」の結果において明確に示された。すなわち,既成の市街地以外の約60万haにおける民営レクリエーション地において,民間が経営する緑地などに比べ,公営の緑地などの施設が少なく,利用者においても民間の25%にすぎないことがわかった。1ha当たり平均利用者数で見ても,民営においては1万6000人であったのに,公営においては3800人であった。

この「レクリエーション」需要の増加は,昭和43 (1968) 年の「国民生活審議会」においても諮問・検討され,その結果が「余暇生活の現状と将来の方向」としてまとめられた。その予測の中には,生産優先の考え方が根強く,レジャー施設の不足,地域的な偏り,高い料金などの問題点が指摘されていた。

これらの余暇・レクリエーション需要の拡大への対策は,その後の建設省,運輸省など中央省庁の動きから見られるところである。すなわち,経済企画庁においては,大規模プロジェクトの中に「観光レクリエーション計画」が,建設省においては「レクリエーション都市」の構想が,それぞれ打ち出された(佐藤,1977b：284頁)。ここで,「レクリエーション都市」とは,「屋外レクリエーション活動のための大規模な都市計画公園を核として,その利用に伴う休養施設,宿泊施設および各種のサービス施設を配置するものが,民間の開発エネルギーを活用しつつ,その都市の整備を公共,民間方式によって,

都市計画として一元的に整備しようとするもの」として定義された。

この「レクリエーション都市構想」は，その後，建設省に設けられた「レクリエーション都市整備委員会」において検討・研究され，昭和 45（1970）年に「レクリエーション都市整備要綱」として決定された。この計画は，昭和 60（1985）年を目処に人口 500 万人に 1 か所程度のレクリエーション都市を配置するもので，1 か所当たりの面積は約 100ha，1 日最大収容人員は約 10 万人を見込んでいた。この整備要綱における公園のレクリエーション機能は，「レクリエーション活動の大衆化，多様化，大型化に対処して選択性に富んだ各種のレクリエーション施設を大量に整備し，国民の健康，勤労意欲，教養の向上に役立つような健全な屋外のレクリエーションの場とするもの」（経済企画庁，1969：28 頁）のように説明され，全国総合開発計画の開発計画とその背景を同様にしていた。

3.3.5 都市公園法の改正

昭和 31（1956）年に制定された「都市公園法」は，その後，社会変化とともに改正されていくが，その中でもっとも大きな改定が行われたのは，昭和 51（1976）年と平成 5（1993）年のそれであった。

昭和 51（1976）年の改正の主な目的は，昭和 31（1956）年制定の「都市公園法」がその整備主体として想定していた地方公共団体の他に，大規模な公園などの整備主体として中央政府を加えることにあった。その理由としては，①国家的記念事業としての公園整備の要請，②大規模レクリエーション需要への対応が取り上げられた。

ところが，国の整備にかかわる大規模な公園の整備は，都市公園法の改正以前に「建設省設置法」に基づき進められていた。すなわち，昭和 47（1972）年から，国営武蔵丘陵森林公園，国営飛鳥歴史公園，淀川河川公園，海の中道海浜公園，国営沖縄海洋博覧会記念公園などの整備がそれであった。[18]

都市公園を国土の基幹的施設として適切に整備および維持管理を行うためには，都市公園法をより総合的な制度とする必要があり，都市公園法の体系に取り込んで設置管理の基準・費用の負担などについて法律で明確に規定する必要があるとの理由から「国の設置する公園」を設けるようになった。

その結果，この昭和51（1976）年の改正では，「国営公園」制度・「兼用工作物」の規定が新たに設けられた。主な改正の内容は次の2点であった。まず，都市公園の体系に国営公園を加え，これを次の2種類に区分し，設置管理のための規定を整備したことである。すなわち，国営公園は，①イ号；一つの都府県の区域を越えるような広域の見地から設置する都市計画施設である公園または緑地（ロ号に該当するものは除く）と，②ロ号；国家的記念事業として，またはわが国固有の優れた文化的資産の保存および活用を図るために閣議の決定を経て設置する都市計画施設である公園または緑地，に分けられた。つぎは，「兼用工作物制度」を設け，都市公園と河川・道路・下水道その他の施設とが相互に効用を兼ねる場合，両施設の管理者の協議により別に管理の方法を定めることができることとした（建設省監修，1978：357頁）。

他方，平成5（1993）年に行われた「都市公園法」の改正では，主に整備水準における標準の改正，いわゆる建ぺい率の緩和・補助対象施設の改正が行われた。[19]また，従来「児童公園」と称されていたものを「街区公園」と名称変更し，児童の利用のみならず高齢者をはじめとする街区内の居住者の利用を視野に入れ，コミュニティ形成の役割も期待されることになった。すなわち，児童公園でのブランコ，滑り台，砂場などの公園施設の設置義務を廃止するとともに，児童公園を，街区内に居住する者の利用に供することを目的とする都市公園，または街区公園に改めたのである。

これは都市構造の変化，高齢化の進展，余暇ニーズの多様化，ライフ・スタイルの変化など社会の変化に的確に対応し，国民が豊かさを実感できるゆとりと潤いのある都市形成のため，また安全な都市形成のための都市公園法およびその施行令の改正であった。

3.3.6 緑地計画論の展開

戦後の公園政策が公園地の破壊・消滅からの建て直しを最重要課題として進められたのとは反対に，戦後の緑地計画に関する法制度の展開は，戦前からの連続線上において行われていた。それは東京緑地計画において採用された「グリーンベルト計画」の流れであり，戦後の特別都市計画法においても「緑地地域」の制度として設けられた。この「緑地地域制度」は，地域制緑

地として昭和41（1966）年の「歴史的風土保存のための特別措置法」，昭和43（1968）年の「首都圏近郊緑地保全法」のもとで，地域計画として位置づけられ，保存地区の指定と保存計画の策定という現状凍結的な土地利用規制と損失補償をともなった地域地区制度であった。

　前述したように，昭和43（1968）年の「新都市計画法」の制定に際しては従来の緑地制度と比べ，いくつかの点においてその有効性が評価された。その内容は，「①区域区分制度の導入により，旧緑地地域制度に相当する部分が調整区域として位置づけられたこと，②地域地区としての風致地区制度の強化によって行為の規制を知事認可制にしたこと，③都市施設としての公園・緑地などが公共空地という施設に統一され公園・緑地・広場・墓園・その他の公共空地という定義がなされたこと，④開発許可制が導入され一定規模以上の開発に対して公園緑地の整備基準が決められたこと，⑤土地区画整理事業についての公共施設（主として児童公園）の配置および宅地の整備に関する事項が都市計画で定められたこと」などであった（田代，1985a：28頁）。

　この緑地計画論は，緑地制度の変化に連動した形で改変されていくが，この時期の緑地計画論の特徴は地域緑地制度のような「保全手法論」と，都市公園の整備において見られる「施設整備計画論」に大別できる。この二つの計画論は一見相反するように見えるが，「用地を買収できれば公園で，買収できなければ緑地」という空間的保存と整備を同時並列に調和させるところに戦後緑地計画の特徴があった（田代，1985a：30頁）。

　その後の昭和40年代を境に昭和50年代の都市緑化ないし緑の各種計画は，このような緑地計画論における「現実的合理化」，すなわち，地域地区制による保全施策と営造物である都市公園の整備施策による整備施策への一体化の結果であったと考えられる。つまり，行政施策としての都市公園整備と，民有の緑とオープンスペースの整備・保全がここにおいて「都市緑化」として融合・統合されることとなった。

　しかし，このような現状維持および消極的な整備に重点が置かれた公園緑地の整備施策は，社会的な状況変化とその技術的整備手法の進展により，計画論自体が「凍結保全」から指標化された目標の設定にともなう量的・質的

図 3-4　東京における緑地地域変遷図

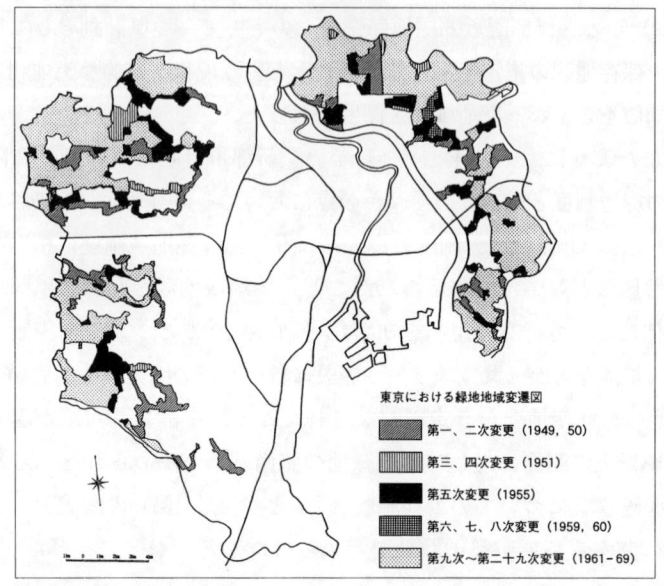

東京における緑地地域変遷図
- 第一、二次変更（1949, 50）
- 第三、四次変更（1951）
- 第五次変更（1955）
- 第六、七、八次変更（1959, 60）
- 第九次〜第二十九次変更（1961-69）

出典：石川, 2001：265 頁

整備が地域の満足度にシフトしていく結果を促し, 計画論の主な対象は定量的な分析手法による「計画指標化」, すなわち緑の量的水準が行政の施策目標水準として採用される傾向を生むことになる。[20] このような量的目標の設定は, 昭和 40 年代後半を中心に都市計画中央審議会の公園緑地関係の答申において顕著となる。

3.3.7 「緑のマスタープラン」の策定過程とその内容

すでに述べたように, 生活環境の悪化やライフ・スタイルの変化などの社会的意識変化を背景に, 公園緑地に関する建設省の政策的対応が本格化するのは, 昭和 46 (1971) 年 10 月の都市計画中央審議会の答申を通じてであった。建設大臣の諮問によって公園緑地の計画的整備を推進するための方策について審議を行い, そのため審議会内に「公園緑地部会」が設けられた。

従来行われていた公園緑地計画は, 公共の公園ないし緑地がその主な検討対象であった。しかし, すでにこの時期の各答申において示された緑地の対

象には，計画区域内の民有レクリエーション用地，学校校庭，社寺境内，官公署の敷地，大規模の研究所，大学構内の庭園，民家内の庭園および民有樹林や農耕地，樹園地などの，国有地・公有地以外の民有地が多く含まれていた。このことは，既存の公共の公園ないし緑地だけを対象として進めてきた緑化対策の限界が明らかになったことを意味するものであった。すなわち，都市の緑化を政策的に進めるためには公的空間の緑化だけではなく，民有地の保全と利用を含めた総合的な計画の樹立が必要となったのである。この緑化における対象の拡大がオープンスペース計画である「緑のマスタープラン」，「緑の基本計画」へと変化していく。

また，これより先の昭和41（1966）年，建設省都市局公園緑地課において，普通公園，近隣公園，運動公園，風致公園，児童公園の利用実態に関し，大都市，大都市周辺都市，地方中心都市，地方都市に対する戦後初めての公園調査が全国10都市を対象に行われていた[21]。この公園利用調査は，その後，昭和46（1971）年10月にも行われ，その時の対象都市数は全国の20都道府県90都市，269か所に及んだ（大貫，1972：10-16頁）。

ついで，昭和50年代に入ると，建設省は，「都市緑化対策推進要綱」（昭和51年6月決定，昭和58年3月改正）を通達している。その通達は「都市緑化」の目的を，「都市化による緑の減少は，都市における生活環境を著しく悪化させ，国民の生命および健康にも影響を及ぼす状態となった。……このような，状況に対処し，緑豊かな都市環境の整備を図るため」とした上で，その計画的整備・推進のために緊急に「緑のマスタープラン」の策定を提唱している。すなわち，「都市における良好な生活環境を形成するために必要な緑とオープンスペースを確保するために，その目標量を設定し，これに基づき自治体は，自然的および社会的条件，土地利用の動向等を勘案しつつ，緑とオープンスペースの配置計画およびこれを実現するための具体的手法を内容とする「緑のマスタープラン」を策定し，もって都市緑化対策の骨格とする」とし，具体的な対策として，①緑化モデル都市の指定（国の指定，支援），②緑化技術の開発などを取り上げた（日本公園緑地協会『緑のマスタープラン策定の手引き』，1977参照）。

その計画的な推進に際して整備の目標を，「緑化の拠点となる都市公園の

整備を推進するとともに，その都市公園の整備にあたっては，公園の種別ごとに原則として，それぞれ次の緑化面積率の確保を図る」とし，次のような内容を定めるよう指示している。すなわち，「①住区基幹公園および都市基幹公園は50％以上，②児童公園および運動公園は30％，③緩衝緑地および緑道は70％，④都市緑地は80％，⑤墓苑は60％」の緑化基準がそれであった。また，都市緑地の保全のためには従来通りの公園緑地の配置だけではなく，広くオープンスペースの見地に立った計画の推進が必要であることを強調し，整備計画の策定の際には，「緑化推進モデル地区」の選定およびその緑化の推進，また「民有地の緑化の推進」および「緑の保全――緑地保全地区」の選定なども含めた計画化を通達した。

なお，建設省による「都市緑化のための植樹等5か年計画」が，昭和57(1982)年から開始され「都市緑化のための関係機関の協調と市民参加」などには，推進ブロック会議の設置，都市緑化月間（10月1日～31日）開催，公報活動（緑化憲章の制定，記念植樹など），緑の相談所（都市緑化植物園の整備推進）なども盛り込まれることとなった。また，翌年の「緑化推進運動の実施方針（昭和58年4月，緑化推進連絡会議）」では，「緑化推進は，国土および環境の保全，生活環境の改善等の観点から極めて重要であり，国においては，国土の緑化に関し総合的かつ効率的な諸施策を推進するため，緑化推進連絡会議を設置，その一層推進を図るために自治体（市町村）を中心とした施策の展開」とされた。この緑化推進運動は，①市町村が主体となり，議会・住民・緑化関係団体など，②都道府県・民間団体など，が担うものとされた。この実施方針では，「緑化のための具体的な行動計画の策定および計画の施行，緑化の基本的構想，緑化の計画・目標，具体的な行動計画，国・都道府県の緑化計画との調整」などが取り上げられていた。

これらの緑化計画に関する建設省の対応は，昭和58（1983）年の「当面の都市緑化の推進方策」（建設省都緑対発第6号，建設事務次官通達），昭和59（1984）年の「緑化の推進について：21世紀緑の文化形成をめざして」，昭和60（1985）年の「都市緑化推進計画の策定について」（建設省都緑対発第11号，建設事務次官通達）の順に展開していくことになる。言い換えれば，中央政府を頂点においた総合的な緑化計画の樹立であり，緑化に関する計画行政の

強化であった。

3.3.8 「緑の基本計画」の登場とその特徴

「緑のマスタープラン」が，昭和52 (1977) 年の「緑のマスタープラン策定の推進について」，昭和60 (1985) 年の「都市緑化推進計画の策定について」などの建設省の通達によりその策定が進められてきたのに対し，平成6 (1994) 年の「都市緑地保全法」の改正によって策定される「緑の基本計画」は，法律に根拠をおき市町村が固有事務として策定するものである (建設省都市局, 1997：24頁)。また，「緑の基本計画」とは，「市町村 (特別区を含む) の緑地保全および緑化の推進に関する基本計画」のことであり，市町村が，その区域における緑地の適正な保全および緑化の推進に関する施策を総合的かつ計画的に実施するため，その目標と実現のための施策などを内容として策定する「緑とオープンスペース」の総合的計画である。

しかし，従来市町村においては各種計画の枠組みが設けられており，それ

表3-6 「緑のマスタープラン」と「緑の基本計画」の比較

区分	緑のマスタープラン	緑の基本計画
根拠法令	建設省都市局長通達（昭52年）	都市緑地保全法第2条の2（平6年改正）
策定主体	都道府県知事（政令市を含む）	市町村・区（特別区）
事務形態	機関委任事務（都市計画の運営）	固有事務
計画単位	都市計画区域ごと	市町村ごと
計画対象とする緑地	主に都市公園，地域制緑地（その外一定規模のある社会通念上永続性が担保された緑地）	すべての都市の緑地（都市公園，地域制緑地，道路・河川等の公共施設緑地，港湾緑地，市民緑地，緑地協定，民有地緑地など，その他緑地活動，普及啓発の取り組み）
計画の内容	目標水準，配置計画，実現のための施策の方針	目標水準，配置計画，緑地保全，緑化推進の施策，緑化重点地区
策定手続き	市町村は原案策定・提出　県は建設省と協議	市町村策定後県に通知
計画の公表	通達では周知に務める	法律で公表が義務づけられる
国庫補助	なし	あり

出典：石川，1997より追加作成

らの計画的整合性を図らねばならないことから「緑の基本計画」と既存制度との関係について,「緑のマスタープラン」(市町村の都市計画に関する基本的方針)に適合することが必要であり,このため,「市街化区域および市街化調整区域の整備,開発または保全の方針」とも整合が図られることになった。

すなわち,この「緑の基本計画」は,市町村の建設に関する基本構想に即するとともに,「近郊緑地保全計画」,近畿圏の「保全区域整備計画」,古都法の「歴史的風土保存計画」などとも適合することが必要であり,「緑のマスタープラン」,「都市緑化推進計画」との関係ついては,「緑の基本計画」が策定された場合,従来の「緑のマスタープラン」で定めてきた事項のうち,市町村の区域に係わるものは「緑の基本計画」に,市町村の区域を越える広域的なものは「都道府県広域緑地計画」へと発展的に移行していくものであるとの調整方針が示され,既存の諸緑地関連計画との統合化をうながしていた(日本公園緑地協会『緑の基本計画ハンドブック』1995 参照)。

このように,地域において新たに策定される「緑の基本計画」は,既存の諸制度的フレームに比べ,その特徴を以下のように説明することができる。すなわち,「①法律に根拠をおく計画制度であること,②市町村の緑とオープンスペースのすべてに関する総合的な計画であること——従来の緑のマスタープランが主に公園緑地部局の所管事業,制度を対象としたのに対して「緑の基本計画」は緑地の創出・保全のための施策全般をその対象にしていること,③基礎自治体である市町村が固有事務として策定する計画であること,④計画内容の公表が法律上義務づけられていること,⑤都市緑地保全法担当部局が,都市の緑に関する総合的な調整役となり,策定するマスタープランであること」などが取り上げられ,整備主体が市町村に移動したことがわかる。[25]

また,その内容においては,「必修事項」と「選択事項」を設け,自治体の状況が反映されるように基本計画の構成例として,緑地の保存および緑化の目標の設定,緑地の配置の方針,緑地の保存および緑化の推進のための施策,緑地保存地区内の緑地の保存に関する事項,緑化の推進を重点的に図るべき地区および該当地区における緑化の推進に関わる事項(都市公園等の施設として整備すべき施設とは,都市公園と公共施設緑地である)などが例示され

表3-8 緑の基本計画の対象となる緑地

```
                 ┌ 都市公園 ……………………… 都市公園法で規定するもの
                 │           ┌ 公共施設 … 国民公園，都市公園を除く公共空地，
       ┌ 施設緑地 ┤           │ 緑地       自転車歩行者専用道路，歩行者専用通
       │         │           │            路，道路環境施設帯，地方自治法設置
       │         └ 都市公園以外┤            または市町村条例設置の公園，公共団
       │                     │            体が設置している市民農園，公開して
       │                     │            いる教育施設（国公立），河川緑地，
       │                     │            港湾緑地，農業公園，児童遊園，市
       │                     │            町村が設置している運動場やグラウン
       │                     │            ド，こどもの国，青少年公園 等
       │                     │
       │                     └ 民間施設 … 公開空地，市民農園（上記以外），一
       │                       緑地       時開放広場,公開している教育施設(私
緑地 ─┤                                  立)，市町村と協定等を結び開放して
       │                                  いる企業グラウンド，寺社境内地，屋
       │                                  上緑化の空間，民間の動植物園 等
       │
       │         ┌ 法によるもの ……… 緑地保全地区（都市緑地保全法）
       │         │                   風致地区（都市計画法）
       │         │                   近郊緑地特別保全地区(首都圏近郊緑地保全法他)
       │         │                   歴史的風土特別保存地区（古都保存法）
       │         │                   生産緑地地区（生産緑地法）
       │         │                   自然公園（自然公園法）
       │         │                   自然環境保全地域（自然環境保全法）
       │         │                   農業振興地域・農用地区域（農業振興地域整備法）
       └ 地域制  ┤                   河川区域（河川法）
         緑地等  │                   保安林区域（森林法）
                 │                   地域森林計画対象民有林（森林法）
                 │                   市民緑地（都市緑地保全法）
                 │                   保存樹・保存樹林（樹木保存法）
                 │                   名勝・天然記念物・史跡等緑地として扱える文化
                 │                   財（文化財保護法）等
                 ├ 協定によるもの …… 緑地協定（都市緑地保全法）
                 └ 条例等によるもの … 条例・要綱・契約・協定等による緑の保全地区や
                                     緑の協定地区，樹林地の保存契約，協定による工
                                     場植栽地，県や市町村指定の文化財で緑地として
                                     扱えるもの 等
```

1) 公共施設緑地とは，都市公園以外の公有地，または公的な管理がされており，公園緑地に準じる機能を持つ施設．
2) 民間施設緑地とは，民有地で公園緑地に準ずる機能を持つ施設．
   具体的には以下をふまえ，具体的に位置づける場合は実状に合わせて適宜判断する．
   ＊公開しているもの
   ＊500 ㎡以上の一団となった土地で，建ぺい率がおおむね20％以下であるもの．
   ＊永続性の高いもの．
3) 緑地として面積算定する場合には植栽地面積等を対象とする．
4) 条例等の適用を受け，永続性の高いものを対象とする．なお，緑地として面積算定する場合には植栽地・面積等を対象にする．

出典：日本公園緑地協会，1999：60頁

表 3-5 緑の基本計画策定のフロー

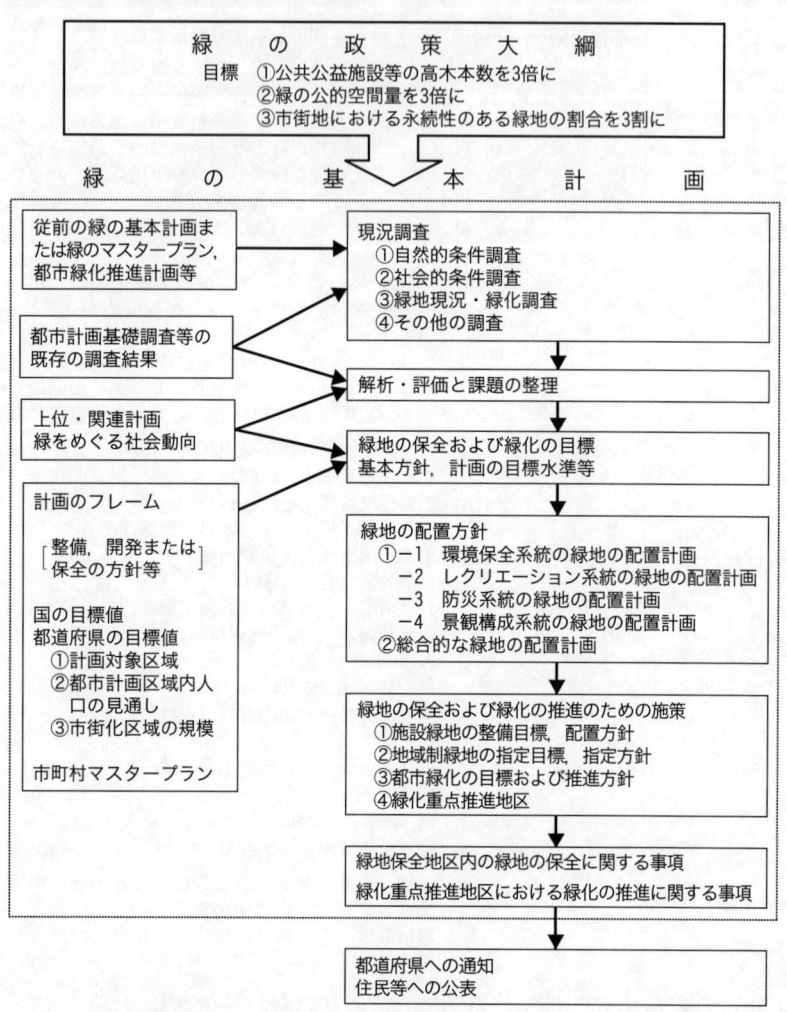

```
┌─────────────────────────────────────────────┐
│            緑 の 政 策 大 綱                  │
│   目標 ①公共公益施設等の高木本数を3倍に      │
│        ②緑の公的空間量を3倍に                │
│        ③市街地における永続性のある緑地の割合を3割に │
└─────────────────────────────────────────────┘
                      ↓
         緑  の  基  本  計  画
```

┌───┐
│ ┌──────────────────┐   ┌──────────────────┐   │
│ │従前の緑の基本計画ま│─────→│現況調査   │   │
│ │たは緑のマスタープラン、│   │①自然的条件調査   │   │
│ │都市緑化推進計画等 │   │②社会的条件調査   │   │
│ └──────────────────┘   │③緑地現況・緑化調査 │   │
│   │④その他の調査   │   │
│ ┌──────────────────┐   └──────────────────┘   │
│ │都市計画基礎調査等の│   │
│ │既存の調査結果   │─────→┌──────────────────┐   │
│ └──────────────────┘   │解析・評価と課題の整理│   │
│   └──────────────────┘   │
│ ┌──────────────────┐   ↓   │
│ │上位・関連計画   │   ┌──────────────────┐   │
│ │緑をめぐる社会動向 │─────→│緑地の保全および緑化の目標│   │
│ └──────────────────┘   │基本方針、計画の目標水準等│   │
│   └──────────────────┘   │
│ ┌──────────────────┐   ↓   │
│ │計画のフレーム   │   ┌──────────────────────────┐   │
│ │［整備、開発または │   │緑地の配置方針   │   │
│ │ 保全の方針等］   │   │①-1 環境保全系統の緑地の配置計画│   │
│ │   │   │ -2 レクリエーション系統の緑地の配置計画│
│ │国の目標値   │─────→│ -3 防災系統の緑地の配置計画│   │
│ │都道府県の目標値   │   │ -4 景観構成系統の緑地の配置計画│   │
│ │ ①計画対象区域   │   │②総合的な緑地の配置計画   │   │
│ │ ②都市計画区域内人│   └──────────────────────────┘   │
│ │ 口の見通し   │   ↓   │
│ │ ③市街化区域の規模│   ┌──────────────────────────┐   │
│ │   │   │緑地の保全および緑化の推進のための施策│
│ │市町村マスタープラン│   │①施設緑地の整備目標、配置方針│   │
│ └──────────────────┘   │②地域制緑地の指定目標、指定方針│   │
│   │③都市緑化の目標および推進方針│   │
│   │④緑化重点推進地区   │   │
│   └──────────────────────────┘   │
│   ↓   │
│   ┌──────────────────────────┐   │
│   │緑地保全地区内の緑地の保全に関する事項│
│   │緑化重点推進地区における緑化の推進に関する事項│
│   └──────────────────────────┘   │
└───┘
                              ↓
                  ┌──────────────────┐
                  │都道府県への通知   │
                  │住民等への公表   │
                  └──────────────────┘

出典：日本公園緑地協会，1999：59頁

ていた。

なお，緑の基本計画の中の施策の体系について，「基本理念，緑の将来像，基本方針等をうけ，現行の都市の緑地の保存および緑化関連施策等を考慮しつつ，各市町村の特性に応じた緑の保存，創出，緑化活動の活性化，緑化推進体制整備等に関わる総合的な施策体系を示す」とされ，緑地計画としての位置づけを明確にしたことも併せて取り上げていた。

3.4　公園財政の変遷

3.4.1　初期公園の財政構造

明治6（1873）年の太政官布達公園指定から現在にいたる間，東京都の公園緑地の運営維持に関わる予算の歳入形態は，明治初期から終戦直前の昭和20（1945）年までの「独立採算型歳入構造」と国庫補助などによる「一般財源型歳入構造」に分類される（東京都，1985：306頁）。

都市公園の財政は，明治22（1899）年における「特別市制」施行後から昭和20（1945）年の終戦直前まで「独立採算制」を採用し，税負担・起債に依存しない独自の収入源によって維持運営された。すなわち，特定財源として使用料，手数料，諸収入などをもって運営し，独立採算に基づいた積立金制度も設けていた。[26]

公園の独立採算的運営の方針は，明治6（1873）年の公園制度の創設から公園経営の方針として，営繕会議所や東京府が打ち出した臨時策であったが，その後，公園の財政基盤として定着した。

明治初期から大正末期までの公園経営の財源は，公園地の貸し付けから得られる公園地使用料（浅草公園仲見世使用料を含む）に頼っており，とくに浅草公園地の使用料がその8割を占めていた。明治22（1899）年の公園の全収入は2万1360円であり，そのうち浅草公園地の使用料が1万6755円で，芝公園地の使用料が3716円であった。

当時の東京府は，公園経営において浅草公園地使用料が占める比重を高く評価しており，東京府下の全公園の経営をこの浅草公園地使用料で賄ってい

第3章　量的拡大政策と公園機能の複合化　　179

表3-7 東京府（市）における公園予算の推移（単位：円）

年度	収入	支出	備考
明治10年	14,724	1,889	東京府
22年	28,334	8,166	
25年	45,839	15,194	
30年	62,658	22,164	
35年	89,584	167,242	
40年	94,334	68,791	東京市
大正元年	128,565	107,154	
6年	294,299	82,616	
11年	387,335	496,425	
昭和2年	344,382	598,916	

出典：佐藤，1977a：648頁

た（東京都，1985：306頁[27]）。すなわち，明治22（1889）年から明治31（1898）年までの間，浅草公園の収入累計は24万8459円となり，同期間中の浅草公園の所要経費は総計で6万1214円（経常費4万3097円，臨時費1万8135円）であったことから，浅草公園の収入から生じた残額が他の公園の運営経費として使われたことが推測できる。

3.4.2 独立採算制の崩壊と一般財源化

昭和初期までには，従来の土地使用料および仲見世などの工作物貸付料以外に，公園事業収入源として公園内遊戯施設（有料施設）が多く増設され，その使用料収入も累増した。

東京の公園が，明治期以来一般財源に頼らず独立財政を堅持し得た理由の一つは，この公園内有料遊戯施設の設置とその収入にあった。公園において利用しうる施設には，利用度の高い施設，すなわち，ボート場，水泳場，テニスコート，野球場，音楽堂などが選定された。これらの施設は，井の頭公園のボート場のように現在も公園収入の一部として運営されている。

他方，公園の積立金はこの独立経営の中から毎年5000円以上の準備金を積み立てし，明治末年の積立金総額は200万円に達していた。この積立金制度は明治22（1889）年の特別市制施行の年に，市参事会議決により，市費支弁事業中の水道事業と公園・墓地事業に使用するよう定められ施行された。

ところが，公園の財政を支えてきた積立金制度は，公園の新設改良が増すとともに事業費への処分繰り入れが年々増加するにしたがい，臨時支出として出費されていた。そのため，収支の状況は悪化し，積立金の減少は続いた。とくに，戦時中に公園が軍施設や食料増産の場となり，有料施設は不用不急のものとされたため，その収入は大幅に減少した。戦後，，公園施設の復旧経費や維持経費の激増などにより，独立採算制は成立しえない状況となった。

　その後，昭和 20（1945）年度限りで公園の独立採算制は廃止され，それ以後は一般財源により運営されることとなった。独立採算制による公園経営が崩壊後の公園は，一般財源と特別財源（公園の使用料・手数料，他雑収入）によって維持運営されている。この一般財源と特別財源の構成比は，時代の状況によって差はあるが，一般財源のほうが全体公園予算の 4 分の 3 を占めているのは，戦後における公園財政の特徴である。公園の維持運営における独立採算制が廃止された終戦から現在にいたる時期は税収による一般財源の時代に属する。

　戦後における一般財源による公園運営は，昭和 23（1948）年からの戦災復興公共空地施設事業，都市計画公園事業，失業者対策事業の実施にしたがい拡大していく。とくに，都市計画公園事業に対する国庫補助は，「都市公園等整備 5 か年計画」の実施によって大きく拡大していく。昭和 58（1983）年度には，東京都における都市公園整備事業の一般財源 161 億円のうち 45 億円あまり（全体の 28％）が国庫補助対象事業となっており，この事業については施設整備費の 2 分の 1，用地取得費の 3 分の 1 が国庫補助を受けていた（東京都，1965：169-171 頁）。

　また，昭和 37（1963）年に公園霊園事業の交付公債による「用地買収」の制度が導入された。この制度は，昭和 40 年代の半ばに公債発行を財源とする用地特別会計として用地取得のために導入された。その金額が，昭和 49（1974）年から昭和 58（1983）年の間，現金債・交付公債など合わせ 650 億円を超えていた（東京都，1985：317 頁）。

　他方，戦前における東京市（都）の公園・霊園に対する国庫補助は，大正 10（1921）年に多摩墓地用地買収のため施設費として内務省から 100 万円が補助されたのを皮切りとし，帝都復興事業の際には国施行の 3 大公園には 3

分の2が，市施行の52か所小公園については3分の1が，補助で賄われていた（東京都，1985：306頁）。

昭和初期においては，東京緑地計画の施行において紀元2600年記念事業（東京府・市施行）に対し，緑地買収費の2分の1が国庫補助となっていた。また，戦後においては，公共空地整備事業としての空襲などによる被災者の死体処理費（3年継続）として2分の1が国庫補助された。

3.4.3 東京都の公園事業と予算の近況

東京都の公園霊園関係予算は，大きく「一次経費（義務的維持管理経常費）」と「二次経費（投資的整備事業費）」に区別される。前者の歳出は，大きく5項目に分けられる。種類から見ると，主に人件費に当てられている「管理費」，公園霊園などの植物や施設などの維持管理に投入される「公園管理費」，「動物園管理費」，「自然公園管理費」，「霊園葬儀所管理費」によって構成される（東京都，1985：308-313頁）。

表3-10　東京都の公園霊園費（一次経費）の推移（単位：百万円）

年度	管理費	公園費	動物園費	自然公園費	霊園葬儀所費	総計
昭和49	4,035	1,059	433	69	122	5,718
50	4,708	1,168	543	86	211	6,716
51	5,481	1,377	590	91	224	7,763
52	5,562	1,440	602	100	234	7,938
53	5,801	1,606	639	106	251	8,403
54	6,061	1,949	782	110	267	9,169
55	6,413	1,910	780	121	301	9,525
56	6,770	2,135	965	117	323	10,310
57	6,703	2,355	1,005	247	345	10,655
58	6,744	2,552	1,063	169	397	10,925
59	6,938	2,829	1,171	197	539	11,674
60	6,684	3,333	1,318	214	939	12,488
61	5,588	4,522	1,564	307	1,227	13,208
62	5,467	5,100	1,763	332	1,266	13,928
63	5,234	5,977	1,921	358	1,245	14,735
平成元	5,186	7,136	2,952	419	1,346	17,039
2	5,537	8,106	3,552	620	1,629	19,444
3	5,660	9,387	3,781	769	1,762	21,359
4	6,021	10,423	4,110	877	1,810	23,241

出典：東京都，1995より作成

このうち,「二次経費」は, 投資的な整備事業費に当てられるもので, 細目において「公共公園整備費」,「公園整備費」,「動物園整備費」,「自然公園整備費」,「霊園葬儀所整備費」,「小笠原公園整備費」の6項目に分類される。これらの整備費は主に, 用地取得, 公園等施設の改良・改築に必要な経費である。それぞれの整備費は東京都の長期計画に基づいて策定・施行されており, 社会状況の変化によってその規模と内容は異なっている。

　東京都は, 平成2 (1990) 年11月に, 東京都第3次長期計画「マイタウン東京――21世紀をひらく（計画期間平成3年から平成12年）」を策定した。また, 平成3 (1991) 年においては, この長期計画の具体的な展開を図ることを目的とした「東京都総合実施計画（平成3年－5年）」を策定した。

　平成4 (1992) 年度における公園緑地・霊園関係事業費の決算総額は約1353億円で, 前年度比2.7％増であった。その内訳においては,「一次経費」が全体決算額の17％に当たる約232億円,「二次経費」がその83％に当たる約1120億円であった。この全体決算額における一次経費対二次経費の構成比率は, 昭和58 (1983) 年の構成比率38％, 62％に比べ, 投資的な整備経費がかなり大きくなっていることがわかる。

　とくに, 都市公園整備関係では, 事業費約981億円のうち約61億5000万円は建設省都市局所管の国庫補助事業として執行し, 東京都単独事業費は約920億円であった。構成比としては, 公共補助事業が6.3％, 都単独事業が93.7％を示し, 全体決算額のうち用地確保関係費に約428億円（用地特別会計, 都市開発資金会計は含まず）が投入され, 公園の造成改築に関わる整備費は約553億円が執行された。

　他方, 東京都は, 平成9 (1997) 年2月に策定した「生活都市東京構想」において, 21世紀初頭の早い時期に東京都民1人当たりの公園面積を7㎡とすることを目標として掲げた。しかし, そのためには, 現在の財政状況を踏まえ, 区市町村や国の整備分を合わせ, 毎年2000haを整備して行かなければならない。しかし近年, 東京都において整備された都立公園の開園面積の平均は年約30～40haにすぎないことから, 毎年2000haの整備は事実上困難な目標であると言わざるをえない。

　しかも, 平成8 (1996) 年から平成10 (1998) 年度まで3か年を計画期間

とする「東京都財政健全化計画」が策定され，その内部努力の一環として投資的経費に対して10％削減，管理費など義務的経費に対して5％削減に取り組んだ結果，平成9（1997）年度の建設局予算は前年度比マイナス19.7％となり，そのうち投資的経費の削減率はマイナス16％になった。そのため，公園の新設や管理費においても大幅な削減が強いられているのが現状である。

このような状況の中で，平成9（1997）年度の公園整備費（投資的経費）の

図3-6　都立公園に係わる整備・管理費用の推移

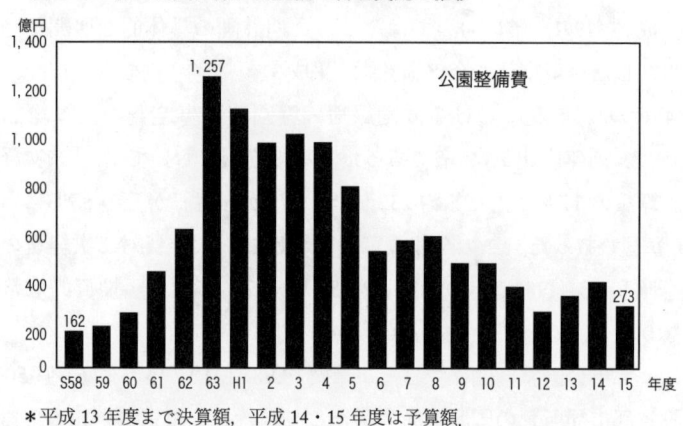

＊平成13年度まで決算額，平成14・15年度は予算額．

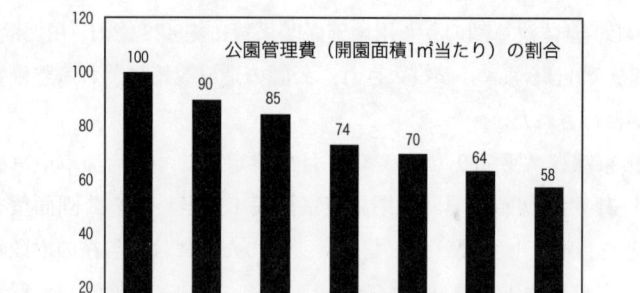

＊公園管理費（開園面積1㎡当たり）の各年度は平成9年度を100とした場合の割合．
＊平成13年度まで決算額，平成14・15年度は予算額．
出典：東京都公園審議会，2003：10頁

内容をみると，予算額 511 億円に対し決算額は 499 億円であり，その執行率は 97.5％となっている。投資的経費の決算額である約 498 億円の内訳は，公園整備費が 454 億円，動物園整備が 15 億 7000 万円，自然公園整備が 12 億 4000 万円，霊園葬儀所の整備 14 億 9000 万円の他に，小笠原公園整備が約 2 億円となっている。そのうち，公園整備費は，一般公園造成・既設公園整備・公園施設の改良整備・ズー 2001（動物園整備）構想の推進という四つの計画事業と既設公園整備の非計画事業に投入されている。

まず，建設省（現国土交通省）所管としての公共事業には，上野恩賜公園・桜ヶ丘公園の整備構築の 2 か所が含まれている。そのうち上野恩賜公園については，建設省における新規施策として「地域ルネッサンス公園整備の推進」の枠で予算措置が付いたもので，歴史的価値のある公園においてその遺産を利用し公園を整備していく歴史公園づくりの一環として行われる事業である。

その他，用地会計振替金等返金各公園分としては，舎人公園，水元公園など 5 か所に計約 24 億円，都市開発資金買収地再取得分に充てるものとして八国山緑地に 2 億 4000 万円が執行された。また，河川局関連事業において流域貯留浸透事業に 1500 万円あまりが執行され，公共事業全体は井の頭公園などの用地買収，事務費を合わせ総計約 33 億円余であった。

この予算枠のうち，都民との協働による緑づくりとして「改訂重点計画」に位置付けられている「22 世紀の都市の森づくり」および「市民緑地制度の推進」が本格的に進められることになった。内容としては，「22 世紀の都市の森づくり」では，神代植物公園の実施設計を行い，検討していくこととなった。また，「市民緑地制度の推進」においては祖師谷公園（世田谷区），篠崎公園を対象に整備工事を行うこととなった。

「利用しやすい公園の整備」の対象地は，浜離宮恩賜公園（中央区），砧公園（世田谷区），井の頭公園，武蔵野中央公園（武蔵野市），小金井公園（小金井市），府中の森公園（府中市）が含まれている。これらの公園においては，高齢者・障害者・幼児のための施設改修整備を行うもので，一部においては設計のみを実施している。なお，「既設公園整備」においては，文化財庭園の外周堀改修（小石川後楽園，六義園）を引き続き行うことにした。他に，

バーベキュー広場の整備（葛西臨海公園，野川公園など5公園），上野恩賜公園の再整備工事および8か所の水辺整備，分別ゴミ箱の設置などが含まれている。

　東京都の単独整備費は，公園緑地事務所の統合・発足により都立公園などの所管変更により平成9（1997）年度の予算については，南・北・西の旧公園緑地事務所がそれぞれ別に計上し，決算については新事務所の体制で行われた。すなわち，平成10（1998）年度に行政改革の一環として，南・北部の両公園緑地事務所が一つに統合され，東部公園緑地事務所と改称された。また，管轄区域の見直しが行われ，西部事務所管轄であった杉並区，練馬区が東部公園緑地事務所に移され，23区所管と多摩地区所管に整理された。[28]

(1) 戦災復興院の組織構造についてはさまざまな意見が見られたが，結局，復興院新設案が決定され，内閣において戦災復興計画に専念する中央機構が設けられた。同時に地方においても戦災復興事業という新しい事態に対応するよう，従来内務部あるいは経済部に属していた土木行政機構を一元的にとりまとめさらに強力に事業を推進させるため土木部を増設することになった（建設省編，1959：44頁）。
(2) 「戦災復興都市計画の再検討に関する基本方針」（昭和24年6月24日閣議決定）。「戦災復興都市計画再検討実施要綱」（昭和24年6月24日建設省都市局長から各都道府県知事宛）。東京都について見れば，再検討の結果，総面積において約400万坪，40％の縮小を見ることになった。この基本方針に関連し，公園緑地の計画は次のように述べられていた。「(2) 公園緑地：公園緑地は，児童公園，運動場に重点をおき，既定計画を適当に変更する。帯状の緑地は，がけ地，荒れ地等で建築敷地として不適当な地域，河川，水路等の沿岸地で，公衆保健，消防水利上空地を必要とする地域ならびに密集市街地内でとくに防火帯を必要とする地域等に選定する」。
(3) 「戦災復興都市計画の促進について」1949年10月4日閣議決定より。
(4) 社寺境内地の公園供用問題は戦前においても議論されており，当時公園の専門家らは，公園の機能面から社寺境内地の公園用地供用は肯定的な面が強調されていた。「公園の利用率は即ち社会的幸福を享楽する外に種々の慰楽施設を備へ人々を誘致しているが，若し其の内に由緒古く霊験灼かなる神仏が奉祀されていれば，精神的慰安と信仰的誘致力は一層多くの人々を誘致して公園の機能を増進するものである」（井下，1926：63頁）。
(5) 明治時代の各地の公園経営は，すべてその管内の特定の公園において，それぞれの収支をもって経営するという「独立採算制」をとっており，一般の府県税を公園の造築，管理の費用として投入することを内務省は認めていなかった。そのため，公園にはそれぞれ茶店，貸座敷，料理店・展示場等の設置をみとめ，その貸地料を公

園財源としており，こうした公園業務は各府県共通であって一般庶務とみなされていた（日本公園百年史刊行会，1978：294頁）．

(6) 昭和27（1952）年の建設省都市局長の通牒「太政官布達により設置せられた公園の管理の適正化について」参照．

(7) 旧設計における小公園45か所のうち，「虎ノ門公園」は第31号に「虎ノ門外琴平神社」，明治44（1911）年の小公園調査委員会の「小公園設置に関する建議案」の中に公園設置候補地15か所のうち第2項に「虎ノ門公園」の記録が見られる．その後，7か所が大正期に入り完成され，「虎ノ門公園」は大正3（1914）年8月開園となった．

(8) 各条項の詳細と解説については，日本公園緑地協会編，1999：33-38頁および日本公園緑地協会編『都市公園法解説』日本公園緑地協会：1978参照．

(9) 『公園施設基準制定について』（建都発第485号）各都道府県知事宛都市局長通牒，1951より．

(10) このような都市空間の不足問題を解決するためには，都市公園の果たす主導的役割の再認識を踏まえた上での，「公開性と存続性の制度的保証」（良好な都市環境，公害災害防止，レクリエーション需要の充足，都市コミュニケーション増進）が重要であるとの認識を示した．また，その課題と整備の方向性として，「①面的な市街化区域開発事業と合わせ，公園緑地を系統的に整備，②暫定的な措置として，市街化地区においては生産緑地（都市計画法第55条）の活用，③市街化調整区域においては近郊緑地，風致地区制を利用，必要に応じて風致公園・大規模公園などを整備，④公害，災害対策との関連においては，臨海工業地帯の地域においては基幹公園，公害を防止するため緩衝緑地を整備，都市防災対策の一環としては，災害時の避難場所となる基幹公園を市街地再開発によって計画的に整備，⑤社会的欲求の多様化の関連での都市公園整備：「レクリエーション生活化」の進展につれ都市公園を日常的，週末的，月末的なレクリエーション需要に対応しそれぞれ住区基幹公園，都市基幹公園，大規模公園とその機能を分化し調整，⑥都市公園の維持管理に関する整備：建設後の管理徹底と市民意識の啓発に努力」などが示された．

(11) その調査および公園問題に関する全体的な意見などは，日本都市センター『都市と公園緑地：人間性回復への道』1974参照．

(12) 浦田啓充「都市の緑と災害に強いまちづくり」『グリーンエージ』（第316号，2000年），6-10頁．また防災公園などに関する制度化の動向については，小林昭「防災公園に関する制度化の動き」『グリーンエージ』第316号，2000：11-13頁参照．

(13) 東京都を対象とし，緑地の避難場所としての役割に地理情報システム（GIS）を用いて分析した研究結果において，東京都における大規模緑地では有効避難面積を考慮してその不足量を試算すれば，公共的緑地の整備必要量は現在の約3.8倍となることがわかった．詳細については，原科幸彦・山本佳世子「地域防災性指標としての公共的緑地の充足度評価」『総合都市研究』（東京都立大学都市研究所）第70号，1999参照．

(14) 阪神・淡路大震災に関する資料は以下を参照した．日本造園学会・阪神大震災調

査特別委員会『公園緑地等に関する阪神大震災緊急調査報告書』1995；石川幹子「阪神・淡路大震災復興計画と緑地問題」『年報自治体学』（第9号）自治体学会編，1996．

(15) 「首都圏整備法（昭和31年4月26日法律第83号）」第3章首都圏整備計画，第20条および東京都都民室首都建設部編『首都圏整備法の概要』1956参照．

(16) 昭和35（1960）年頃までは河川敷地の公園化などに関する政策的動向はなかったが，同年1月に東京都建設局長が建設省に対して問い合わせた結果，建設省からは次のような回答を得た．「地方公共団体が河川法第18条の規定により地方行政長の許可を受けて河川敷地を占用し，これに設置した公園であっても，都市計画法第2条の規定により決定された都市計画区域の存する場合又は同法第3条の規定により都市計画の施設として決定されている場合においては，都市公園法に規定する都市公園に該当するものとして解する」（昭和35年4月，建設計東第24号）．その後，昭和40（1965）年に「河川敷地の占用許可について」（昭和40年建設省発河第199号建設事務次官通達）によって河川敷地の開放が決定され，占用許可の際には公園緑地を優先するよう通達されていた．その理由としては，児童の遊び場の重要性・緊急性とともに一般財源の不足に対する公園用地の確保が主なものであった（佐藤，1977a：621頁および日本公園緑地協会編，1979：332-338頁参照）．

(17) レクリエーションの需要が増加し始めた当時，欧米の公園およびレクリエーションの実態に関するいくつかの視察が行われていた．とくに，戦後において社会全般に影響を与えたアメリカの公園・レクリエーション制度ならび行政に関する関心は高かったと考えられる．いくつかの資料のなかで，関心を引くのが中村一「公園とレクリエーション：米国における行政の変遷から学ぶ」『都市問題研究』23（6），1971である．その主な内容は，アメリカの郡（County）と市(City)における公園行政とレクリエーション行政との関係変化に関する段階説の紹介であった．すなわち，アメリカの公園行政の変化を3段階に分け，第1段階は独立した公園部局の誕生と造園建築が発達する時代，第2段階は児童の遊び場が増加し，その指導を担当するレクリエーション部局が設けられ，物的な公園部局と市民のレクリエーションを担当するレクリエーション部局が二元的に運営される時代，第3段階は1955年以後，公園とレクリエーションを統合し「公園及びレクリエーション局」とする傾向が顕著であり，約8割以上がこの組織を採用している時代，で区分した．

(18) これらの公園の整備の根拠は建設省設置法第3条第5号の「公共空地及び保勝地」としての整備であったが，全国的な基盤施設として面積50haを越える大規模広域公園の整備を射程に入れ，原則的な法令の整備およびその費用のための法律的根拠を必要としていたからである．すなわち，広域公園を設置する場合，従来の都道府県との費用負担関係において地方財政法第17条の2の規定（国の負担金の支出および地方公共の負担金規定）によりその法的根拠が必要であった．設置理由については，日本公園緑地協会編，1999：327頁，地方財政法の規定は『自治六法』ぎょうせい，2003参照．

(19) 平成5（1993）年の都市公園法施行令の改定内容のうち，都市公園における許容建築面積の特例および公園施設の設置上の制限などについての改正前との比較は，日本公園緑地協会編，1999：35-36頁が詳しい。

(20) 田代順孝「緑地計画分野における計画論の展開」『都市計画』156，1989：28-32頁参照。

(21) 建設省都市局公園緑地課「昭和41年度都市公園利用実態報告書」1967。

(22) これらの一連の緑化対策に関しては，日本公園緑地協会『都市緑化年報』（昭和60年版），1986：1-28頁参照。

(23) 「都市緑地保全法」第2条1項の規定において，「市町村は，都市における緑地の適正な保全および緑化の推進に関する措置で主として都市計画法（昭和43年法律第100号）第5条の規定により指定された都市計画区域内において講じられるものを総合的かつ計画的に実施するため，当市町村の緑地の保全および緑化の推進に関する基本計画（「緑の基本計画」）を定めることができる」とされた。

(24) 「市町村マスタープラン（市町村の都市計画に関する基本的方針）」がもっとも根幹的なものであり，その内容としては，住民の価値観の多様化等に応じて，個性的で快適なまちづくりのための施策を住民の理解と参加の下に総合的に進めるため，住民に最も身近な自治体である市町村が住民の合意形成を図りつつ，まちづくりの具体的ビジョンを示し，地区ごとの整備，開発または保全の課題と方針をよりきめ細かく定めることができるようにしたものである（1991年「都市計画法」の改正より）。

(25) これ点については，1993年の「都市緑地保全法」の改正，同法第2条の2規定および1993年建設省都市局長，課長連名通達，10-12頁を参照されたい。

(26) 公園が独自の事業・経営として成立したのは，明治42（1909）年の東京市条例の中で，公園地使用料に関する規定が内務・大蔵両省より認可されたことから確認されるが，大正6（1917）年12月の「東京市公園使用料条例」，昭和10（1935）年の「市会の議決（議決第30号）」および昭和11（1936）年3月「市会の議決（議決第63号）」が行われていた。市会における議決内容からは，当時公園積立金が相当額に達し，公園経営が市予算から独立したことがわかる。

(27) 明治9（1876）年11月18日付楠本府知事より大久保内務卿宛の申請書の中に，上野公園を除く4公園の経営財源として，浅草公園に接する官有地を明治10（1877）年より10か年間公園地付属地とし，その期間内に収納した借地料を当てたいとのことが記されており，その府知事の申請は同年12月5日付で許可された。その浅草公園付属地は後に浅草公園地に編入された。

(28) 東京都の公園緑地事務所については割愛したが，以下の資料に比較的詳細に書いてあるので参照されたい。腰塚光子「公園緑地事務所の組織及び分掌事務の変遷」『都市公園』142（9），1998：62-84頁および森田隆司「南・北・西三公園緑地事務所時代の事業の概要」同上，85-93頁，『東京の公園』（『東京の公園60年』から各10年版），東京都公園管理事務所（南部・北部・西部）『事業概要』（各年度版）。

第4章　戦後都市公園政策における社会的機能の成立

4.1 都市公園の区分とその成立過程

4.1.1 東京都の都市公園構成

法制度上の都市公園には，都市公園法が定めている「都市公園」のほかに各種の制度的根拠によって設置される「都市公園以外の公園」がある。その根拠は，都および市町村立公園条例，児童福祉法の規定（『児童福祉法第』第40条「福祉施設規定」による児童遊園），海上公園（東京都海上公園条例），市区町村立公園（市区町村公園条例），国民公園（環境庁設置法）・国営公園，公団・公社の設置公園などさまざまである。[1]

平成14（2002）年現在，東京都にはこれらの各種公園を合わせ約9350か

表 4-1　都市公園の分類（東京都）

	都市公園の類型	か所	面積(ha)	管理者（所管）	関連法規
都市公園	国営公園	1	138	建設省	都市計画法
	都立公園	72	1,586	東京都(建設局)	都市公園法
	区市町村立公園	5,904	2,668	区市町村	東京都立公園条例
都市公園以外の公園	国民公園	3	173	環境庁	区市町村立公園条例
	海上公園（都立公園）	42	772	東京都(港湾局)	環境庁設置法
	区市町村立児童遊園等	3,111	268	区市町村	国民公園及び千鳥ヶ淵戦没者墓苑管理規則
	公団・公社等が設置する住宅・団地内の公園	200	109	団地内管理組合他	地方自治法
	東京都立公園条例に基づき設置される都市公園以外の都立公園	6	412	東京都(建設局)	東京都立海上公園条例
	上記以外の，公共的な施設で広く一般に公開され都市公園に準ずるもの	10	187	各管理者	児童福祉法

出典：東京都，2002より作成

所の公園が設置されている（東京都, 2002より）。この9350か所の公園の中で, 都市公園法に基づいて設置される純粋な都市公園は5977か所であり, 全体都市公園の6割を占めている。

　他方, 都市公園法上での規定はないが「都市公園以外の公園」として区分されるものの中には, 公団・公社などが設置する住宅・団地内の公園や公共的な施設で広く一般に公開され都市公園に準ずるものなども含まれている。

　これらの都市公園の区分は, 設置根拠および所管, 関連法規との関連づけなど複雑な要因がからむが, 基本的には国営公園・都道府県立・市区町村立といった設置機関に対応しているといえる。また,「都市公園法」において規定する公園の種別には, 一番小さい規模の「街区公園」から災害時の安全確保や公園道路の機能を持たせた「緑道」に至るまで14種類が上げられている。

　ところが, これらの都市公園は前にも述べたように, 戦前には「緑地」体系の中に融合され, 細かな区分などはされていなかった。その細分化が行われたのは, 終戦後の混乱の中で生じた公園用地の消失・転用などに対応するために制定された「都市公園法」においてであったが, その後も「児童公園」から「街区公園」への変更などから見られるように体系的なものではなかったといえる。

　そのうえ, 戦後における都市公園の成立過程には地方自治の制度化が深くかかわっている。戦前において東京府・市に所管であったほとんどの都市公園は, 地方自治法の制定とそれにともなう事務の移譲によって初めて制度上・実際上の区立・市立公園が誕生することになる。

4.1.2　国民公園と国営公園

　現在, 東京にある国民公園は「皇居外苑」,「新宿御苑」,「北の丸公園」の3か所であり, 環境庁設置法によって管理・維持されている。「皇居外苑」,「新宿御苑」,「京都御苑」は, 戦前までは旧皇室苑地であった。これらの外苑・御苑は, 昭和22（1947）年12月の閣議決定（「旧皇室苑地の運営に関する件」）に基づき,「国民公園」として位置づけられた。また, 皇居外苑北の丸公園は, 昭和44（1969）年度から国民公園として開放されている。千鳥ヶ淵

戦没者墓苑は先の大戦における戦没者の遺骨のうち，遺族に引き渡すことのできない遺骨を納めるため，昭和34（1959）年3月に竣工し，公園としての性格を有する墓地公園として一般に開放されている。国民公園および千鳥ヶ淵戦没者墓苑は，環境省所管の公共用財産として，「国民公園および千鳥ヶ淵戦没者墓苑管理規則」（昭和34年厚生省令）に基づき，庭園としての維持管理を行っている。

皇居外苑および新宿御苑は，昭和22（1947）年12月の閣議決定「旧皇室苑地の運営に関する件」により，国民公園として中央政府の直接管理となった(2)。旧皇室苑地は，終戦当初は建設省において国営公園の名称を用い，建設省の告示で東京都市計画中央公園に指定されていた。占領期であった当時，アメリカの首都ワシントンの都市公園を国立公園局が直接管理していたことにならい，国営公園を所管していた厚生省が国立公園に準じ，管理することとなった（佐藤，1977a：440頁）。

この「旧皇室苑地運営に関する件」によれば，旧皇室苑地である皇居外延並びに新宿御苑は「国民公園として国が直接管理すると共に……一般国民に

図4-1　国営公園位置図

①国営武蔵丘陵森林公園
②国営飛鳥歴史公園
③海の中道海浜公園
⑤国営沖縄記念公園
⑥国営昭和記念公園
⑦滝野すずらん丘陵公園
⑧国営常陸海浜公園
⑨国営木曾三川公園
⑩国営みちのく杜の湖畔公園
⑪国営備北丘陵公園
⑫国営讃岐まんのう公園
⑬国営越後丘陵公園
⑭国営アルプスあづみの公園
⑮国営吉野ヶ里歴史公園
⑯国営明石海峡公園
淀川河川公園

出典：日本公園緑地協会編，1999：331頁

表 4-2　国営公園一覧表（平成 10 年 12 月末現在）

名称	種類	所在地	面積(ha)	着工年度	備考
国営武蔵丘陵森林公園	ロ号	埼玉県比企郡滑川町, 熊谷市	304 (304)	S.43	供用中 明治百年記念事業
国営飛鳥歴史公園	ロ号	奈良県高市郡明日香村	47 (46.1)	S.46	供用中 文化的資産保存と活用
淀川河川公園	イ号	大阪府大阪市, 寝屋川市, 枚方市他	955 (213.3)	S.47	供用中
海の中道海浜公園	イ号	福岡県福岡市	539 (199.1)	S.50	供用中
国営沖縄記念公園	ロ号	沖縄県国頭郡本部町, 那覇市	82 (70.8)	S.50	供用中 沖縄国際海洋博記念事業
国営昭和記念公園	ロ号	東京都立川市, 昭島市	180 (137.7)	S.53	供用中 天皇陛下御在位 50 年記念事業
滝野すずらん丘陵公園	イ号	北海道札幌市	396 (140.0)	S.53	供用中
国営常陸海浜公園	イ号	茨城県ひたちなか市	350 (92.5)	S.54	供用中
国営木曾三川公園	イ号	愛知県立田村, 岐阜県海津町, 三重県桑名市　他	6107 (92.3)	S.55	供用中
国営みちのく杜の湖畔公園	イ号	宮城県柴田郡川崎町	647 (75.9)	S.56	供用中
国営備北丘陵公園	イ号	広島県庄原町	340 (80.0)	S.57	供用中
国営讃岐まんのう公園	イ号	香川県仲多度郡満濃町	350 (80.1)	S.59	供用中
国営越後丘陵公園	イ号	新潟県長岡市	399 (29.0)	H.1	供用中
国営アルプスあづみの公園	イ号	長野県大町市　他	356	H.2	渓流ピクニック広場, アルプスあづみのテーマ苑, 花の原　等
国営吉野ヶ里歴史公園	ロ号	佐賀県神埼郡神崎町, 三田川町, 東背振町	54	H.4	園路広場, 道軌　等 吉野ヶ里遺跡の保存と活用
国営明石海峡公園	イ号	兵庫県神戸市, 津名郡淡路町　他	330	H.5	明石海峡大橋等の眺望施設, オートキャンプ場等

(注)　面積は計画面積, 下段（　）内書は, 平成 10 年 12 月現在の供用面積.
出典：日本公園緑地協会編, 1999：330 頁

供すること」とされ,この閣議決定により設置された「旧皇室苑地運営審議会」が,その運営の基本方針を「旧皇室苑地整備運営計画に関する件」(昭和24年内閣総理大臣宛)において「各苑地の特性に照らし,これと関連のない施設は設けない」と述べていた。その所管は,昭和25 (1950) 年に大蔵省から厚生省に,昭和46 (1971) 年の環境庁発足と同時に環境庁の所管となった(日本公園百年史刊行会,1978a:280頁)。

「新宿御苑」は明治時代における代表的な庭園であり,1900本の桜のほか四季にわたり花木を観ることができ,年間利用者の数は約90万人(平成4年実績)に達している。また,「北の丸公園」は,昭和38 (1963) 年「皇居周辺北の丸地区の整備について」(閣議決定)により「森林公園」として整備されることになり,昭和44 (1969) 年から皇居外苑の一部として国民公園となった。この国民公園3か所の面積は,約350万㎡に達しており,東京都区市町村立公園の面積約130万㎡の3倍にあたり,23区部の公園面積全体の3割を占めている。

つぎに,「国営公園」は都市公園であって,自然公園で地域制公園である「国立公園」とは,その性格と所管が異なっている。「国営公園」は都市公園のうちでも大規模な公園であり,その設置は「都市公園法」によって規定されている。前にも述べたように,この「国営公園」はその設置の主旨から2種類がある(都市公園法第2条第1項第2号)。一つは,「イ号国営公園」で「一の都府県を超えるような広域の見地から設置する都市計画施設である公園又は緑地(ロ号を除く)」で,もう一つは,「ロ号国営公園」で「国家的な記念事業として,又は我が国固有の優れた文化的資産の保存及び活用を図るため閣議の決定を経て設置する都市計画施設である公園又は緑地」である。

この「国営公園」は,全国で16か所が開園ないし事業中であり,地域特性に応じたオートキャンプ場,サイクリングコースや運動広場,展示施設,大規模な水族館など広域的なレクリエーション需要に応える施設整備などが設置されている。また,良好な自然環境や貴重な歴史的資産の保全・活用,さらに国営沖縄記念公園のように地域の重要な観光拠点として整備されている。
[3]

東京都における唯一の国営公園として知られている「国営昭和記念公園」

は，昭和天皇在位50年を記念した記念事業として，昭和54（1979）年11月に立川基地跡地に設置された都市公園である。公園の都市計画決定面積は，立川市および昭島市にわたる延べ約180万㎡であり，昭和50（1975）年にその一部が開園した。現在は，約126万㎡が整備・開園されている。これらの公園の所管は国土交通省であるが，公園内の駐車場，プール，貸自転車，テニスコートなどの特定公園施設については，「住宅・都市整備公団」が設置している。また，「㈶公園緑地管理財団」が設置され，公園の管理運営などを受託管理している。この「公園緑地管理財団」は，昭和49（1974）年に建設省の認可によって設立されたもので，「公園緑地の管理に関する総合的な調査研究・技術開発，利用増進などと武蔵丘陵森林公園などの管理」をその目的としている。

4.1.3　都立公園の成立と管理形態

都市公園としての「都立公園」の成立は，東京府・東京市の所管していた公園が昭和18（1943）年の東京都政の成立とともに引き継がれ，その原型を形成した。それまで，東京市において管理していた公園の管理は，「公園地及び都有地の管理に関する事項」（東京都区長委任事務条項第84号）[4]によって定められ，千代田区の麹町公園など166か所の公園が都立公園として指定された（東京都，1995：35頁）。これらの都立公園の一部が各区に委任・移譲され，現在は80か所が都立公園として東京都の管轄下で管理されている。

東京都における公園緑地の本格的な整備事業は，昭和44（1969）年度を起点としている。すなわち，昭和44（1969）年の「東京都中期計画'69」においてはじめて公園緑地は長期計画の中項目に位置づけられ，昭和60（1985）年を目標年次とし，1人当たり公園緑地面積3㎡を基準値に都全域において，3780ha（都立公園1890haを含む）の整備が決定された。また，短期計画として，昭和45年から47年にかけて整備目標290.5ha，経費として約174億円が策定された（東京都，1969参照）。昭和30年代後半から昭和40年代にかけての都市公園の整備は，主に主要河川の公園化であった。この時期は，経済成長の歪みが生活環境の悪化に連動した時期でもあり，自然的環境に対する保護および保全に関する関心が高まり，各種の制度が法制化される時期でもあっ

た。
(5)

　東京都における都市公園などの維持管理は大きく，①植物管理，②建物・工作物管理，③運動施設管理，④その他の施設物管理の四つに分かれている一方，その実施形態は，①職員直轄，②外部委託（委託・請負），③失業対策事業の三つによって行われていた（東京都，1985：319-322頁）。

　そのうち，都の直轄（直営）の場合，①即応性を要するもの，②技術的安定性を要するもの，③多種多様な作業への適応性を要するもの，などの面で民間委託より優位であると捉えられている。しかし，このような直轄事業の場合においても，①公園の維持管理に必要な技能職員の技能習得時間が長いこと，②安全衛生管理や福利・厚生等労務経費や対策を必要としていること，③財政・経営における人件費（給料支払い）の上昇により，硬直化されやすいなどの問題点も多く，公園の維持管理に関する外部委託の割合は増加傾向にある（東京都，1995：442頁）。

　外部委託は，昭和30年代から進展しはじめ，昭和40年代後半からの公園などの数や規模が増大するにつれ，公園などの管理面積も急速に拡大され，維持管理の規模も増加したことが原因となり，大規模・大作業の効率化に対応するため直轄で処理できない需要を外部に発注するようになった。とくに，昭和40年代後半から50年代後半にかけて発注先（主に造園工事者）の増加が目立つ。たとえば，昭和47（1972）年に建設大臣および都道府県知事許可

表4-3　東京都における公園管理の内容

維持管理	植物管理	樹木の手入れ，芝・草地の苅込，肥料など
	建物・工作物管理	休憩所・音楽堂・トイレ・温室・管理事務所など
	運動施設管理	グラウンド・コート・プールなど
	その他の施設管理	園路・広場・ベンチ・照明・給排水施設・案内・禁止板など
運営管理	一般開放公園地	ゲートボール，釣り，楽器の練習など禁止事項の取り締まり
	運動施設(有料施設)	野球場・テニスコートの予約・受付など
	都市公園内施設の設置許可	売店・教育施設・分化・供用施設などの許可など
	占用許可	駐車場・電気通信施設・下水道，集会など
	利用指導	戦前はレクリエーション指導（昭和54年廃止）

出典：東京都，1995：440-449頁から作成

の造園関係工事者の登録件数は1057件であったのに対し，昭和57（1982）年度にはその数が2万2441件となり10年間で20倍を越える急増ぶりをみせている（東京都，1985：321頁）。この外部委託の特性としては，定型的・大規模への対応性，専門工事に関する適応性，特殊技能や専門資格等の専門性などが取り上げられてはいるものの，増大した維持管理の面積からすれば，その対応性は十分とはいえない。

そのうえ，「失業対策事業」の場合，その根拠は昭和24（1949）年の「緊急失業対策法」の規定に基づき行われてきたものであったが，就労者の高齢化などの問題改善のため制定されたものである。昭和46（1971）年の「中高年齢者等の雇用の促進に関する特別措置法」の規定により失業対策事業の根拠は切り替えられ，一定の条件の失業者に関しては，従前の失業対策法を適用し，失業対策事業は存続することとなった。[(6)]

4.1.4 時期別整備の特徴

この都立公園の整備過程を時系列的に見れば，現在の80か所のうち，明治時代に開園されたのは，上野恩賜公園・芝公園・上野恩賜動物園および日比谷公園の計4か所で，いずれも東京府の中心部に位置している。大正期に入り，井の頭恩賜公園および芝離宮恩賜庭園が設けられた。そのうち，井の頭恩賜公園は初めての「郊外公園」であり，御下賜公園であった。

昭和20年から昭和29年にかけては，終戦後の復興事業によって小規模の公園はある程度整備される。そのうち，都立公園として開園されるのは，浜離宮恩賜庭園・小金井公園・戸山公園の3か所のみであった。その中で，市部に位置しているのは小金井公園で，戦前の昭和15（1940）年に「紀元2600年記念事業」として計画された「防空緑地（小金井大緑地）」がその前身であった。現在の小金井公園は，昭和27(1952)年に立太子記念事業として，都によってその造成が行われたものであった。

また，終戦後の戦後改革の中で，東京都から特別区への事務移譲が行われ，面積3万坪（約10ha）以下で，主としてその区の住民に利用されることを基準に都所有の公園171か所，面積173haが順次特別区に移譲された。これらの公園移譲は，地方自治法の改正とともに増え，現在においては文化財など

を除いて面積 10ha を基準とし，10ha 以上の都市公園は，都が整備する都立公園となっている（都区協議会『都区事務事業の配分に関する条例』による）。

これらの都立公園（区長委任公園 1 か所，富士見公園を含む）は，平成 10 (1998) 年現在，全体で 80 か所（そのうち都立都市公園は 71 か所，都市公園以外の都立公園 5 か所，その他動物園・文化園・水族館・植物園等の施設 4 か所），面積にして 1500 万㎡が整備・開設されている（東京都，1999：「東京都都市公園等区市町村別面積・人口割比率表」参照）。

高度経済成長による財政的安定により，昭和 30 年以降の都立公園の整備は活発化するが，昭和 50 年代の市部における公園緑地整備が本格化するまでの間，すなわち昭和 30 年から 50 年の期間においては，主に市街地での整備・開園が続くこととなる。

昭和 30 年から昭和 39 年における公園の開設は，23 区の西部に集中しているのがその特徴である[7]。これらの公園地の大半は，戦前の防空緑地に指定されていたもので，当時東京の外郭地域を囲む緑地帯として計画されたものであったが，この時期になって整備・開園されるようになったのである。この時期，開園した 13 か所のうちの 7 か所の公園は，戦前の「防空緑地帯」の上に置かれたことになる。市部に開園された 3 か所（神代植物公園，多摩動物公園および武蔵野公園）のうち，武蔵野公園は，野川を計画区域内に持つ「武蔵野の森構想」の一部として開園した公園であった。その整備的特徴と

表 4-4　東京都における都市公園開園面積の推移　（単位：ha，1 人当りの公園面積：㎡）

区分	35 年	41 年	46 年	50 年	55 年	60 年	平成5年
全体面積	912	1,170	1,780	2,427	3,002	3,736	5,480
都立公園	430	505	766	658	755	972	1,379
区立公園				720	925	1,108	1,303
市町村立公園				324	462	680	1,207
国営公園				-	-	70	124
区立児童公園等				94	103	101	109
市町村立児童公園等				70	84	91	102
海上公園				-	89	120	708
その他の都市公園				131	133	133	286
国民公園				430	451	461	442
都民1人当り公園面積	1.05	1.08	1.57	2.10	2.58	3.16	4.64

出典：東京都，2000 より作成

して，既存の緑と野川の地形的特性をそのまま利用し，自然的環境を生かす一方，直営苗園として苗木育成を行うという生産公園的性格を持つユニークな公園である。

　昭和40年代の公園整備もやはり23区に集中しており，そのほとんどは，旧緑地，米軍基地跡地であった。23区以外にある浅間山公園は，昭和30年代に急激な宅地開発から浅間山を守ろうとした地域市民の要求に対し，都が風致公園として指定，昭和40年代より用地を買収・整備した公園である。また，陸南公園は，東京オリンピックの際に自転車競技場として使用したものをオリンピック終了後に整備し公園として開園した。

　昭和50年代以降の開園状況についての特徴は，東京市町村部，とくに多摩地域における公園緑地の開園が著しく進展したことにある。これまでの整備・開園が，主に23区の市街地において旧防空緑地，米軍基地跡地など用地の取得が比較的容易なところにおいて行われてきたことに対して，昭和40年代以降の深刻な市街地化による市部の自然環境・生活環境の悪化を懸念する声が高くなった。そこで，多摩の自然環境を守る方法としての公園緑地の整備が急速に進展した結果，多摩地区において整備・開園された公園の数が23区を上回ることとなった。

　区部においては，祖師谷公園や舎人公園のような旧来の防空緑地の跡地以外に，工場跡地，研究機関の移転跡地などが公園用地として登場し，また，埋立地に立地する夢の島公園が開園された。これらの公園用地は，海上公園の開設とともに昭和50年代の新たな整備用地として登場したものである。このような，公園用地の変化は，都立公園だけではなく，都市公園全体の傾向であり，その原因としては，地価の高騰による用地取得困難と，すでに買収した用地のストックが少なくなったため，各種移転跡地，埋立地，海上，丘陵部などの活用が図られるようになったためであった。[8]

　この用地取得に対する変化は，昭和60年代にも継続的に図られ，多摩地域においては丘陵部の公園緑地の整備が，23区部においては基地跡地・工場・貯水場跡地，埋立地，さらには下水処理場の上部空間を公園地とするケースもあり，近年は廃棄処理場と公園を一体的に整備する試み（PFI手法による「リサイクル公園整備」計画）も行われている状況である。

4.1.5 美濃部都政の公園政策

ところが，高度成長期に入ってからも進まなかった公的空間としての都市公園の整備は，新たな局面を迎えることとなった。すなわち，児童の遊び場の確保という現実的な生活上の問題提起と，「美濃部都政」といわれる革新自治体の誕生であった。昭和41（1966）年に東京都は児童の遊び場に関する問題の深刻性を踏まえ，「東京都遊び場対策本部」を設け，その基礎的な調査に取りかかった。こどもの遊びおよび遊び場に関する実態調査であったが，調査結果から昭和41（1966）年現在の児童遊園の数は760か所，児童公園は408か所，一般公園が80か所であること，戸外の遊び場の20％が道路などの路上であり，対象児童の半分近い約47％が各種事故体験をもっていたこと，などがわかった。また，多くの児童遊園，児童公園の配置が適切ではなく，児童の遊び場は依然不足していることが判明した。(9)

このような都市装置として公的空間の不足は，単に児童の遊び場だけではなかったことは言うまでもなかった。表4-5は，終戦後の各種行政計画において定められた都市公園の整備目標であるが，昭和26（1951）年の「首都建設法」において4.95㎡であった整備目標が昭和43年の「東京都中期計画68」においては3.00㎡へと下方調整されている。その理由としては，上記の「首都建設法」や昭和31年の「都市公園法」（6.00㎡）における目標設定が期待値であったことに対し，「東京都中期計画68」の目標値は最低限の整備目標，すなわち，可能値として設定されたことが考えられる。

表4-5 戦後東京都の行政計画とその目標 　　　　　　　　　　　　　　　（単位：㎡）

策定年次	行政計画・法律名	目標水準	目標年次	計画目標
1951	首都建設法	4.95	—	
1956	都市公園法	6.00	—	
1968	東京都中期計画68	3.00	1985	都市改造
1974	東京都中期計画74	5.00	1980	生活環境・緑の回復
1976	東京都行財政3か年計画	5.00	1980	環境保存・緑の回復保存
1982	東京都長期計画	6.00	2000	都市と自然の共生
1986	第二次東京都長期計画	6.00	2000	快適で潤いのある都市
1990	第三次東京都長期計画	6.00	2000	都市機能と潤いの融合
1993	都市公園法改正	10.00	—	

出典：東京都，1985：120頁および各種計画より作成

当時，美濃部都政における大都市東京の問題への対応は，都市空間における「生活公準」としての「シビル・ミニマム」の設定による計画化であった。「シビル・ミニマム」という言葉は，ナショナル・ミニマムに示唆された和製英語である。従来のナショナル・ミニマムが，教育，保健，保育，交通，住宅などの公共機能や，健康保険，老齢年金などの社会保障を通じて憲法上でいう国民生活の最低限の保障を行うのに対し，「シビル・ミニマム」は，近代都市が当然整備しなければならない都市における最低限の生活条件，すなわち，市民が安全，健康，快適，能率的な都市生活を営む上で必要な生活公準を指す言葉であった。美濃部都政における各種中長期計画の底には，この「生活公準」の思想が潜んでいた（東京都，1994：224頁）。

　東京都においては，都行政におけるめざすべき水準として「シビル・ミニマム」が政策ごとに策定されたが，その設定においては，①現行法制度上どのような基準が設定されているのか，②学説または調査会，審議会などにおいてはどのような結論が出されているのか，③国内または欧米の大都市水準と比較してどうか，④現行計画上どのような目標が設定されているのか，などが考慮された。そのうえ，課題ごとに設定された「シビル・ミニマム」と都の現実的な行政条件との格差を埋めていくための施策を考え，計画化されたのが「シビル・ミニマム計画」であった（東京都，1971および東京都，1994；御厨貴編，1994：210-214頁参照）。この中で公園の「シビル・ミニマム」は，昭和43（1968）年の「東京都中期計画68」において，都民1人当たりの公園面積を2.00㎡から3.00㎡へ，また，その達成目標年次を昭和60（1985）年から昭和55（1980）年へ早められた。

　ところが，これらの各種項目別の「シビル・ミニマム」の達成のためには，東京都の都市構造全体を根本的に改革する必要があり，長期構想に基づいた計画的対応が求められた。その長期的計画の構想として，昭和46（1971）年に試案という形をとった「広場と青空の東京構想（試案1971）」が発表された。ここでの「広場」は「都民参加」を，「青空」は「シビル・ミニマム」の実現による環境改善を指していた。この構想の課題としては，地域特性への対応，東京圏の広域的拡大，防災都市への展望が取り上げられたが，公園緑地の関連では，多摩ニュータウンの建設，グラウンド・ハイツ跡地の整備およ

び海上公園の建設などが盛り込まれていた。

4.1.6 海上公園の整備

他方，高度経済成長に連動した土地価格の暴騰は，土地という物的空間を土台とする都市公園の整備には大きな障害要因として作用した。そのうえ，量的拡大によって生じた維持管理のための費用の増大も，量的拡大の限界を明確に見せていた。そのため，河川敷地の公園地としての利用なども制度化されたが，欧米比較に基づく量的拡大に対応するほど十分なものではなかった。

第2次世界大戦後の東京の公園計画は，昭和21（1946）年の「戦後復興計画」に始まることはすでに見てきた。しかし，計画上の具体性を欠いたまま，昭和25（1950）年に中小河川を入れた小規模なものに変更され，昭和32（1957）年には大改定が行われた。その改定の際，公有水面，河川敷を取り入れ，既存の陸地部に加え，海上の整備が急速に進められることとなった。

東京の都市公園政策を特徴づけるこの海上公園の整備事業は，昭和46（1971）年の「広場と青空の東京構想」（試案1971）において具体化された海上公園整備計画であった。昭和40年代に始められる各種公害対策が次々と法制化される中で，東京では，昭和47（1973）年に「東京における自然の保護と回復に関する条例」が制定され，保全に対する気運が高まっていた。

他方，海上公園が急速に展開されたのは，内陸部における都市公園事業が，急激な地価上昇のため土地取得に難航していたことへの対応策でもあった。そのため，東京都の都市公園所管部署である建設局は都市計画事業としての都市公園を海上公園計画と調整しつつその量的整備を進めていくこととなる。

このような社会状況のなかで，従来の都市公園の枠を越えた公園を臨海部に集中的かつ総合的に整備・運営することを目的とし，昭和50（1975）年に「東京都海上公園条例」が制定されることとなった。[12]東京都では，これに先立ち，昭和45（1970）年に東京湾の水域と埋立地を利用して公園・緑地を整備しようとする「海上公園計画」を決定し，翌年策定された「広場と青空の東京構想（試案1971）」の中の臨海地帯計画における先駆的事業として，「海浜公園・ふ頭公園・緑道公園」の3種類の海上公園事業をスタートさせた。

その構想において，海上公園の必要性を，「東京の街は，都民が自らの街として愛着をもちうる住みよい美しい街でなければならない。そのためには，澄んだ空気，深い緑，青い水面等の自然環境の保全と回復を図り，都民が明日への活力を養えるような潤いと憩いを与えるための施策が必要である」と説明していた（東京都，1970：書き出し）。この内陸部において進まない都市公園の代替案として期待された海上公園の特性は，①港湾振興における役割，②埋立開発事業としての位置づけ，③臨海部における植栽や水域環境などの技術的能力や技法の蓄積，④海浜を主体とした管理（親水性レクリエーション場や海と生物の保全管理など），⑤臨海部全体の緑地管理（海上公園，街路樹，保留地緑化），⑥港湾法上の港湾施設としての管理，などがあげられている（東京都港湾局，1994：1118頁）。従来の都市公園条例に基づく都市公園事業との制度的相違は，次の表4-6のように比較される。

表4-6 海上公園と都市公園の比較

区分	海上公園	都市公園
法的位置づけ	「公の施設」（地方自治法第244条），東京都海上公園条例	都市公園法，東京都立公園条例
立地上の特性	臨海地域および水域に設置する公園。一部の公園を除いて都市計画施設の公園緑地に該当しない	都市計画区域内における都市計画施設としての公園緑地
性格	積極的親水性をもった自然を楽しむ公園	陸域の利用を中心とした施設中心の公園
施設内容	都市公園法に掲げる施設 港湾法に掲げる港湾環境整備施設を含めた港湾施設干潟等自然環境保全施設と釣り施設人工なぎさ等の水面レクリエーション施設等港湾法の規定に基づく「修景厚生港区」の構造物規制に合致した施設	都市公園法に掲げる施設
占用物件	専用できる物件の範囲が広い（地下鉄駅，モノレール，バス停，都市防災施設，都市公園法で設置できないものを含む）	占用できる物件の種類設置基準が限定されている。（占用できるものは公園の規模によって制限がある）
他法令との調整	港湾法，都市計画法，都市公園法等と調整を図りながら運用	単一の公物，営造物に関する法として都市公園法に基づき統一的運用

出典：東京都港湾局，1994：250頁

海上公園条例の一つの特徴は，同計画の策定と計画案を「東京都海上公園審議会」に諮問することが知事に義務づけられているところにある[13]。また，同条例に基づき計画の策定，変更に当たっては，都民の意見が反映されるように努力することが義務づけられた。「海上公園計画は，海上公園の設置に関する重要な事項であり，計画策定段階から都民の意向を積極的に反映させる必要がある」，すなわち，審議会を通して都民の意向を海上公園計画に反映させることができる。そして，海上公園計画の基本理念において，「海の都民への開放は，葛西沖から羽田沖までの海面全域にわたる一体的な構想のもとで進めることおよびその具体化に当たっては，都民の参加を得，よりユニークなアイデアを投入することを制度的に保障」することをうたっている（東京都，1975 参照）。

海上公園事業は昭和 47（1972）年に開始され，平成 5（1993）年現在，36 公園，707.9ha が整備開園されている。その代表的な公園としては，潮風公園（13 号地公園），夢の島公園，葛西臨海公園などであり，これらの海上公園は埋め立て後に都市計画決定や区画整理，施設の整備と運営に都建設局，都港湾局，隣接区などによって進められた公園である。これらの海上公園の管理運営については，「各公園の特性を生かした管理を行うため拠点となるべき大規模公園は，施設の維持管理運営について適切な団体を活用し，都は，総括的管理・規制・許認可・利用者サービスおよび利用の安全確保等の業務を中心とする拠点（常駐）管理を行う」との管理方針を立てていた。

この方針に基づく海上公園の管理は，特認可事務・財産管理・公園の PR・利用者指導・園内巡回などは直営で行い，園内清掃・除草害虫駆除・樹木の手入れなどは委託によっている。これらの管理に関する基本的考えは，「①公平かつ民主的な利用を確保すること，②適正な公園秩序を維持すること，③公園行政の責任者である東京都の主体が保持できる最小限度の直営管理体制を確立すること」などが特徴としてあげられた[14]。

この海上公園の建設費や運営費については，臨港地区に立地する 1 万㎡以上の敷地を有する事業者から徴収する環境整備負担金の対象となっており，臨港地区に立地する事業者が，公園整備や維持管理に必要な費用の一部を負担することが港湾法によって制度的に規定されている。

表 4-7　海上公園管理の仕組み

区分	事項	対象公園	管理内容
直接管理	直営管理	許認可・取締り・規制等	行政事務
間接管理	管理委託	有明テニスの森公園	㈶東京港埠頭公社
		大井ふ頭中央海浜公園	同上
		東京港野鳥公園	同上
		城南島海浜公園	同上
		若洲海浜公園	㈶東京港若洲海浜公園管理財団
	管理許可	各公園	売店・食堂・マリーンハウス・ボート保管庫・駐車場・ゴルフ便益施設など
	設置許可		自動販売機
	業務委託		利用者の接待・施設維持など

出典：東京都港湾局，1994：1120 頁より作成

　海上公園の計画策定の手順は，港湾局が計画素案を作成し，庁内関係部局との調整を踏まえ原案を作成する。内部的な調整から得られた原案は，関係行政機関，関係自治体・団体との意見調整を経て，東京都海上公園審議会に諮問され，決定される仕組みであり，その概要は東京都の広報により告示される。

　ところが，都市公園の管理の手法を準用する海上公園の管理においては，一般的な公園の安全管理とは異なった専門的安全管理が行われているのが管理上の特色である。これらの特色は，海洋スポーツや水辺でのレクリエーションが主な海浜公園において顕著であるが，専門家の不足，変化しやすい気象・海象などによって，海洋生物の保護とレクリエーションの提供という管理上の問題などが指摘されている（東京都海上公園審議会は 2001 年に「今後の海上公園のあり方」について中間のまとめを発表した。民間資金の投入（PFI）による多様なニーズへの対応や規制緩和などを通じて，その活性化・自然保護・都民協働のための管理手法などについて議論されている）。

4.2 市町村立公園の成立と区立公園の現状

4.2.1 市町村立公園の開設

戦前における市町村の都市公園は，明治29 (1896) 年開園の八王子市「富士森公園」に始まる。その後，八王子市が大正6(1917)年に「市制」を施行し，大正8 (1919) 年に公布された都市計画法の適応都市となったことをはじめとして，三多摩地域の各市に市制が敷かれ「都市計画法」の適用をうけることとなった。戦前の多摩地域における都市計画は，昭和2 (1927) 年に八王子市に都市計画区域が設置されたのを皮切りに，昭和12 (1937) 年から昭和17 (1942) 年までの6年間にほとんどの市町村が都市計画区域に位置づけられた。しかしながら，都市計画公園や緑地の決定をみたのは，昭和15年から18年までの間，7公園のみであった。その原因は，中島飛行場などの軍事工場が区部周辺市に進出したことによる居住環境の整備（宅地建設）が優先されたからである。

戦後の東京都市部における公園整備は，「地方自治法」の施行による制度上の地位の確立および戦災復興のために適応された特別都市計画によるものであった。これにより，9か所の都市計画公園が決定され，昭和24 (1949) 年から昭和27 (1952) 年にかけて6か所の公園（船森，天神，焼，子安，小門，明神公園）が開園された。また，昭和20年代には八王子市をはじめ立川市，武蔵野市，昭島市，調布市，福生市の6市において19か所の公園が開設された。

昭和30年代以降の高度経済成長にしたがい，大都市，特に首都圏への人口，産業の集中により生活環境の悪化および交通難などの都市問題への対応が新たな行政課題として浮上してきた。そのため，昭和30年代には「首都圏整備法」の施行とともに，三多摩地域の公共空地計画が進められた。

また，当時制定された「都市公園法」の基準を踏まえた計画の改定も同時に進行し，昭和36年から昭和37年にかけて調布，府中，立川，八王子において，昭和38 (1963) 年には従来都市公園の計画が未決定であった町田，東村山，昭島，福生，小金井，日野，小平などの各市において公園緑地の指定

表 4-8　東京都市町村立都市公園開設状況　　　　　　　　　　　　（単位：公園数）

区分	以前	1945-54	55-64	65-74	75-84	85-94	95-97年	合計
八王子市	1	8	6	51	100	146	138	450
立川市		3	5	12	7	9	4	40
武蔵野市	1	3	4	9	48	19	2	85
三鷹市				4	14	15	2	36
青梅市			3	21	22	12	11	69
府中市			4	43	73	64	12	196
昭島市		1	12	4	14	6	1	29
調布市		3		30	66	18	16	145
町田市			1	37	88	203	47	375
小金井市				1	2	2		6
小平市				46	72	67	28	213
日野市			1	30	74	18	2	124
東村山市				3	7	5		16
国分寺市				3		2	3	8
国立市					14	1	1	16
田無市					9	1		10
保谷市			2		6	7	12	25
福生市		1	1	13	8	17	4	45
狛江市				3	9	4	1	18
東大和市				12	34	11	1	58
清瀬市				1	2	1		4
東久留米市				16	34	27	12	89
武蔵村山市				8	5	2	1	16
多摩市				18	86	63	6	173
稲城市				5	23	19	6	53
あきる野市					9	13	2	24
羽村市				12	24	14	5	55
瑞穂町				4	19	20	2	45
日の出町					10	3	1	14
大島町				1				1
新島村					1	3		4
八丈町					2			2
小笠原村					2	2		4
市部小計	2	19	42	387	884	794	320	2,448

出典：東京都『公園調書』1998から作成

が行われた。

さらに昭和40（1975）年には，新市街地建設のため多摩，稲城，八王子，町田市の区域に多摩ニュータウン建設計画が決定され，その進行にともない近隣公園等の指定が昭和45（1970）年以降，八王子市，多摩市において進められた。[16]

他方，多摩地域において公園担当係が設置されるのは，昭和25（1950）年の八王子市がその最初である。多摩地域における公園整備は，昭和46（1971）年に「都市公園等整備5か年計画」が発表されると同時に「緑のマスタープラン」の提案がなされ，東京都が公園整備事業に本格的に乗り出したことがその契機であった。

4.2.2 市部の公園緑地整備

この年から丘陵部における公園用地の買収が始まり，市部における担当組織が誕生することになる。現在の東京都と区市町村の都市公園事業の役割分担は，10ha以上の公園は都立公園として東京都が，2ha以下の公園は都区の一般財調制度により，また2ha以上10ha以下の公園事業は，都市計画交付金と特別財調制度による事業区分となっている。たとえば，整備状況からみれば，区部においては都事業とされる10ha以上の公園が市部においては8市16か所，また区部においては都市計画交付金と都区特別財調制度による事業対象となる2〜10haの公園の場合，24市117か所の公園が整備されている。

この2haから10ha規模公園の整備内容からみれば，2ha以上の公園整備の多くは多摩ニュータウン事業や大規模団地開発によって生み出されたもので，市財政により単独で用地買収を行い，公園として整備してきたのは町田市，府中市など数市に限られている。しかし，かつて武蔵野の影を蘇らせようとする市部の努力が東京都における都市公園の全体面積を増やす一方，地域の個性あふれる都市公園が造られ，親しまれている。[17] なかでも，武蔵野市と三鷹市の公園整備はその代表的事例である。

昭和22（1947）年の市制施行当時，武蔵野市の近郊農村地域には，樹木や屋敷林，街道沿いの並木など武蔵野の面影が数多く残されていた。しかし，

表 4-9　東京都下市町村における緑地の現況

市町村名	緑地目標 (％)	公園緑地目標 (㎡/人)	農地面積 (ha)	生産緑地 (ha)	都市公園面積 (㎡/人)
八王子市	58.6	30.8	533.64	278.67	8.98
立川市	29.6	14.9	300.91	238.64	8.77
武蔵野市	21.4	12	36.79	32.02	4.18
三鷹市	27.1	14.6	199.95	175.30	3.09
青梅市	70	21.9	252.26	162.58	5.79
府中市	30.1	24.7	186.34	122.05	7.39
昭島市	30.9	31.7	88.19	54.93	10.17
調布市	32.4	19.5	198.31	156.01	5.18
町田市	32.7	20.8	473.51	290.90	5.58
小金井市	29	11.6	97.83	79.44	7.07
小平市	26.4	11.2	249.53	217.08	2.65
日野市	35.1	31.9	235.78	127.12	7.20
東村山市	33.3	20.6	205.99	155.66	4.78
国分寺市	23.8	13.5	184.24	137.36	1.74
国立市	19	14.4	80.42	49.91	2.53
福生市	37.1	18.4	19.96	7.82	5.26
狛江市	27.9	20.1	57.26	44.35	1.44
東大和市	39.4	18.6	90.15	54.26	8.73
清瀬市	38.1	21.1	238.27	205.97	2.72
東久留米市	25.3	14.5	205.11	180.84	1.43
武蔵村山市	35.8	20.8	173.68	107.37	17.09
多摩市	37.3	27.7	64.34	29.76	13.00
稲城市	40	32.1	161.04	119.08	8.13
羽村市	22.8	27.3	58.14	37.01	6.30
あきる野市	73.1	45	160.41	82.05	5.45
西東京市	20 (21.3)	12.9 (11.0)	188.15	153.85	1.37
瑞穂町	47.7	20.8	−	−	13.78
日の出町	79.5	23.1	−	−	2.62
桧原村	−	−	−	−	−
奥多摩町	−	−	−	−	44.81
多摩地域計	47.8	21.9	4740.2	3,300.03	6.28
特別区	19.7	12.9	914.47	538.07	3.97
東京都計	35.8	16.1	5,654.67	3,838.10	5.04

（注）緑地目標および公園緑地目標は，平成22年度における目標数字である。
　　　西東京市の場合，旧田無市（旧保谷市）を表わしている。
出典：㈶東京市町村自治調査会，2002より作成

図4-2　武蔵野市の緑のリメイク

基本計画	緑の拠点をリメイクする計画	まちなみをリメイクする計画	市民参加の仕組みをリメイクする計画
施策	都市公園をリメイクする計画 1. 住区基幹公園の整備 　●地区公園の整備 　●近隣公園の整備 　●街区公園の整備 　●まちかど公園の整備 2. 都市基幹公園の整備 　●総合公園の整備 　●運動公園の整備 3. 広域公園の整備 4. 緑地の整備 　●都市緑地の整備 　●緑道の整備 　●緑地広場の整備 都市公園以外の緑地をリメイクする計画 1. 農業ふれあい地区の整備 2. 市民農園の整備 3. 生産緑地地区の保全・活用 4. ちびっこ広場の整備 5. 市民花壇の整備 6. 樹木ストックヤードの整備 7. 災害時協力農地協定(仮称)の促進 学校を「地域の森」にリメイクする計画 1. 接道部の緑化 2. 大木づくりの推進 3. 学習教材としての緑化 大木・シンボルツリー2000計画における緑の創出・保全 1. 樹林地の保全・創出 　●緑地保全地区の指定の推進 　●環境緑地制度の創設 　●保存樹林の指定推進 　●借地公園の推進 　●公園，大規模公共施設，公有地等の森の整備 2. 大木の保全・育成 　●保存樹木の指定推進 　●みんなの木の保全・育成 　●接道部の樹木植栽の推進	道をリメイクする計画 1. 中央通りの並木の保全と緑化 2. 五日市街道の整備と緑化 3. 井の頭通りの整備と緑化 4. 伏見通りの整備と緑化 5. JR中央線沿線の緑化 6. 文化会館通りの緑化 7. 市民の散歩道の整備 8. 幹線道路の緑化 9. 多様な緑化の推進 水辺をリメイクする計画 1. 玉川上水の整備と緑化 2. 千川上水の整備と緑化 3. 仙川の整備と緑化 4. 水路敷の整備と緑化 5. 生態系豊かな水辺空間の創出 接道部をリメイクする計画 1. 接道部の緑化 2. 緑化協定の締結促進 3. 武蔵野緑化地区指定による緑化の推進 4. ツリーポットによる緑化 5. 植栽帯による緑化 建物まわりをリメイクする計画 1. 壁面緑化の推進 2. 屋上緑化の推進 3. ハンギングバスケット等による緑化	緑を保つ仕組みをリメイクする計画 1. 市民による緑の愛護団体の組織化 　●「森の番人」制度の創設 　●大木の里親制度の創設 2. 地域性にあわせた管理 3. 緑を保つための支援 4. 緑からでたもののリサイクル 　●技や葉のリサイクルシステムの確立 　●落ち葉等によるイベントの開催 　●コンポスト容器設置の推進 自らの手で緑を増やす仕組みをリメイクする計画 1. 人材の確保と育成 2. 緑を増やす基準づくり 3. 緑化の普及啓発 緑を考える仕組みをリメイクする計画 1. 武蔵野市緑化・環境市民委員会の充実 2. 緑のまちづくりレポーター活動の充実 3. 玉川上水サミット(仮称)の提唱 4. 緑化・環境センターの設置 緑を担保する仕組みをリメイクする計画 1. 公園緑化基金の増資 2. 借地方式 3. むさしのトラスト方式 4. 有償福祉サービスとの複合方式 5. 生産緑地地区の換地方式 6. 公共施設の複合化による活用方式 7. 大規模施設の改修にともなう緑地の活用方式 8. 物納地の活用方式
重点事業	農地でリメイクする重点事業 1. 都市型市民農園の整備 2. 入園型農地の整備 3. 畝売りの整備 4. 緑地等の保全活用 5. 並木道の整備	仙川でまちなみをリメイクする重点事業 1. 仙川遊歩道の整備 2. 仙川沿線地域の緑化 3. 緑と水のネットワークの確保 4. 仙川の親水化整備 5. サクラの植栽 6. 生態系に配慮した整備	むさしのグリーントラスト創設重点事業 1. 環境緑地の設置・管理 2. 緑地の買い取り・管理 3. 緑地の保全・緑化に関する活動

「緑化推進ゾーン」リメイクするモデル　1. 東部地区　2. 成蹊学園・井の頭地区　3. 武蔵野中央公園・仙川地区

出典：武蔵野市，2002：25頁

昭和30年代まで比較的豊かに残されていた武蔵野の緑は，急激な都市化・宅地化により緑地面積の減少が目立ちはじめ，昭和47（1972）年以降の緑地対策の施行にもかかわらず低下しつづけ，平成6（1994）年現在の「緑被率」は，22.6％まで低下している。(18)このような緑被率の減少を止め，古き武蔵野の緑を保全・修復させるために，市全体をその対象とする「むさしのリメイク緑の基本計画」が平成9（1997）年3月に策定された。

　この三つの項目から構成された基本計画のうち，「緑の拠点をリメイクする」においては，武蔵野市の代表的な都市公園などを「むさしの森」と位置づけ，「大木・シンボルツリー2000計画」などを通じて，その保全・育成を図ることとし，「まちなみをリメイクする」においては，水辺や街路樹，生垣などの接道部や壁面・屋上など，全体としてのまちなみがその対象とされた。また，「市民自らの手でリメイクする」では，行政側だけの緑化だけではなく，広く市民参加方式を通じて，緑を守り，育て，つくり，そして支える仕組みを整えることがその目的とされている（武蔵野市，1997参照）。

　平成27（2015）年を最終的な目標年次とするこの基本計画において，平成7（1995）年現在における22.6％の緑被率（市域面積に占める緑被率の割合）を，平成27（2015）年には30％まで引き上げることが目標とされた。ここにおいては，緑を整備する際の七つの視点（本書233頁参照）が提起され，都市全体に及ぶ緑化がめざされているのがその特徴である。

　ところが，武蔵野市において行われている緑地保全の土台には長年にわたり試みられ蓄積されている市民参加の経験と仕組みがあったことに注目したい。武蔵野市における緑対策は，昭和46（1971）年に「緑化市民委員会」と昭和47（1972）年に現在の「緑化公園課」の前身である「緑と花の課」の発足に始まった。その後，「緑のネットワーク計画」や「武蔵野市民緑地憲章」の制定，「みどりの保護育成と緑化推進に関する条例」，「公園緑化基金条例」の制定，「都立武蔵野中央公園」の開設，平成6（1994）年の「大木・シンボルツリー2000計画」およびその提言を受け，「環境緑地制度」の創設などさまざまな緑化施策の展開が試みられてきた。

　武蔵野市においては，緑を保全・育成するための各種の計画・活動が行われているが，そのうち「緑を保全する五つの制度」は，財政措置および管理

表4-10 武蔵野市の歴代緑化(環境)市民委員会とその主な提言・要望

①第1期緑化市民委員会(松下圭一) (昭和46年9月〜48年8月) ②第2期緑化市民委員会(西尾勝) (昭和48年10月〜50年9月) ③第3期緑化市民委員会(田畑貞寿) (昭和50年10月〜52年9月) ④第4期緑化市民委員会(西本晃二) (昭和53年1月〜55年1月) ⑤第5期緑化市民委員会(野原三洋子) (昭和55年3月〜57年2月) ⑥第6期緑化市民委員会(勝田有恒) (昭和57年5月〜59年5月) ⑦第1期緑化環境市民委員会(城戸毅) (昭和60年10月〜62年10月) ⑧第2期緑化環境市民委員会(委中里明彦) (平成元年12月〜3年12月) ⑨第3期緑化環境市民委員会(戸谷洋一郎) (平成4年9月〜平成6年9月) ＊ ( )の中の氏名は会長・委員長を表わす ＊ [ ]の中の丸数字は「歴代市民委員会」を表わす	■緑と花の課(昭和56年から緑化公園課)および緑化機動隊(昭和47年4月),緑化推進本部(昭和47年11月)の設置.[①] ■「武蔵野市民緑の憲章」(昭和48年4月),「緑の日」の制定.緑と花の市民集会の開催.[①] ■街路緑化等についての植樹選定委員会(昭和47年6月)設置.街路緑化(街路樹・グリーンベルト)の推進.[①②] ■遊び場整備3か年計画(昭和49年〜51年,昭和52年〜54年,昭和55年〜57年)策定に関する要望(公園倍増計画).[①②③④] ■農地等のオープンスペースの無償借用(借地公園制度)による遊び場(公園)の確保.[①] ■市緑化実施計画(案)としての市民委員会活動プログラムの策定.[①②③④⑤] ■「みどりの条例」の制定の提言.恒久緑地の計画的確保のための意見書.[⑤] ■「緑化基準」の条例化.[⑧⑨]

出典:武蔵野市,2002:25頁

体系等を考慮した総合的保全策として具体的であるといえる。また,この緑保全に関する五つの制度は,「接道部緑地」との結合により施設緑化だけの部分緑化ではなく,都市空間における全体緑化を指向することにその特徴がある。

また,三鷹市が市制を施行したのは昭和25(1950)年であり,当時の人口は約5万5000人で武蔵野の面影を色濃く残す郊外都市であった。市の周辺部には,井の頭公園,野川公園,国立天文台など比較的大きな緑地に恵まれ,河川や玉川上水沿いには,緑や水辺,文化財が散在している。

現在,第2次基本計画を実施中であり,その計画は「高環境(公園的な都市空間の創造を目指して)」および「高福祉(豊かな市民生活の実現を目指して)」が市政の2大柱として位置づけられている。「緑と水のルート整備計画」として名づけられた都市空間整備計画は,「緑と水の公園都市」という総合計

表4-11 緑を保全する五つの制度（武蔵野市）

	借地公園（市民緑地）	環境緑地		保存樹林	保存樹木	保存生垣
		憩いの森	みんなの木			
保存義務	公園として整備，緑の保存に努める	市が緑の保護育成に努める	市が緑の保護育成に努める	所有者が適正な管理と保存に努める	所有者が適正な管理と保存に努める	所有者が適正な管理と保存に努める
施設設備	公園として整備	保全型施設を整備（柵やベンチ等）	保全型施設を整備（柵やベンチ等）	標識設置	標識設置	標識設置
維持管理	公園として管理	市が簡素な管理	市が簡素な管理	所有者が管理	所有者が管理	所有者が管理
補助金（年）	なし	なし	なし	100円/㎡	6000円/本	300円/㎡
固定資産税 都市計画税 地価税	非課税（無償提供の場合）	非課税（無償提供の場合）	非課税（無償提供の場合）	課税	課税	課税
相続税評価（20年以上の契約と一定の条件を満たした場合）	土地評価4割軽減（都市公園に対応） 土地評価2割軽減（市民緑地に対応）	土地評価2割軽減（市民緑地に対応）	全額課税	全額課税	全額課税	全額課税
備考	使用賃貸契約の締結 市が施設管理保険に加入	使用賃貸契約の締結 市が施設管理保険に加入	使用賃貸契約の締結 市が施設管理保険に加入	必要に応じて樹木医を派遣 市が倒木保険に加入	必要に応じて樹木医を派遣 市が倒木保険に加入	必要に応じて樹木医を派遣 市が倒木保険に加入

出典：武蔵野市，2002：5頁

画を実行していくために策定された実践的計画として平成6（1994）年度に策定された。

この計画は，緑と水を軸とした美しく快適な都市空間をいかに創り出していくか，その具体策をまとめたもので，市内に残された緑や水など，いわゆる「ふるさと資源」を活かしていくことにその特徴が見られる。すなわち，各住区の市民が作り上げた「まちづくりプラン」に加え，「三鷹市基本計画」や「緑計画」を合わせ市の計画として総合化したものである（三鷹市都市整備部緑と公園課，1999：4-11頁）。この計画は，市内を流れる野川・仙川・玉川上水（神田川を含む）の3本の「河川軸」，東西南北を貫く2本の幹線道路沿いを「都市軸」として位置づけ，その保全充実を図ろうとするものである。

この緑と水の回遊ルート整備計画における一つの重要な拠点として位置づけられたのが，平成9（1997）年から始まる「丸池の里」づくりである。通

図 4-3 三鷹市の「緑と水の回遊ルート」計画図

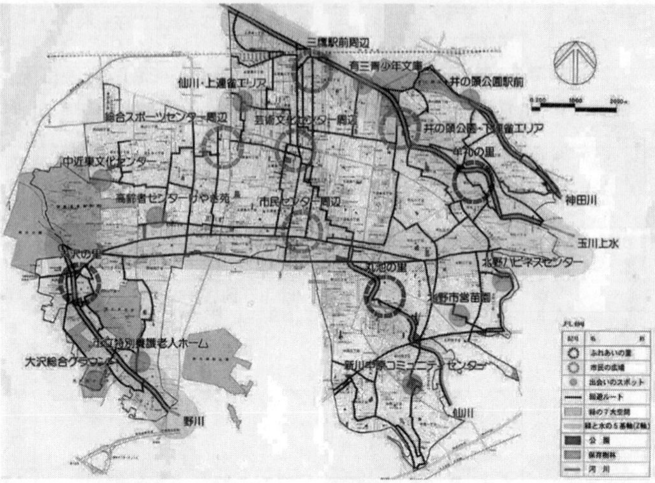

出典：三鷹市「都市計画マスタプラン」2003 より

常「ふれあいの里」という愛称で呼ばれているように，地域の人々が多く実際に話しあうかたちで，ワークショップを通じて池の復活をめざしたものである。[20] これらの整備計画には，多くの市民グループがかかわり，行政との協働のまちづくりの形をつくりつつ，公園だけに限定された整備計画から脱皮し，広くまち全体の緑環境を考慮した景観整備の考え方が含まれているといえる。

4.2.3　区立公園の誕生[21]

先に少し触れた都立公園の「特別区への移譲」は，これまで東京都が設置管理していた都所有の公園管理を新たに管理者となる特別区へ移譲したものであり，その土地，建物，工作物等の財産の権限を譲渡するとともに，営造物である公園を特別区みずからが設置管理することができるようにした都区間の事務配分であった（丸山，1997：30頁）。

戦前から昭和 22（1947）年の「地方自治法」の制定までの間は，23 区内の都市公園面積の 25％を占めていた都立公園の設置・管理は，都直轄事業および区長委任事務によって行われていたが，「地方自治法」の施行および

その改正に基づいて，昭和25（1950）年に「都区行政調整協議会」が発足し，特別区に公園の土地・工作物等を無償で区に移譲することが合意・決定された。

東京都所有の公園が，特別区の営造物としてその財産の所有権が移譲されるのは，昭和25（1950）年10月が最初である。すなわち昭和22（1947）年に「地方自治法」が施行され，特別地方公共団体としての特別区が誕生する以前は，東京都の公園に関する管理事務を単に「行政区」（事務委任関係）としての立場で履行したものにすぎず，公園の管理というものに大差はなくとも，法的な立場は大きく異なっていた。つまり，区の公園の設置および管理に関する固有事務としての法的地位は，公園移譲以前には存在しなかった。

都立公園の特別区（以下，区）への移譲は，戦後改革による地方自治の新潮流，とくに，「地方自治法」の施行やその後の改正に深く連動している。すなわち，「地方自治法」の施行とともに区は，市同様規定が準用され特別地方公共団体となるものの，実際には公園の設置・管理については日常的な管理以外の改良・整備などはできなかった。戦前から多くの公園が都市計画公園として都市計画法の規定が適用されていたものの，この都市計画法上での区は都市計画事業施行者と見なされていなかったためである。

その後，昭和44（1969）年の「地方自治法」の改正にともない，都市公園に関する都区間で事務および財源の配分が行われ，区において公園管理についての制限が廃止され，整備については主として2ha未満で区の住民の利用に供する施設に関する都市計画事業が可能となった。

4.2.4　都制施行当時の公園管理

明治6（1873）年の太政官布告以降の公園地は，従来の名勝および社寺境内地が多くを占めていたが，大正期までの近代的公園の設置は主に内務省と東京市が主管し，従来の公園地である社寺境内地，墓地，それに規模の小さい児童遊園は区の管理対象となっていた。

また，「東京市」時代（明治31年の市制施行から昭和18年の都制施行までの期間）における公園の管理は，明治34（1901）年の告示第91号「区長区収入役事務分掌規定」によって行われていた。その第1条10の規定によれば，「公園地，共葬墓地および市有地の管理に関する事項」また，その35区にお

いて「児童遊園に関する事項」が区の管理とされた。すなわち，市所有公園地，墓地，児童遊園が主な管理対象であった。

戦前における都立公園（東京市所有）は，昭和7（1932）年に35区となるにつれ，「公園現場の取締及公園の一時使用」に関しては「区長の管理事務」とされ，麴町区の麴町公園，清水谷公園をはじめ24区44か所の公園が区長によって管理されていた（丸山，1997：32頁）。

昭和18（1943）年の「都制施行」にともない，それまで東京府と東京市によって二元化されていた公園事業は，都によって一元化された[22]。すなわち，都政施行までは，現在の大阪・京都のように，広域的な公園緑地に関しては府が担当し，各市の公園は当該市において設置管理するという仕組みであった。東京にあっては，昭和15（1940）年から事業化される東京大緑地が府事業であり，また自然公園も府の担当であった。

昭和18（1943）年当時の各区は，都条例により公園に関する管理事務の委任を受けていた。各区は，財産および営造物に関する事務ならびに都条例により区に属する事務を処理していたにすぎず，課税権，起債権および独立の立法権は有せず，区長は官吏であった。すなわち，昭和18（1943）年の「東京都区長委任条項」（都令第7号）および告示（都告示第192号）により，173か所の公園の管理事務が公園所在区に委任され，その管理運営に関しては「公園地の管理事務区長委任に関する件」（計庶発第837号次長通達）が通達された。その「指定シタル公園ニ付其維持清掃及取締公園地ノ一時使用及公園臨時売店使用ニ関スル事項」によれば，当時公園の実質的な運営管理が当該区において行われていたことがわかる。

他方，「地方自治法」の施行以降は，管理のみの公園事務委任は新たに「区移譲事務条例」（条例第14号）と「区移譲事務条例施行細則」（規則第12号）により，清水谷公園ほか21区85公園の公園管理事務が当該各区に移譲された。しかし，都立公園の移譲に関しては，「区移譲事務中建設局所管事務に関する件依命通牒」（建総発第762号）による移譲公園管理方針が示された。それによると，公園管理は従来の規定，通牒に準じて処理することが中心であり，この通牒は後に建設省「指定公園地の管理事務区移譲についての通牒」（建公緑第115号次長通達）により確認されている。この通牒では，公園

の管理方針を次のように規定している。すなわち,「区移譲事務条例」の第1条第10号において「公園の管理」とは,「①公園の維持,修繕および清掃並びに取締に関すること,②使用料の徴収に関すること,③公園地の一時使用許可に関すること,④公園臨時売店使用許可に関すること,これまで事務取扱に当たっては従前の規定,通牒に準じて処理すること」であった。

4.2.5 地方自治法の改正と公園移譲

上でもふれたが,昭和18(1943)年7月の「都制施行」にともない,従来区部にある都立公園のうち比較的規模の小さい地域的性格をもつ東京都所有・管理の167か所の公園について,東京市は基本的な維持管理などを33区長(当時35区)に委任していた。

しかし,昭和22(1947)年の「地方自治法」の施行により区が基礎的地方公共団体となったため,公園の改良計画等の計画・執行権は従来通り東京都が担当し,比較的小規模の167か所の公園中,清水公園ほか86か所の公園が所在する当該区に移譲されることとなった。移譲に際し,従来の公園に関する計画・整備および占用許可の法的処分など公園の本質的な管理権限は東京都に留保され,移譲後の公園の整備・改造などについてはすべて東京都の承認が必要とされた。

最初の区への移譲は,昭和22(1947)年の176か所公園の管理事務の移譲であるが,これらの公園の権限である公園財産については,昭和24(1949)年の「都有境内地墓地および特別区の管理する都有財産その他処分に関する条例」の施行によって初めて,都有財産の無償譲与を認めることとなった。ただし,公園地が都有ではない国有地であったものや,公園が複数の区にまたがる公園などについては「区長委任」の形で存続させることとなった。

しかし,前にも述べたように,この時期の公園移譲は「既存公園」に対する管理事務が主であり,公園の新設は都が執行し,完成後に当該区に移譲する仕組みが採られた。また,区画整理公園に関しても,まず区画整理によって生まれた公園用地を都に換地し,設置後に移譲された。このような仕組みは,都市計画法上における都市計画事業施行者として区が想定されなかったためであった。すなわち,都市計画事業と土地区画整理による公園造成は,

昭和44（1969）年の「地方自治法」の改正以前は，都知事が公園造成工事の執行を区長に委任する仕組みであったため，当該区においては公園の新設にかかわる権限はなかった。

その後，区による自治権の拡大要求と昭和22（1947）年「地方自治法」の改正により，区管理公園のうち，その土地所有が東京都の場合に限って，その土地・工作物（財産）の一部が区に移譲され，現在の都市公園法上の区立公園が誕生した。

他方，昭和27（1952）年「地方自治法」の改正においては，前年の「地方行政調査委員会（神戸委員会）」による勧告（第2次）を受け，行政事務の簡潔能率化，中央・地方行政の事務配分が具体的に示された。すなわち，「大

表4-12 都立公園の特別区への移譲一覧

移譲年	公園数	面積（ha）	移譲根拠・経緯
昭和18年(1943)	167	—	東京都区長委任事務条項第84号により，区長委任公園を指定し各区に公園の管理を委任
昭和22年(1947)	86	—	区委譲事務条例・地方自治法の施行にともない，特別区が特別地方公共団体となり，区長に委任していた167か所公園のうち86か所の公園の管理事務を特別区に移譲（団体委任）
昭和25年(1950)	155	61.8	「都区行政調整協議会」の発足とその決定により敷地が都有地でありその面積が3万坪（10ha）未満の公園のうち一部を移譲
昭和27年(1952)	163	42.0	地方自治法の改正施行にともない「区長公選制の廃止その他（内部団体化）公園の管理についての特別区の事務を主として当該特別区の住民の利用する公園」を移譲
昭和40年(1965)	32	60.5	地方自治法の改正施行にともないその利用が全都的ではない公園を移譲
昭和50年(1975)	39	293.4	地方自治法の改正施行にともない10ha未満の公園（特別な理由のあるものを除く）および河川敷緑地を移譲
昭和52年(1977)	5	2.9	機能において一体性のない公園（飛地など）を移譲
昭和57年(1982)	1	—	足立区との合意によって移譲

出典：東京都，1985：229頁

都市行政の一体的・有機的な運営をはかり，都区間における〈二重行政〉を排除して都行政運営の合理化をはかるために都区間の事務を再配分する。特別区は，小中学校の教育事務，道路・公園などの営造物の設置運営事務など，住民の日常生活に密接な関係のある事務を処理し，それ以外の〈市の事務〉に属するものは，原則として都が処理する」こととなった。この都区間の事務配分は，昭和37（1962）年の「都制調査会」における「首都制度に関する答申」および「第8次地方制度調査会」における「首都制度当面の改革に関する答申」によって出された意見に沿って行われた。

昭和39（1964）年「地方自治法」の改正の際，住民の身近な事務はできるだけ特別区に移し，都は総合的な企画立案，大規模な建設事業，特別区および市町村の連絡調整に専念すべきであるという考え方に基づき，特別区に対し身近な事務の移譲が行われた（東京都政調査会，1970：34-39頁）[23]。この「地方自治法」の改正によって，都市公園は32か所（昭和40年），37か所（昭和50年）が特別区に移譲された（東京都，1994：643頁以下「事業史Ⅰ　第2章2節」参照）。

その後，昭和56（1981）年12月の「都区協議会」第10回検討により，公園緑地および広場の設置・管理について，「原則として10ha未満の公園は，区が設置・管理する。ただし，都は文化財指定の公園を含め，都市計画公園の見直し・再検討を行い，個別に区と協議し，整った公園から当該区に移譲する」との内容が決まり，翌年度12月に区画整理事業公園である都市計画江北公園が足立区に移譲された。

しかし，この原則にかかわらず，当分の間は面積1ha以上4ha未満の公園，緑地を根幹的都市施設の特例として，都知事が決定することとなった。平成3（1991）年の「都市計画法」の改正により，特別区においても上記の公園に関する整備権が与えられ，4ha未満の公園，緑地だけが区の決定によって行われるようになった。

その後，平成6（1994）年8月開催の「都区制度改革推進本部」における，都区の事務配分の検討・協議により「都区制度改革に関する最終素案」がまとめられ，公園，緑地，広場の設置管理については，原則的に当該区の権限として確認された。すなわち，区は，身近な地域住民の利用に供される住区

基幹公園（原則として計画面積 10ha 未満の都市計画公園）を設置・管理するものとし，区が実施すべき事業規模要件が確定されたのである。

4.2.6 公園移譲の基準

昭和 39（1964）年の「地方自治法」の改正により，従来「営造物」として扱われていた公園は，「公の施設」として法的に位置づけられ，昭和 51(1976) 年 5 月の「都市公園法」改正によって「公の施設（公園）」の設置根拠が追加されるまでの間，「都市公園法」の規定ではなく，「地方自治法」上の規定（第 224 条の 2 第 1 頁）により「東京都立公園条例」が適用されていた。

その後，昭和 40(1965) 年に「地方自治法」の改正が行われ，昭和 40(1965) 年 6 月以降「地元住民の用に供する」公園事業は区所管となるが，新設公園事業が区においてできるようになるのは，すでに述べたように，後の昭和 43（1968）年に行われた「都市計画法」の改正以降であった。

この昭和 40（1965）年の「地方自治法」の改正を受け，「東京都事務事業移譲対策本部」が設けられた。また，地方自治法の法律改正趣旨に基づき「地方自治法の一部を改正する法律の施行に伴う特別区事務事業移譲措置要綱」が定められた。その事務事業移譲の際に，主な事務処理基準として，①特別区等における事務処理の基準，②引継要綱，③競合の禁止に関する事項が定められた。[24] この時期に決められた都と区の間の公園事務事業移譲に関する「事務処理基準」は，以後の都区間公園関係事務事業の基準となった。[25] その内容は，公園造成事業を都市計画事業による造成と土地区画整理事業によるものに区分けした上で，公園造成にかかわる費用は原則的に当該区において調達するものとされた。その結果，公園の造成に関する区長への委任は昭和 40（1965）年 4 月 1 日付で廃止された。

また，昭和 44（1969）年の都市計画法の改正において 4ha 以下の公園の都市計画決定は特別区長の権限とされたこと，すなわち都市計画法上の都市計画事業施行者として区が加わることによって，区立公園の整備は本格化することになる。

昭和 50（1975）年 3 月には，昭和 49（1974）年の「地方自治法」の改正に合わせ「特別区事務移譲措置要綱」が都区協議会において決定され，公園に

表 4-13　都立公園の特別区への移譲基準

年次	決定事項および移譲基準
昭和 25 年 10 月	【都区行政調整協議会】の決定事項・移譲基準（昭和 25 年 9 月） 「中小公園」面積 3 万坪以下で，主として区内住民の利用する公園（児童公園を含む）を新たに，区に移譲する。敷地が都有地でかつ面積が 3 万坪以下の公園で，下記に該当しないもの。 ・都民全体が利用する公園 ・都市計画上必要とされる公園 ・文化財保護法により史蹟名勝に指定されている公園，その外庭園 ・都民全体が利用する総合公園 ・個人または団体の寄付による由緒ある公園 ・駐留軍使用中（接収）の公園 ・2 区に跨がる公園 ・その外特別に事情のある公園 （民有地・他の公園緑地に直接関係する公園，都営施設のある公園）
昭和 40 年 4 月	【特別区事務事業移管措置要綱】（昭和 39 年 11 月東京都事務事業移管対策本部）による特別区の事務—次に掲げる公園以外の都市公園の設置管理 ・都市計画上重要な公園 ・文化財指定の庭園またはこれに準ずるような保存価値の高い公園 ・都が管理しなければ維持困難な特殊な公園 ・その他特別な理由のある公園
昭和 50 年 4 月	【特別区事務事業移管等措置要綱】（昭和 50 年 3 月都区協議会決定）による特別区の事務—主として地域住民の利用に供する施設（例，近隣公園） 〔特別区に移管または委任する事務事業〕 都市公園の設置・管理。ただし，次に掲げるものを除く。 ・面積 10ha 以上の公園および 10ha 以上に拡張する計画のある公園 ・文化財指定の庭園およびこれに準ずるような保存価値の高い公園 ・その他特別な理由のある公園
昭和 52 年 4 月	【機能において一体性のない都立公園等の一部の取り扱いについて】（昭和 51 年 8 月 25 日付建公第 204 号・知事決定）により，次に掲げる要件をすべて満たす公園（飛地，付属地）を移管する。次の何れかに該当する都立公園の一部であること ・道路の築造によって生じた飛地 ・庭園等の制限公開公園に付属している児童公園等の土地 ・もっぱら地元住民の用に供しているか，または供すべきもの ・当該都立公園等の所在市町村と調整がついたものであること

出典：『都市公園』139（12），1997：49 頁

ついては,「主として地域住民の利用に供する施設(例:近隣公園)」が特別区の事務とされた。この「都区協議会」では公園移譲の基準として,「①面積10ha以上の公園および10haに拡張する計画のある公園,②文化財指定の庭園およびこれに準ずるような保存価値の高い公園,その他特別の理由のある公園以外の都市公園の設置・管理については,当該区において行うこと」が決定された。この基準に基づいて,昭和50(1975)年4月に新たな移譲対象公園として42か所面積301haが決定されたが,実際には新宿中央公園(新宿区),平和島公園(大田区),駒沢公園(目黒区)など39か所の公園が移譲された。また,この公園移譲においては,従来都が設置管理してきた多くの河川敷地の緑地19か所が区に移譲され,大田区,世田谷区,北区,足立区,江戸川区は公園の面積が一挙に増加することとなった。

その後,昭和51(1976)年8月「機能において一体性のない都立公園などの一部取扱い」についての都知事決定により,都立公園などの一部で道路等によって生じた飛び地や庭園などの制限公開に付属している児童公園などの土地で地元住民の利用に供すべきものについては,当該区に移譲することが決定された。

この移譲も,昭和50(1975)年4月に行われた地方自治法の改正にともなうものであり,この改正により特別区は一般市と同様の事務を処理するようになった。これより先,昭和49(1974)年10月の「特別区の事務事業の移譲について」において,現在のような事務事業の配分が決定されることになった。その方針は,首都整備局関係においては都市計画法に基づく事務である「法令事務」として,4ha(当分の間は1ha)未満の公園,緑地,広場および10ha未満の墓園が,建設局関係においては上記の都区協議会の基準がそれぞれ適用された。

4.2.7 区立公園の現状

平成14(2002)年現在,23区には5377か所の都市公園が設置されている。そのうち,区立公園の数は,3491か所,面積にしては約1600haであり,東京都全体の都市公園の面積6500haの約24%にあたる(東京都,公園調書2000より)。また,都市公園法の規定以外に「児童福祉法」上の規定,すな

わち，第40条の「児童福祉施設」によって設置・管理される児童遊園等の数約1750か所も区立公園の一部として特別区の管理下にある。

現在の23区における区立公園は，戦後東京都からの移譲によって成立したことはすでに述べた。すなわち，昭和25 (1950) 年10月1日付で155か所，公園面積にして約62万㎡が，特別区の営造物としてその財産の所有権を含

表4-14　東京都23区の公園緑地現況（平成14年）

区名	面積 (k㎡)	人口 (人)	人口密度 (人/k㎡)	都市公園の構成			計	面積に対する割合 (%)	1人当たりの公園面積 (㎡/人)
				都市公園	都市公園以外	その他			
千代田区	11.64	36,054	3,097	23	25	5	53	14.63	47.23
中央区	10.15	74,444	7,334	51	43	2	96	5.54	7.56
港区	20.34	160,487	7,890	39	65	2	106	6.39	8.1
新宿区	18.23	286,580	15,720	169	1	3	173	6.32	4.02
文京区	11.31	176,239	15,583	38	67	2	107	4.59	2.95
台東区	10.08	157,913	15,666	50	24		74	7.41	4.73
墨田区	13.75	216,754	15,764	141		2	143	5.12	3.25
江東区	39.44	378,691	9,602	153	101	20	274	9.69	10.09
品川区	22.72	324,246	14,271	129	88	6	223	5.51	3.86
目黒区	14.7	251,063	17,079	61	52		113	2.87	1.68
大田区	59.46	651,092	10,950	466	61	3	530	4.01	3.66
世田谷区	58.08	813,584	14,008	301	132	14	447	4.44	3.17
渋谷区	15.11	197,269	13,056	108		1	109	10.72	8.21
中野区	15.59	309,182	19,832	154	18	4	176	2.1	1.06
杉並区	34.02	521,587	15,332	235	58	2	295	2.69	1.75
豊島区	13.01	248,938	19,134	58	94		152	1.31	0.68
北区	20.59	325,245	15,796	74	92	7	173	4.23	2.68
荒川区	10.2	181,588	17,803	31	68	1	100	2.66	1.49
板橋区	32.17	513,667	15,967	322	4	11	337	5.52	3.45
練馬区	48.16	658,830	13,680	324	203	7	534	3.74	2.74
足立区	53.2	617,158	11,601	305	145	9	459	5.24	4.52
葛飾区	34.84	421,930	12,111	115	173	10	298	4.47	3.69
江戸川区	49.86	624,996	12,475	144	243	18	405	14.3	11.47
区部計	621.45	8,147,537	13,106	3,491	1,757	129	5,377	5.85	4.47

(注) 面積は平成12年10月1日，人口は平成13年4月1日現在のもの，東京都資料。
　　面積に対する割合とは，行政面積において公園が占める割合のこと。
　　区部計の面積には，その他（4.80 k㎡）が含まれている。
出典：東京都建設局『公園調書』2001より作成

めて移譲されたのが、区立公園の始まりである。

しかし、区立公園の整備が必ずしもこの都市公園の移譲だけに依存してきたとはいえない。それは、昭和50年代以降の都市計画公園事業の経緯をみると、各区において設置されてきた都市公園の多くは、都市計画公園事業よりはむしろ、区の自治権の拡大にしたがい、みずからの行政計画に沿った事業化によるケースが多く、その割合は増加の傾向にあるといえる。言い換えれば、都市公園の設置・整備・管理などは、区立公園条例や総合計画における管理・整備方針によるものが増加した上で、各区の状況、たとえば、区長の政治姿勢、まちづくり手法などにより、その整備が独自的に進行されていることが普遍化しつつあるからである。

23区の人口密度は中野区、豊島区の順であるが、都市公園の1人当たり面積は、人口密度が一番低い千代田区の50.83㎡となっており、行政区域における都市公園面積の割合は14.57％で豊島区の1.3％を大きく上回る状況である。このような配置上の不均衡の原因は、戦後都市化に対応できなかった都市計画の不備にあるが、全体として、昭和40年以後の都市公園整備政策が大規模な公園の整備重視および整備計画の総合的な視点の欠如などが指摘できるが、移譲後の自主的な都市公園の整備過程では従来見られなかった新しい動きが各区において活発に行われるようになった。しかしながら、表4-15が示すように、縦割り行政により公園緑地事務の所管は建設・土木関係部局に集中しており、このような組織体系では変化する公園機能への応答的な対応は無理があるといえる。以下では、特別区における都市公園整備の現況について新宿区と中野区の事例を見ることにする。

新宿区内に現存する公園は、東京市による公園整備を受け継いだもの、すなわち、東京市区改正設計以降の計画公園、戦災復興土地区画整理事業によって整備された公園、昭和40年代以降急激な展開を見た都市再開発事業の中で整備された公園、そして単独の公園事業として土地取得して開園された公園などがある。量的にいえば、新宿御苑をはじめ総計で171か所、面積115万㎡の公園がある。そのうちもっとも古い公園は、現在の須賀公園（当時は四谷公園）で、大正12（1923）年に開園された。これは、明治22（1889）年の「東京市区改正設計」告示により計画決定された公園で、国内における

表 4-15　東京都 23 区の公園緑地担当組織（平成 15 年 4 月現在）

23 区	現在の公園緑地担当組織名（部課）	設置年
千代田区	環境土木部道路公園課	1971
中央区	土木部公園緑地課	1977
港区	街づくり推進部土木事業部（整備）・土木維持部（維持管理）	1984
新宿区	環境土木部道と緑の課	1972
文京区	土木部みどり公園課	1972
台東区	都市づくり部公園緑地課	1975
墨田区	都市整備部都市整備担当道路公園課	1972
江東区	土木部水辺と緑の課	1969
品川区	まちづくり事業部道路公園課	1973
目黒区	都市整備部みどりと公園課	1971
大田区	まちづくり推進部道路公園課	1969
世田谷区	都市整備部都市環境課	1970
渋谷区	土木部公園課	1992
中野区	都市整備部公園緑地課	1975
杉並区	都市整備部公園緑地課	1965
豊島区	土木部公園緑地課	1969
北区	建設部河川公園課	1965
荒川区	土木部公園緑地課	1968
板橋区	土木部みどりと公園課	1969
練馬区	土木部公園緑地課	1970
足立区	土木部公園緑地課	1971
葛飾区	建設部公園整備課・公園維持課	1969
江戸川区	㈶江戸川区環境促進事業団(外郭団体)	1970

小公園の発祥の一つである。

　新宿区は 21 世紀に向けた基本構想で「ともに生き，集うまち」を新時代の新宿像とし，生活都市としての性格をより強固にし，安心して住み続けられることを目標とし，「住む人が誇りをもてる公園からのまちづくり」をメインテーマとした公園整備計画を策定した。その公園再整備計画は「MUSE7」と称されるが，「MUSE7」とは，ギリシャ神話における学芸・詩・音楽を司る女神のことで，心，知性を豊かに培う公園（Min：生活公園），都市に風格を与える公園（Urban：界隈公園），五感を開放する公園（Sens：リフレッシュ公園），地球環境を考える公園（Eart：自然公園）を表わした言葉で，魅力と潤いのある生活都市・新宿を構成する 7 地域（公園区）を指すとされる。

　この計画の理念としては，持続可能な生活の場としての都心地域への期待

図4-4　新宿区の公園整備の手順（300-600 ㎡）

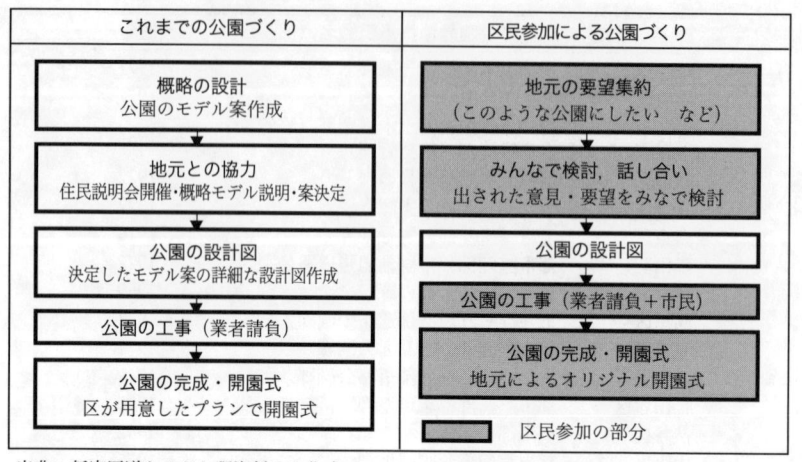

これまでの公園づくり	区民参加による公園づくり
概略の設計 公園のモデル案作成	地元の要望集約 （このような公園にしたい　など）
地元との協力 住民説明会開催・概略モデル説明・案決定	みんなで検討，話し合い 出された意見・要望をみなで検討
公園の設計図 決定したモデル案の詳細な設計図作成	公園の設計図
公園の工事（業者請負）	公園の工事（業者請負＋市民）
公園の完成・開園式 区が用意したプランで開園式	公園の完成・開園式 地元によるオリジナル開園式

　　　　　　　　　■ 区民参加の部分

出典：新宿区道とみどり課資料より作成

に応える「誇りある公園づくり」と「公園からのまちづくり」を掲げている[26]。空間整備・空間維持・利用サービス・組織運営を公園行政の4本柱として位置づけ，新宿区全域を7公園区に分け，それぞれの地域特性を生かした特色ある公園づくりの整備と管理をめざしているところが特徴である[27]。

　つぎに，新宿区における都市公園の管理体制を見れば，平成5（1993）年現在，公園課の職員数は合計62人であり，公園の設置・計画に関わる公園計画係の6人を除いて56人が公園の維持管理に関わっている。公園課の担当事務は大きく三つの分野に分かれており，「公園管理係」は都市公園法および新宿区立公園条例などに規定された，管理についての事務手続き上の管理と財産管理を担当している。具体的には，①公園，児童遊園などの整備，②公衆便所の維持管理，③公園管理事務所に関すること，④公園の愛護事業に関すること，⑤失業対策事業に関すること，⑥課内他係に属さない事務，などがそれである。

　また，「公園管理係」は，公園という施設の物的条件を整え，設置の目的に即して住民などが利用できる状態にしておく維持管理のため，管轄下に三つの公園管理事務所（東部，南部，北部）を中心に，園地の清掃，植物の育成管理，施設の保守・補修，安全管理などを行っている。各「公園管理事務

所」の所管事務は，それぞれ公園および児童遊園の修繕および清掃，公衆便所の修繕および清掃，公園・児童遊園などの占用，使用の指導監察，工事監督および工事用資材の管理などである（新宿区，1994より）。平成9（1997）年度新宿区予算執行の実績報告による公園管理費（公園および児童遊園などの維持管理に要した経費）は約6億1000万円であり，公園費総支出額約15億3000万円の約40%であり，公衆便所管理費約4800万円も合わせた場合，公園費全体支出の約半分が公園の管理維持に当てられている状況である（新宿区，1998：公園管理費項目参照）。

ところが，新宿区における整備すべき都市公園の区民1人当たりの目標は，都市公園法において定められている6㎡とされているが，この目標数字は前述した管理状況からしてその実効可能性はほとんど困難であると言わざるをえない。たとえば，公園予定地を含む新宿区内の都市公園として整備可能性のある区内面積の合計は，現在約130万㎡である。そこに，今後整備すべき公園の総面積を都市公園法施行令の1人当たり6㎡とした場合，整備が必要な面積は約165万㎡であり，都市公園の設置可能な地域などを引いた35万㎡が確保量となる。しかし，これまでの都市公園整備の経過から用地取得による毎年の整備可能量は平均で約1000㎡であり，現在の人口のままで推移しても，区民1人当たりの整備目標である6㎡を整備するまでの達成時間は352年かかる計算となる（新宿区，1994：32頁）。このような計画上の目標と実際の整備には大きな開きがあるのは新宿区だけではなく東京都の他の区市町村においても同じである。

他方，前出の表4-14が示しているように，東京23区でもっとも人口密度が高い中野区は平成14（2002）年現在，1人当たり都市公園の面積が1.06㎡で豊島区（0.68㎡）とともに都市公園の不足地域の一つである。中野区の都市公園の構成は，全体公園数176か所のうち区立公園が9割近い154か所であり，都立公園は存在しない。公園の規模別では，500㎡未満の小公園が49か所など全体として1000㎡未満の公園が6割を占めている。また，3000㎡以上の公園は1割強にすぎず，公園面積が1万㎡以上の大規模公園も区内で5か所しかないのが現状である。

中野区における都市公園の整備は，昭和9（1934）年に始まり，10年毎の

整備量を比較すると，昭和20年代には6万㎡前後の整備が行われ，昭和30年代には一時減少した。その後，昭和50年代から昭和60年代にかけ少々増加し，「平和の森公園」の一部開設に伴い，現在都市公園等の整備面積は32万㎡となっている。公園の区内配置状況からは，大規模公園は北東部に集中し，北西部と南部にはない（中野区，1988：5頁）。シンボル公園としては，自然的・文化的特色をもった平和の森公園，哲学堂公園などを整備している。とくに，文化財の保全にかかわる哲学堂公園は，古建築6棟が従来，文化財として指定されていたが，昭和63（1988）年に既存古建築物以外に公園全体が文化財として指定されることになった。そのため区においてその保存計画が策定され，現在に至っている。[28]

4.3 市民参加と新しい都市公園づくり

4.3.1 市民参加と「ワークショップ形式」の公園づくり

都市公園の整備と管理にかかわる市民参加の形態は，都市公園の設置や整備計画への参加から公園愛護会や各種イベント，ボランティアなどを通じての管理活動への参加までさまざまである。これらの市民参加は昭和40年代の後半から芽生えてきたが，本格的な取り組みは昭和60年代からである。そのうち，全国で初めて市民の手によって冒険遊び場を作った世田谷区の「羽根木プレーパーク」や地域市民の手によって設置・管理されている大田区の「ねこじゃらし公園」，ワークショップ形式の市民参加によって整備された武蔵野市の「市民の森公園」などがその代表的な事例である。

行政において都市公園の管理に対し市民参加の必要性が具体的に提示されたのは，昭和37（1962）年の建設省通達の「都市公園の管理の強化について」においてであった。それは，「都市公園法」の制定（1956）によって都市公園の管理状況の改善が見られるようになったものの，都市公園に対する一般のイメージはそれほど改善されなかったことから市民の参加を通じてその改善を図ろうとするものであった。この通達は，ゴミの散乱，樹木の折損，各種施設物や公園地の汚損が目立つなどの都市公園の管理状況を指摘した上で，

「場合によっては公園愛好団体などを結成するなどの方法を講じて，一般の啓蒙に努める」ことを提示していた。この都市公園の管理における一般市民の参加の奨励は，市民の啓蒙をも意味しており，市民の啓蒙とは戦前の都市公園における重要な機能の一つであった。

昭和40年代以降の整備計画の進捗によって，都市公園の数は飛躍的に拡大していた。そのため，都市公園における管理活動にも少なからず変化が生じていた。その変化とは，都市公園の清掃など行政の補完的地位しか持っていなかった管理活動への市民参加が都市公園の政策過程の全般に拡大していたことである。すなわち，都市公園の維持管理における限定された活動ではなく，計画から維持管理までのすべての都市公園づくりに市民の手が加わることになったのである。その代表的な形態がワークショップ形式による都市公園づくりである。

都市公園の政策過程の全般における市民参加の形態としては，市民アンケート，対話集会，アイデア募集など，地域の状況や市民の生活実態および成熟度に応じた方法，その組み合わせによる方法に大別できる。この中で，もっとも注目されているのがワークショップ形式による都市公園づくりである。その理由は，身近な距離において都市公園の必要性を感じる利用者としての

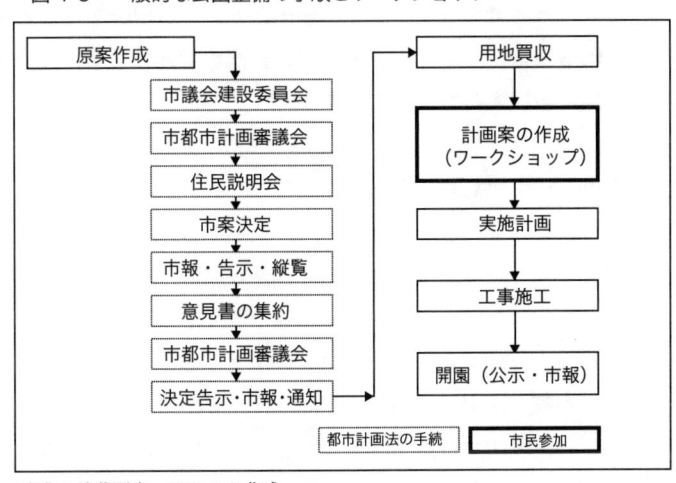

図4-5 一般的な公園整備の手順とワークショップ

出典：武蔵野市，2002より作成

市民がその主役だからである。すなわち，市民の提案から計画（案）づくりが始まり，そのためのアンケートの実施，デザインの模索，運営管理方法などが市民の手によって行われることにある。

　従来の行政による一方的な設置・管理ではなく，自分が住んでいる地域の都市公園を自分たちの視点で造っていくという魅力的な仕組みがこのワークショップ形式なのである。すなわち，市民を参加させるという消極的な意味ではなく，市民の手によって都市公園を造り，管理していくという積極的な意味がここには含まれているといえる。

　このワークショップ形式の特徴は，利用者である市民が都市公園づくりに直接参加するところにあるが，その他にもいくつかの特徴がある。まず，都市公園づくりのプロセスへの参加を通じて出来上がる公園を楽しめること，ワークショップのプロセスから人材や環境づくりの普及が行われること，その過程から生まれるエネルギーが後の管理活動につながっていくこと，市民と行政との明確な役割分担と連結が図られることなどである。また，このワークショップには，情報収集型，啓蒙教育型，イベント型，デモクラシー型，ものづくり型などの手法がある（高野「地域の公園づくり」，鈴木編，1993 参照）。

　これらの市民参加による公園の計画および運営管理方式は，いまだ多くの地域において行われている行政による閉鎖的な都市公園づくりに対し重要な示唆を与えるものと考えられる。すでに述べたとおり，地方分権の推進が本格的に進められる現状から見て，都市公園の整備や管理に対する社会化としての市民の参加は避けられない傾向である。

4.3.2　市民の森公園：武蔵野市

　武蔵野市における「市民の森公園」は，市民参加のワークショップ形式でつくられた都市公園である。平成 9（1997）年の武蔵野市の市制 50 周年を記念して「都市に森を」というスローガンのもとで公園づくりがスタートした。その過程で公園づくりに関するアイデアコンテストが行われ，市民から 162 点ものアイデアが寄せられた。「市民の森公園」はこれらのアイデアと「むさしのリメイク」（緑の基本計画）に基づき市民の手によってつくられたものである。[29]

約3700㎡という「市民の森公園」計画は，まず専門家からなる委員会が組織され，地域環境や風土に調和した公園計画づくりが検討された。はじめに公園の利用者である市民の意見を取り入れる作業が進められた。公募による市民とワークショップ形式を通じて話し合い，考える会がもたれた。3回にわたるワークショップにおいては，市民が望む公園の実現に向けて市民の森公園の空間的イメージや，市民による公園の活用・管理運営の仕組みなどが提案された。その提案を市役所において一般に公開し，ワークショップ参加者以外の市民の声も反映できるよう配慮した。

　これらの活動およびワークショップの成果が委員会の計画案としてまとめられ，平成11（1999）年3月11日に報告会が開催された。13名のワークショップ参加者が集まり，委員長からの説明，質疑応答に引きつづき，今後の活動に関する準備会発足に向けての議論が行われた。

　この「市民の森公園」に関するワークショップの過程においては，「市民の森」は市民の生活空間の身近な場所に置かれた小さな緑の拠点であるとの認識が前提とされる一方，市民の森をつくるための「七つの視点」が示された。この市民的な公園づくりに関する七つの視点は，今後の都市公園政策に関する総合的視点として有益な示唆を含んでいるといえる。その「七つの視点」とは，①緑のまちづくりの視点，②パートナーシップの視点，③福祉の視点，④文化の視点，⑤水環境の視点，⑥農の視点，⑦生き物の視点などである。

　この「市民の森公園」づくりにおけるワークショップからは，公園の計画案をつくるだけではなく，公園の開園とそれ以降の公園の管理運営を含む総合的な視点，すなわち公園の育成，その活用や運営方法などが議論された。たとえば，公園を市民の手で自立運営するグループの設立に関する「ゆめゆめ協会」案，市民の森公園において試みられた「市民参加型ワークショップ」を活かして公園の連帯組織をつくる「ワークショップを活かした公園の運営組織」案，ワークショップを今後継続していく「公園の運営委員会の準備会」案，1年間にわたり公園の管理運営に携わると緑の称号がもらえるという「緑のマイスター制度」案，市民の森公園だけではなく，武蔵野市全体のすべての緑に関して，活動し，提案できるような制度としての「緑のオンブズマン制度」案などである。

4.3.3 羽根木プレーパーク：世田谷区

　世田谷区において試みられたワークショップ形式の都市公園づくりは，市民参加によるまちづくりの一環として推進された。市民参加による公園や緑地の整備に取り組みが拡大された理由としては，「地域的な公園配置の不均衡の是正が必要」となったことと，「利用者のニーズに沿った公園づくりが必要」となってきたからである。そこには，公園づくりは利用者である市民が一番よく知っており，計画段階からの市民参加により，公園利用のルールや管理方法の改善などいろいろ工夫をこなしていくことが大切であるとの認識があった。すなわち，必要を感じることから市民参加の公園づくりが始まったのである（矢田，1997：51-54頁）。

　この羽根木プレーパークが全国的にその名を知らしめたのは，このプレーパークが従来の児童の遊び場としての児童公園や児童遊園づくりとは異なった特徴を持っていたからである。その特徴とは，第1に，市民参加による公園の運営管理，第2に，公園における遊び観，第3に，市民参加と公園観の変化による公園計画の変化であった。

　東京都世田谷区に位置する羽根木プレーパークは，昭和31（1956）年に東京都によって開設され，その後の昭和40（1965）年に世田谷区に移譲された面積約7万4000㎡の地区公園である。この公園の名称である「羽根木」は，公園の西側にある「飛羽根木稲荷神社」からであり，一時「根津山・六郎次山」という名称で呼ばれた。それは，根津山のあたりが羽根木町の飛び地であったことから由来しているといわれている。この羽根木公園の南東部に，面積約3000㎡の羽根木プレーパークが位置している。

　昭和54（1979）年に，国際児童年を記念とし設置された羽根木プレーパークは，リーダーハウスの他に鶏小屋，木の上に設置したターザン小屋，木から木へとロープをかけたモンキーブリッジ，野外ステージなど，遊びのための道具がいろいろ設置されているが，これらは既存の児童公園などでは見られない，工夫された遊具であった。

　この羽根木プレーパークは，近接市民の手によって直接運営されている。運営管理の中心を担っているのは，地域の市民をはじめ学生プレーリーダー，他の支援者によって構成されている「プレーパークの会」である。このプレ

ーパークの前身は,「経堂冒険遊び場」であった。この「経堂冒険遊び場」は,昭和50 (1975) 年に「子どもの育つ環境に不安を抱く父母たち」によって東京・世田谷区に誕生した冒険遊び場である。この「子どもの育つ環境に不安を抱く父母たち」の母体は「遊ぼう会」であり,区の水道工事のために一時的に空き地となっていた一部の土地を借りて造られた冒険の場が,このプレーパークの土台となった。ここでの「冒険遊び場」とは,「遊具が固定された子どもがお客さまである遊び場ではなく,子ども自身が創造していく遊び場」であり,利用者が中心となる遊び場である (世田谷区役所, 1984 より)。

「遊ぼう会」を中心に,2年間の限定で行われた最初のプレーパークは,その後,常設の「桜丘冒険遊び場」に引き継がれたが,昭和53 (1978) 年に一時閉鎖された。長期間にわたって冒険遊び場を維持していくためには,「遊ぼう会」だけでは無理があるとの判断があったからである。他の運営方法を探っているうちに,同年が国際児童年であったことから世田谷区において,羽根木公園の一角にプレーパークを記念事業として設けることとなった。

このプレーパーク事業は,世田谷区においては,「地域における児童とその保護者,市民を主体とした自主的な活動への発展に結びつくように工夫する」ことで,基本計画の児童健全育成事業の中に位置づけられた。当時の計

図4-6 羽根木プレーパークの全景

出典:世田谷区資料(羽根木プレーパークHPより)

画書によれば，このプレーパーク事業の目的は，「児童の屋外における遊びについて組織された地域の人々，およびプレーリーダーの援助により，遊びの楽しさ，多様性，創造性を助長発展させ，児童の心身の健全な発展を図る」ことにあった。また「禁止事項をできるだけとりはらって，自由な雰囲気の中で思いきり好きなことをやれるようにした遊び場」がその機能として期待された。

開設後，組織的な運営管理のために「実行委員会」が設けられ，実行委員会規約と役員会が決められた。しかし，地域市民，プレーリーダー，行政とで構成されていた「実行委員会」を「地域における地域市民の自主的な組織」としての位置づけを再考し，実行委員会の中から行政を外し，その代わりに行政との話し合いおよび連絡などの協議を行う場として 2 か月に 1 回の「運営委員会」が設けられた。また，だれでも参加できるよう配慮した「第四水曜会」がつくられ，プレーパークについての話し合いの中から，公園関係の職員，町内会，青少年地区対策などに関わる地域の人々との交流も深められた。

従来の公園づくりや公園計画などにおいては，行政は計画に対してのみ責任を負い，その計画によって生じる利用や管理上の諸問題については対応してこなかったきらいがある。行政計画として位置づけられる都市公園は，その中に「秩序を規定」し，その規定からはみ出る行為は，公園において排除すべき行為として捉える傾向が強かった。たとえば，主に児童の遊びのために設けられる「街区公園」（従来の児童公園）におけるボール遊びの禁止，近隣公園における動物の連れ込み禁止といった禁止事項の設定は，ほとんどすべての公園において画一的である。このような，現状からして，公園の一部に設けられた遊び場としてのプレーパークは，公園のあり方に違和感を覚えない公園なのかもしれない。

4.3.4 くさっぱら公園：大田区

「くさっぱら公園」は，平成 4 (1992) 年に東京都大田区千鳥に設けられた面積 1300 ㎡の小さな公園である。大田区の公園分布は，区の周辺部には大きな公園と緑地が，区の内部には小さな規模の公園が散在している。とくに，内陸部の密集地には 500 ㎡程度の小さな公園が点在している。区の公園は全

部で481か所が設けられており，23区の中でもっとも多くの公園を持っていることになる。以前から「1町会1公園」という方針で公園を新設してきており，現在は町会の区域において3〜4か所の公園を有するところも珍しくはない。

「くさっぱら公園」が新設されるようになった直接のきっかけは，公園予定地の周辺市民のグループであった「みんなでつくるひろばの会」において出された公園づくりに関する要望であった。それは既存の行政による公園づくりに対する疑問，すなわち行政による設置と市民はその利用者といった旧来の公園の図式に対し，市民みずからが利用する公園づくりの提案であり，実践でもあった。

「くさっぱら公園」は，町内会や隣接の保育園などをまじえ何度もの話し合いを行い，「子どもの頃遊んだはらっぱのような公園」をテーマにして開設されることとなった。この公園の基本的な考え方は，「①小さな自然にふれえる公園，②禁止事項が少なく子どもたちが自由にのびのびと遊べる公園，③地域の人たちが手間暇かけて育てていく公園」というふうに示された。この公園の基本的考えは，はらっぱ公園づくりにそのまま適用され，公園施設として基本的に設置されるブランコや滑り台，砂場などいわゆる公園の遊具は設けられていない。公園の開設とともに設置されたのは，掲示板と道具小屋，トイレ，ベンチ，水道のみであった。また，公園に必ず設置される掲示板，それの多くには公園所有者と公園内における禁止行為が書かれるのが通例であるが，このはらっぱ公園には看板だけは設置されたものの，内容は何にも書かれていない。禁止事項など何にも書かれていない掲示板には，「くさっぱら公園」があらゆる可能性を持っていることが示唆されているようである（大田区土木部公園課，1992参照）。

「くさっぱら公園」では，毎月1回「運営会議」が開かれる。区の公園関係者をはじめ，「ひろばの会」の役員など毎回10人前後の参加者で行われている。この運営会議の最大の特徴は，「多数決でもなく特定の個人の意見でもない」決定方式にある。公園の運営管理に関する決定は基本的にこの運営会議において決定される仕組みであるが，だからといってすべてをこの運営会議で決めているわけではない。何かの計画や基準に照らし合わせて決定す

るのではなく，使用する側（利用者）の視点に立って「やってしまうこと」で潜在的な可能性を顕著化させ，その結果を判断することで「決定」するのである．言い換えれば，「禁止しなければならないことも，禁止しなくても自然になくなることもある」公園利用のルールを自ら作っていくことである．

　従来の公園が，主に行政によって設置され，数多くの規則や画一化された運営方針，指針によってその秩序が保たれる慣習に依存するのではなく，計画される機能より計画していく機能に沿った公園づくりが，行為の指定や禁止を行わなくても，利用状況の普遍化をともなう公園の秩序が利用者の中から自然に形成されていくことになる．

4.3.5　本町プレーパーク：豊島区

　他方，区政70周年記念事業の一環として平成14（2002）年に始まった豊島区の「本町プレーパーク」づくりは，前述した他のケースとは違う側面を持っている．用地として使われる土地が公園地ではないことで，2～3年の暫定的な利用のためにつくられた「冒険遊び場」だということである．

　まず，プレーパークの用地として使われているのは，旧JR宿舎の跡地で4000㎡と2000㎡の2か所があり，そのうち，4000㎡の上段部がこのプレーパークの公式的な用地である．しかし，この跡地は「防災公園」と「防災センター」が計画されていたため，その利用は防災にかかわる計画が本格的に行われるまでの暫定的利用しかできない遊休地である．この点が，一般的には専用の用地の上につくられる他のプレーパークとは異なる点である．

　従来のプレーパークづくりのほとんどが既存の都市公園の中またはその一角を利用して計画されるに対して，この本町プレーパークは，すぐ隣りに「本町公園」という6000㎡の都市公園（街区公園）があり，公園の一角を使っての遊び場づくりならともかく，なぜ公園の横にまた公園を作らないといけないのかという疑問の声もなくはない．しかし，その推進役となっている地元の若いお母さんの言い分からはその事情が理解できる．すなわち，従来の都市公園には決まりがあり，何をしようとも制限されがちだからである．たとえば，ボール遊びはダメで，火・水などは自由に使えない．そのうえ，設置されている運動器具や遊具などの決まった遊びしかできない．泥んこあ

図4-7 豊島区本町プレーパークづくりの活動と遊び場模型

出典：豊島区資料（申）

そびや穴掘り，遊具づくりなどは最初からできないという。つまり，自由な遊びとはいうものの，実は決まった遊びの中の自由であり，それ以外の選択メニューは存在しない。だから，自由な利用が実は自由ではない。そこで，制限された利用ではなく，何をしようとも「自分の責任で自由に遊ぶ」という冒険遊び場を作りたい，というのが本当の理由である。

区民ワークショップ形式で1年にわたり行われたこのプレーパークづくりは，必要性を感じる人々が中心となり，行政との協働を通じて，単なる園地の確保ではなく，生活の中で必要な自由空間を市民の手によって創り運営していく新たな事例として注目される。

東京都の市区町村のうち，中野区とともに都市公園の1人当たりの面積がもっとも少ない豊島区において試みられている遊休地を利用した暫定的なプレーパークづくりは，現在の日本の都市が抱えている公園用地の不足に対する考え方を変えるのに有益な示唆であると考えられる。

4.3.6　ハーフメイド方式（二段階整備）

公園づくりにおける「二段階整備（ハーフメイド方式）」は，昭和62（1987）

年の多摩ニュータウンの「とちのき公園」の整備において試みられた新しい公園整備の手法である。二段階整備とは，住居する人々の状況を考えて，初期は基盤的整備にとどめ（一段階），居住する人々が入居しはじめたところで市民参加の手法を通じて本格的な公園整備（二段階）を進めていく方法である。

「とちのき公園」は多摩市豊ヶ丘の中央あたりやや北寄りに位置する公園である。それほど大きな公園ではないが，この公園は整備にあたって「ハーフメイド方式」という二段階の方法がとられ，最終的な整備に住民が参加したことで知られている（大石・大野，1993 参照）。

昭和58（1983）年から広場や園路の整備が行われた後，周辺の入居が一段落した昭和62（1987）年から地域住民による「公園づくり実行委員会」がつくられ，実行委員会と多摩市・住宅都市整備公団とによって，地域住民へのアンケートなどを経て，2年の歳月をかけて最終プランがつくられた。こうしたプロセスに基づいて平成元（1989）年に開園した都市公園である。公園名の「とちのき公園」は，昔このあたりにトチノキがあったことから呼ばれていた地名に由来している。

第一段階においては，公園の基盤を整備し，造成，園路，広場，最小限の遊具，公園の外周を中心とした植栽を行うことである。そして，第二段階は，「上物整備」を計画・検討することである。整備計画は，「①ワークショップなどの市民参加方法を考え，作り手，育み手，住み手が一体となった公園づくりを考える，②この過程で，軽妙な整備を検討し，住み手の理解や管理運営体制に見通しが得られなければ取り組みにくい整備などを含めて，持続的な参加の可能性を探る」という順で進められた。たとえば，植え込む花の種類や花壇づくり，手作りの遊具制作，モニュメント，シンボル，原っぱなどは後の二段階の整備過程において決められた。

この二段階整備のプロセスを見ると，入居がすでに完了した昭和62(1987)年2月に，①上物整備にあたって実行委員会の結成を市民に呼びかける，②アンケート調査を踏まえつつ代替案を造り検討する，③有意な案についてさらに煮詰めて検討を重ねていく，この間に，④ニュースの発行やイベントの開催を通じて参加意識を高めていくことが行われた。この過程を経て

得られた最終案にもとづき各種木製遊具，シンボルツリー，花壇などを追加整備し，施行段階では市民の手によりオリジナル平板づくり，木や石を使ったモニュメント，記念植樹などが行われた。平成元（1988）年4月に公園全体が供用をはじめた時には，実行委員会による公園開きが開催され，花壇用の花苗植え付け，手作りの巣箱かけや樹木札の取り付けなどが行われた。

4.3.7 「PFI」とリサイクル公園の整備

ところが，1990年代に入って「小さな政府」を志向する世界的動きを反映して，第2の民活とも呼ばれる「PFI（Private Finance Initiative）」事業方式の導入が，民間をはじめ中央政府からも緊急検討された。平成6（1998）年5月に議員立法の形で国会提出され，「民間資本などの活用による公共施設などの整備の促進に関する法律案（PFI事業推進法案）」（以下PFI，PFI方式）として成立し，適用分野ごとの検討が進められているが，この法律案の意義は次のように説明されている。すなわち，①財政支出の有効活用による社会資本整備の充実，②官民の役割分担の見直し[31]，③民間事業機会の創出，がそれであった。これは，社会資本整備を官民の役割分担の原則に沿って民間資金によって行うことであり，イギリスにおいて活発に行われている改革の一環であった。

国土交通省においては「都市公園」関連政策もPFI対象事業の一つとして取り上げ，関係省庁との検討の中で，事業のスキームをはじめ，民間事業者の募集要項や選定基準，協定の締結方法などが検討されている。そのうち，都市公園については，都市公園法第5条規定（公園管理者以外の公園施設の設置など）に基づき，さまざまな事業の可能性を検討している。すなわち，民間事業者などが行う公園施設の設置・管理について，従来の施設単位での事業（レストラン，売店，水族館など）のみならず，公園内の一定区域の整備・管理（とくに，街中の老朽化，陳腐化した公園のリニューアル）に関する民間事業者からの企画提案を募集し，優れた内容の提案に対し当該区域の整備・管理を一括して許可する方向で検討されている。

国土交通省および東京都においてもその事業化に関する検討が行われたが，とくに東京都では，国内初のPFIモデル事業として水道局の「金町浄水場

常用発電設備整備事業」を開始し，建設局では市街地再開発における特定建築者（再開発地区における保留床のみからなる再開発ビルの建築・運営を行う業者）を初めて従来の公共関連団体ではなく民間事業者を対象に公募するなど，PFIによる取り組みを強化しつつある。また，金町浄水場のPFIモデル事業の成果を踏まえ，朝霞浄水場・三園浄水場にて新たなPFI事業についての実施方針を公表する一方で，旧小笠原邸修復などについては，定期借地制度や定期建物賃貸借制度を活用し民間事業者を公募するなど，民間の資金やノウハウ，技術力を活用した新たな事業手法の採用も進めている。そのほかにも，「青年の家」の廃止に伴い整備する予定のユース・プラザや，都営住宅建替，プレジャーボートの係留施設の整備などについても，PFIなど，民間活力を活用した事業手法の適用を検討・施行している[32]。しかし，この民間による公共施設整備に関しては，いまだに検討の段階に止まっているのが現状である。

　ここでは都市公園をめぐって議論されている，「リサイクル公園」についてその定義および事業化の前提条件などを考察することに限定したい。「リサイクル公園」とは，「公共施設である都市公園の整備と産業廃棄物の最終処分場建設を組み合わせて実施することにより，産業廃棄物の最終処分場建設を容易にするとともに，最終処分場建設・運営による収益を都市公園整備事業へ最大限に繰り入れ，都市公園整備を促進する」ものとして定義され，その実用化を目的としたものであった[33]。

　その特質としては，「①無料である都市公園と廃棄物受入収益を生む廃棄物処分場を組み合わせた事業である，②都市公園の整備と産業廃棄物処分を一体的に実施することにより，都市計画手続きなどを通じて産業廃棄物処分場建設に対する住民参加の推進がやりやすくなること，③異なる事業を組み合わせることで，公共的施策の推進，社会的便益の増進などが得られること，④産業廃棄物の供給量，処分場受入価格は，地域や時期など市場に左右されて変動が大きいこと，⑤事故発生の際，操業停止など扱いが慎重になること，などが取り上げられる（コーエイ総合研究所，1999：68-69頁）。

　しかし，事業化に際して考慮すべき前提条件として，①公園用地を公園施設を先行整備する区域と，廃棄物処分後に緑化する区域に二分する，

②公園施設先行整備の後，廃棄物の受け入れを開始する，③用地交渉・買収は公共で行い，④公園施設建設費と廃棄物受入量・種別のバランスに着目して，事業成立の可能性を検討する，⑤公的助成額が公園事業単独で実施した場合より軽減されるかどうかをみる，などが取り上げられたほか，その事業化の際に，資金調達・支払いに関する条件としては，①出資比率（30％程度），②法人税率は50％として試算する，③金利は4％とする，④割引率（現在価値化）は4％とする，⑤内部収益率は10.0％を確保することなどが検討された（コーエイ総合研究所，1999：68-74頁参照）。

　これらの前提条件などを全体的に考慮し，その事業化を検討した場合における試算の結果は，「公園建設費の規模と廃棄物受入量とのバランスが事業成立に決定的な影響を持つことおよび廃棄物処分場の種別としては安定型と管理型などがある。現時点では初期投資が少なくて済むことから収益では安定型が有利である」というものであった。今回の検討では，公園の整備費用に比べて廃棄物受入収益が小さいため，事業成立のためには公的助成が必要であるが収益から法人税が先取りされるため必要な公的助成はその分多くなる，公共側からの事業の評価は「公的純支出＝公的助成額－法人税額」と考えられるとの意見がまとめられた。とくに，廃棄物受入収入を公園建設費に充当することにより，最大で建設費用が約10％軽減される場合もあるが，公園単独事業で実施するのに比べて純支出が約20％増える場合もあることがわかり，民間手法によるリサイクル公園の活性化には多くの課題があることが確認された。

　ところが，民間資金ないし民間の手法を中心とした社会資本整備の動きとしては，1980年代後半に登場した「民活」論がある。「第三セクター」によるプロジェクト形式で多くの公園整備が進められてきたが，その整備過程は不透明なものが多かった。この民活の連続線上にあると考えられる現在のPFI方式はその目的においては優れた面もあるが，公園整備においてはそれほどビジョンを持たないのが現状である。しかも，このPFI方式による実施ないし導入可能性が検討される政策分野は収益性のある分野に限定されており，各種のアンケートの調査結果からわかるように自治体での活用度は高くない。

都市公園の整備については次のような論点の整理が必要であろう。すなわち，これからの都市公園は，小規模でありながら，市民の日常生活にもっとも近い街区公園や近隣公園などの都市公園に対する適切な管理システムの体系化，利用の多様化に対応した多目的施設としての都市公園の整備（都市公園を中心に福祉系の施設を総合的に設置すること），市民文化と地域的条件に対応した都市公園の整備がその中心でなければならない。

与えられた機能としてではなく，市民と地域の視点に基づく社会的機能として捉えることによって，都市公園事業の合理化を図る手法の開発など，都市公園の整備にあたって社会的なプロセスとしての参加仕組みをいかに構築していくのかについての議論が生まれてくる。すなわち，都市公園の整備において必要とされるのは整備方法や技術論ではなく，地域的個性と市民の文化水準を考慮する「政策論」である。

4.4 分権改革の中の都市公園政策

4.4.1 緑地政策体系

昭和40年代をその境界に，都市公園の機能変化は大きく転換することとなった。それは，これまで個別的に扱われてきた都市公園，緑地，森林などが緑化政策ないし都市緑化に融合され，総合的な「緑」として位置づけられるようになったからである。

このことは，これまで「都市の中に緑を確保する」といった認識から「緑の中の都市」をめざす政策への転換であり，個別的な政策進行にも都市環境における自然環境としての緑地ないし緑の比率は低下したことへの反省がこめられていた。すなわち，政策相互間の整合性に対する調整の欠如により，総合的な視点に立つ政策運用が不備であったことから，「緑地を削り，都市公園をつくる」（青木，1998参照）という悪循環が続いてきた。

図4-8は，平成7（1995）年に都市計画中央審議会において示された都市公園の事業にかかわるフレームである。このフレームでは，都市公園は，緑の創出のための拠点として位置づけられている。また，このフレームを踏ま

え，都市緑化の総合対策として「緑の政策大綱」およびその実行プログラムとして「グリーンプラン2000」が策定されている。この都市緑地の体系の基本的方針は，「緑とオープンスペースの保全と創出」として中央政府における都市緑化施策としては,「緑の政策大綱（緑のさんさん・グリーンプラン）」，「グリーンプラン2000」が，都道府県および市町村においては「都道府県広域緑地計画」と「緑の基本計画」が，それぞれその中心として策定されている。

中央政府における「緑の政策大綱」と「グリーンプラン2000」の骨子は,「中期的な視点に立って公園，道路，河川などにおける緑の公的空間や緑地保全地区,風致地区などの市街地の緑を増やしていくこと」とされている。他方,都道府県と市町村における広域緑地および緑の基本計画は,「環境保全・防災・レクリエーション・景観形成」という緑とオープンスペースの4系統に沿って，都市公園を中心とする公的空間および緑地に加え，市民緑地，市民農園などの民有地における緑の保全と創出を定めている。

建設省によって進められた緑に関する施策の総合としての「緑の政策大綱,グリーンプラン2000」が意味するものは，都市と緑の関係に対する見直しである。言い換えれば，都市の中に緑を取り入れるのではなく，緑の中に都市があるとの認識変化である。その認識の変化は，大きく二つの点に要約できる。第1に，緑にかかわる「政策対象」の拡大・統合である。すなわち，既存の「都市公園」や「緑地」など個別的分野ごとの消極的な政策運営だけでは都市内の緑の保全およびそのニーズに対応できないことから，民有地を含めたすべての「緑」を対象とするようその基本方針を転換させたことである。

第2に，目標設定の弾力化である。これまで，法制度上に規定された整備目標においては地域的状況が反映されにくく，都市ごとの格差が多すぎたことから，新たな整備目標を打ち出していることである。新たな長期目標として，21世紀の初頭を目途におおむね20㎡/人の整備が設定された。また，「都市公園等整備5か年計画」の第6次計画においては，平成12（2000）年度末までに目標の2分の1に当たる10㎡/人が確保されるべき整備目標として取り込まれた。各市町村における都市公園等整備の目標は，市町村の状況を反映した「緑の基本計画」によって定められるようになった。

他方，都道府県や市町村における「緑の基本計画」を総括する「緑の政策

図 4-8 都市公園事業のフレーム

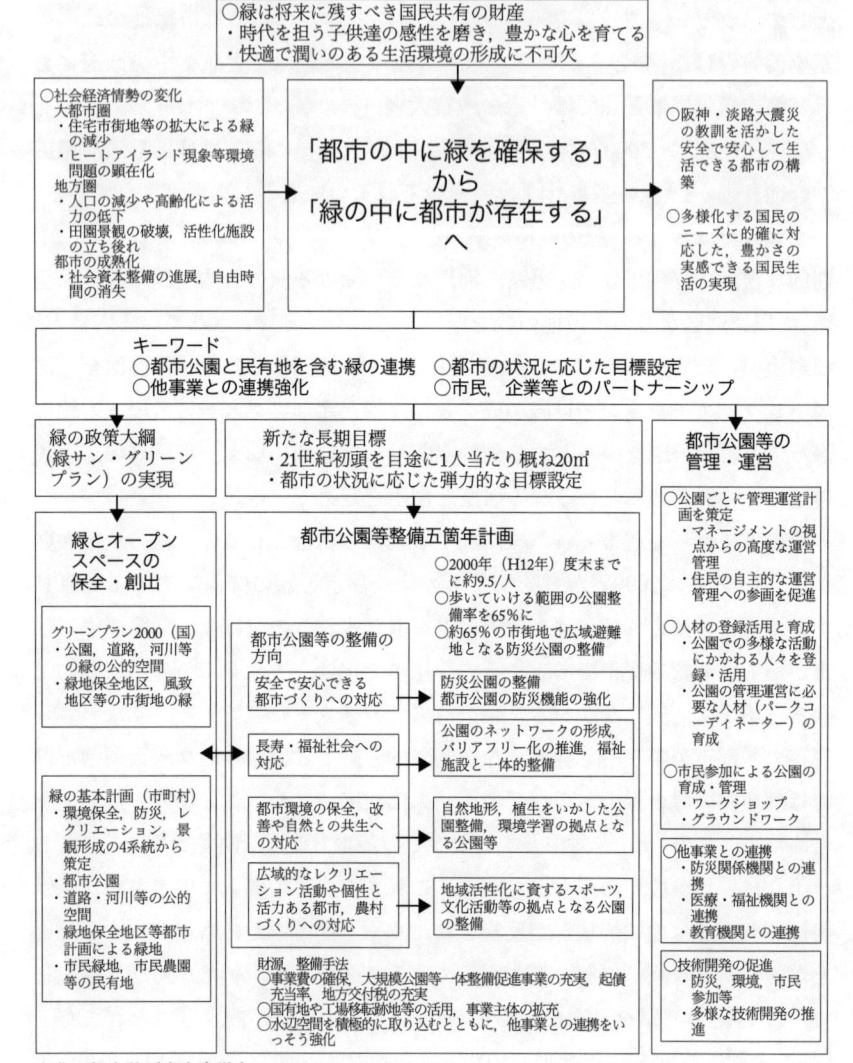

○緑は将来に残すべき国民共有の財産
・時代を担う子供達の感性を磨き,豊かな心を育てる
・快適で潤いのある生活環境の形成に不可欠

○社会経済情勢の変化
大都市圏
・住宅市街地等の拡大による緑の減少
・ヒートアイランド現象等環境問題の顕在化
地方圏
・人口の減少や高齢化による活力の低下
・田園景観の破壊,活性化施設の立ち後れ
都市の成熟化
・社会資本整備の進展,自由時間の消失

「都市の中に緑を確保する」
から
「緑の中に都市が存在する」
へ

○阪神・淡路大震災の教訓を活かした安全で安心して生活できる都市の構築
○多様化する国民のニーズに的確に対応した,豊かさの実感できる国民生活の実現

キーワード
○都市公園と民有地を含む緑の連携　○都市の状況に応じた目標設定
○他事業との連携強化　○市民,企業等とのパートナーシップ

緑の政策大綱(緑サン・グリーンプラン)の実現

新たな長期目標
・21世紀初頭を目途に1人当たり概ね20m²
・都市の状況に応じた弾力的な目標設定

都市公園等の管理・運営

緑とオープンスペースの保全・創出

グリーンプラン2000(国)
・公園,道路,河川等の緑の公的空間
・緑地保全地区,風致地区等の市街地の緑

都市公園等整備五箇年計画
○2000年(H12年)度末までに約9.5/人
○歩いていける範囲の公園整備率を65%に
○約65%の市街地で広域避難地となる防災公園の整備

都市公園等の整備の方向

安全で安心できる都市づくりへの対応	防災公園の整備 都市公園の防災機能の強化
長寿・福祉社会への対応	公園のネットワークの形成,バリアフリー化の推進,福祉施設と一体的整備
都市環境の保全,改善や自然との共生への対応	自然地形,植生をいかした公園整備,環境学習の拠点となる公園等
広域的なレクリエーション活動や個性と活力ある都市,農村づくりへの対応	地域活性化に資するスポーツ,文化活動等の拠点となる公園の整備

○公園ごとに管理運営計画を策定
・マネージメントの視点からの高度な運営管理
・住民の自主的な運営管理への参画を促進

○人材の登録活用と育成
・公園での多様な活動にかかわる人々を登録・活用
・公園の管理運営に必要な人材(パークコーディネーター)の育成

○市民参加による公園の育成・管理
・ワークショップ
・グラウンドワーク

○他事業との連携
・防災関係機関との連携
・医療・福祉機関との連携
・教育機関との連携

○技術開発の促進
・防災,環境,市民参加等
・多様な技術開発の推進

緑の基本計画(市町村)
・環境保全,防災,レクリエーション,景観形成の4系統から策定
・都市公園
・道路・河川等の公的空間
・緑地保全地区等都市計画による緑地
・市民緑地,市民農園等の民有地

財源,整備手法
○事業費の確保,大規模公園等一体整備促進事業の充実,起債充当率,地方交付税の充実
○国有地や工場移転跡地等の活用,事業主体の拡充
○水辺空間を積極的に取り込むとともに,他事業との連携をいっそう強化

出典:都市計画中央審議会,1995 より

大綱」は，21世紀初頭を目途に国民が豊かさを実感できる緑豊かな生活環境の形成をめざして，道路，河川，公園などの緑の公的空間量を3倍，所管公共公益施設などの高木本数を3倍および市街地における永続性のある緑地の占める割合を3割以上確保することを基本目標として定めている。また，「グリーンプラン2000」は，緑の政策大綱の実現のためにつくられた平成8（1996）年度から平成12（2000）年度の5か年を計画期間とする，「緑の政策大綱」の「アクションプログラム」である。そのため，従来からの「都市緑化のための植樹等5か年計画」（第4次計画）については，1年繰り上げ改定してその内容をこのプランに統合することとなった。とくに，「緑の政策大綱」を具体的に進行させるために策定された「グリーンプラン2000」は，その目標を「施策の基本的方向と整備目標量に加え，施策実施にあたってのポイントを具体的に掲げることにより，それぞれの施設の設置・管理者の共通の認識と目的のもとに各施設，各事業における緑の保全，創出を総合的かつ横断的に図ること[34]」としている。

　そのうえ，緑の政策大綱および大綱策定後の状況を踏まえ，その基本的方向として，「①緑の保全と創出による自然との共生，②緑豊かでゆとりと潤いのある快適な環境の創出，美しい景観の形成，③安全で安心できる緑のまちづくり・国土づくりの推進，④緑を活用した多様な余暇空間づくりの推進，⑤市民の参加，協力による緑のまちづくりの推進」の五つの施策が示された。

　他方，都市公園に関するニーズは従来に増し多様化しつつあることを反映し，大きく四つの目的によって統合された。その四つとは，①安全で安心できる都市づくりへの対応，②長寿・福祉社会への対応，③都市環境の保全・改善や自然との共生への対応，④広域的なレクリエーション活動や個性と活力のある都市，農村づくりへの対応である。この四つの対応は都市の「緑とオープンスペース」の4系統を踏まえたものではあるが，その整備過程においてこの「社会的機能」をいかに反映していくのかは今後の課題である。まず法制度の方向性としては，「都市緑地保全法」・「都市公園法」・「自然公園法」などの緑を対象にした各種法制度の機能的統合が考えられる。そのうえで，縦割り行政によって組織的に分割されている緑とオープンスペー

図 4-9　緑の政策大綱とグリーンプラン 2000

緑の政策大綱（平成6年7月）
21世紀の初頭を目途に国民が豊かさを実感できる緑豊かな生活環境の形成をめざす

▼

グリーンプラン2000（平成8年12月）
2000年までに身近な緑が増加したと実感できる生活環境の形成をめざす

▼

5つの基本的方向
(1) 緑の保全と創出による自然との共生
(2) 緑豊かでゆとりと潤いのある快適な環境の創出，美しい景観の形成
(3) 安全で安心できる緑のまちづくり・国土づくりの推進
(4) 緑を活用した多様な余暇空間づくりの推進
(5) 市民の参加，協力による緑のまちづくりの推進

▼

3つの目標
2000年までに身近に緑が増加したと実感できる生活環境の形成

緑の量の確保	緑の質	緑のリサイクル

4つの施策実施にあたってのポイント
(1) 行政と民間の連携による緑の地域づくり
(2) 公共事業の実施の各段階における緑の保全と創出
(3) それぞれの場にふさわしい緑の確保
(4) 自然のシステムを踏まえた緑づくり

▼

実施すべき施策
■横断的施策
(1) 緑の総合的な計画の策定と関係機関との連携による事業の推進
(2) 広域レベルでの水と緑の骨格・回廊づくり
(3) 都市内での水と緑のネットワークづくり
(4) 都市における緑の拠点づくり
(5) 地域に誇れる緑と花の名所づくり
(6) 生物の生息・生育域の拠点づくり
(7) 自然のシステムを踏まえた緑づくりモデル工事の実施
■個別施策
(1) 道路，河川，公園等各公共事業における施策の展開
(2) 民有地における施策の展開
■支援施策
(1) ふるさとの樹木リストの作成と活用
(2) 緑化用樹木の安定的供給
(3) 緑を支える技術の開発
(4) 緑の推進団体への支援
(5) 緑の情報発信

出典：建設省（現国土交通省）資料より作成

スに関する整備を一本化し，基本的なルールだけを定めて，自治体の「緑の基本計画」に委ねることが望ましいのはいうまでもない。

4.4.2 地方分権改革と都市公園

地方分権推進委員会の中間報告において指摘されたように，全国画一の統一性と公平性の重視は，地域的な諸条件の多様性の軽視および地域ごとの個性ある生活文化を衰微させる原因ともなっている（地方分権推進委員会，1996参照）。ところが，この地方分権論議において，都市公園はどのように取り上げられていたのか。また，どのような問題点が指摘され，議論されていたのか。

平成12（2000）年4月1日から施行された「地方分権推進一括法」において，めざすべき目標として示されたのは「分権社会の創造」であった。そして，この分権型社会の姿を示すキーワードは，「地方分権」と「協働型社会」である。ここでの「地方分権」の意味は，「地域住民による自己決定・自己責任」であり，協働型の社会をつくりだすための制度的必然であった（武藤, 2001：はしがき）。というのは，戦後50年を通じて維持されてきた中央集権型行政システムにおける制度疲労が，行政環境の変化に対する環境への不適応性を助長しているからである。そのため，都市インフラとしての都市公園の社会的必要性は以前より高まっているにもかかわらず，その政策的応答性は中央集権的行政慣行によって制約されているのが現実である。

とくに，「通達行政」・「必置規制」・「補助金行政」に大別される中央行政の関与は，都市公園行政において，地域的状況や地域の文化性が反映されない画一的都市公園を造り出す一方，国のかかわる都市公園などが各種補助金措置によって拡大されていく仕組み，すなわち「公園機能の社会化」にそぐわない状況を生み出す原因となっている。

すでに見てきたとおり，都市公園政策はその社会的認識に比べ，都市基盤整備においての優先順位はそれほど高くなかった。その主な理由は，都市公園の政策特性，すなわち設置の後見性と利用する側の文化的・地域的情緒が反映されない制度的仕組みにある。たとえば，明治初期の太政官布達公園，大正期の都市計画法制によって生み出された52か所の小公園，昭和前期の

東京緑地計画と防空大・小緑地など戦前の公園づくりにおいて共通するのは設置者の視点を優先していたことである。また，整備水準の国際比較によって決まる整備目標が，質的な快適さよりはむしろ画一的な都市公園の量的拡大を進めてきた。

このような観念と基準によって一度つくられた都市公園は，「永続性」・「空地性」という昭和初期の東京緑地計画から始まる公園緑地の規範性により堅く縛られることになる。言い換えれば，利用状況や公園機能，管理活動の変化などを含む社会的な変化に対応できないまま，都市公園が存続するという非合理的な実態が生じているといえる。

他方，この設置者と利用者の乖離とそれによって生じる管理活動の空洞化は，都市公園に対する浅い認識と軽視風潮という歴史的条件とあいまって，利用という都市公園の本来的機能を低下させつつあるといえる。このような，都市公園づくりにおける後見性と非合理的な仕組みは，都市公園の社会的機能を著しく低下させている。

4.4.3 分権論の中の都市公園問題

今回の分権改革の流れは，昭和30年代前半にほぼ定着した「国と地方関係」，すなわち，地方自治制度をその理念上において転換させた画期的な改革であった。もちろん，昭和24（1949）年の「地方行財政調査委員会議」（神戸委員会）以降，地方分権に関する議論はさまざまに展開されてきた。

今回の分権改革において重要な役割を担ってきた地方分権推進委員会委員の西尾勝の説明にしたがえば，それは「実現性の高い異例の成果」と「権威と公開性を犠牲にして意見調整と合意形成に努力」に集約される「地方分権推進委員会」の改革推進手法によるものであった[35]。その過程として第1次から第5次までの勧告がなされ，「地方分権推進一括法」が平成12（2000）年4月1日付で施行され，新たな時代の幕開けとなった。

地方分権に関する議論が実効性を持ち始めるきっかけとなったのは，平成6（1994）年12月の「地方分権の推進に関する大綱方針」（1994，閣議決定）であった。そこには，地方分権の推進に関する基本理念として，「国と地方公共団体とは国民福祉の増進という共通の目標に向かって相互に協力する関

係にあることを踏まえつつ，地方公共団体の自主性・自立性を高め，個性豊かで活力に満ちた地域社会の実現を図るため，国および地方公共団体が担うべき役割を明確にし，住民に身近な行政は身近な地方公共団体において処理することを基本とし，地方分権を推進する」ことが述べられた。

また，基本方針として，「①国と地方公共団体との役割分担のあり方，②国から地方公共団体への権限移譲等の推進，③地方公共団体の財政基盤の整備，④自立的な地方行政体制の整備・確立」が示された。なかでも，「機関委任事務制度の全面的廃止」という画期的な成果によって象徴される今回の分権論議は，各勧告をめぐってのさまざまな批判，なかでも公共事業の改革をテーマとした「第5次勧告」に対する悲観的な批判にもかかわらず，「戦後一貫して拡大してきた国の直轄事業・直轄公物に歯止めをかけ，縮減の方向を政府にとらせたことは，戦後の政治行政構造に対する厳しい一撃であり，〈正の記念碑〉としての側面を有する」（武藤，1999：33頁）ものであり，新たな分権型社会を創るための土台づくりとしての意義をもつものであった。

地方分権推進委員会の中に設けられた「地域づくり部会」の中間報告（平成8年3月15日公表）の中においては，都市公園の現状に対して，「都市公園法は，公園内に設置することができる公園施設の種類，公園内の建ぺい率制限等を定めている。また，公園施設の種類については，政令で詳細に規定されるとともに，公園内の建ぺい率については，都市公園が都市環境の改善，防災拠点の形成などのためのオープンスペースであることから，都市公園法で原則2％に制限されている（例外的に，最大22％まで緩和）」と，その状況を説明している。

このような現状認識を踏まえ提案された都市公園関係の改革方向は，次の2点であった。すなわち，①地域の自主性を生かした特色ある公園整備ができるよう，公園施設の種類，施設基準などについての詳細な法令の規定を改正し，基本的な枠組みや概括的な基準を定めるに止める，②都市公園にかかわる建ぺい率のあり方を見直す，がそれである。

また，この改革方向について検討の際には，「大都市においては都市公園本来の設置目的を損なわないように留意するとともに，他の制度，事業により整備される公園（たとえば，臨港地区内の公園や農振地域内の公園など）との

関係を整理すべき」との点も指摘された。

ところが,このような改革方向が示されるようになったきっかけは,平成8 (1996) 年に地方6団体が「地方分権推進委員会」に提出した要望・指摘事項であった(日本都市計画学会地方分権研究小委員会編,1999：356頁)[36]。この地方団体による要望・指摘事項では,都市公園にかかわる主な問題点としては,第1に,公園施設の種類および公園施設の設置基準に関する都市公園法上の規定について「これらの種目・基準は,それぞれの地域住民の意向を踏まえて自主的に決められるべきである」との意見が出された。具体的に「公園施設については建ぺい率が原則2％以下とされていることから,たとえば,200㎡に満たない都市公園の場合は,トイレさえ設置できないケースも生じる」という指摘であった。第2に,都市公園法に規定されている公園地用途変更に代わるべき都市公園の確保に関して,地域の土地利用のあり方にかかわる事項であるため地域の決定に委ねるべきであり,「都市公園をつくるかつくらないかは住民が決める」との指摘であった(伊藤,1996：5頁)。

これを踏まえ,地方分権推進委員会において議論された論点は,「①公園施設について細かく規定しすぎである,②建ぺい率規制は地域が自主的定めるべきである,③公園の用途変更,廃止に伴う代替措置は地方の自主性に委ねるべきである」の3点であった(伊藤,1996：6頁)。

他方,すでに指摘したとおり,これまでの都市公園行政が後見的仕組みによって運用されてきたことにより,都市公園などの公園事業は制度上において多くの点が制約されてきた。そのうち,もっとも地域の自主的な都市公園づくりを妨げてきたのは,「細分化・マニュアル化された施策運用,硬直化・標準化されたステレオタイプの都市公園づくり,市民的ニーズが反映されない仕組みなどであった」(船引,1996：19頁)。すなわち,中央政府全体の予算配分において政策的優先順位の低い都市公園に対しては予算配分が少なく,予算獲得のためにイメージしやすい細かい機能的分類が好まれ,単年度における施策の重点が変化しやすく,テーマ別に細分化されていく傾向によって,比較的コストのかからない標準的なステレオタイプの都市公園が画一的に造られることになる。大量のストックを短期間に整備しようとした量的拡大政策の目標に対する予算配分額の不足や消極的な管理慣行という,理想

と現実のズレによって，標準化された施設物としての都市公園だけを再生産してきたのが戦後の都市公園政策であった。

(1) 「東京都都市公園条例」（1956 年制定条例第 107 号）。この条例の第 2 条規定によれば，都立公園とは，「都市公園および都市公園以外の公園」によって構成されている。
(2) 皇室花苑の開放に関しては，『公園緑地』11 (1)「国営公園特集号」，1949 が詳細に述べているので参照されたい。
(3) 国営公園の設置や運営管理は主に公園緑地管理財団において行われており，国営公園に関する詳細は同財団のホームページ（http://www.prfj.or.jp/enter/kanri/kanri.html）から見られる。
(4) この条項では，公園における維持清掃・取り締まり，公園地の一部使用，公園臨時売店の使用，一般公園地の常時使用料の徴収事務などを各区長に委任したが，公園の改良やその計画に関しては一括して東京都において実施することとした。
(5) 東京都においては，昭和 42（1977）年に「東京都における自然の保護と回復の計画」が策定された。この計画は，「東京都における自然の保護と回復に関する条例」（1972 年制定）に基づき策定された計画であり，「東京都における自然の保護と回復の基本方針：1974」の改訂版であった（東京都，1977：3-4 頁）。
(6) 1949 年 3 月に GHQ による「収支均衡予算」（ドッジ・ライン）が実施されたため，戦後の不況が深刻に進み，同年 9 月「緊急失業対策法」が公布される。同法に基づき東京都においては国庫補助による簡易失業対策事業として，整地等公共空地整備の一部を実施した」（東京都，1995：45 頁）。その法的根拠は，「中高年齢者等の雇用の促進に関する特別措置法」（1971 年制定）附則第 2 条規定によるものであった。
(7) すでに見てきたとおり，昭和初期から終戦までに開園した公園は清澄庭園・六義園・向島百花園などの寄付公園が多く見られる。それは，大正 12（1923）年に起きた関東大震災による大勢の避難者を多くの公私の庭園が救ったのがきっかけとなり，大震災後から終戦直前までの間に，公園用地の恩賜や寄付が盛んに行われた。この恩賜・寄付公園はお上や貴族によるもので，主にその所有地の一部を開放し公開したことから，これらの公園は市中心部に位置しているものが多い。そのため，戦前のストックを生かすことができる区部において整備が中心であったと考えられる。
(8) この点については，都市防災美化協会編『東京都における戦後 50 年の公園緑地の変遷に関する調査』1997 が詳細に記述しているので参照されたい。
(9) 東京都『こどもの遊び場に関する調査報告書』1967 参照。
(10) この「シビル・ミニマム」に関しては松下圭一氏に負うところが多く，以下の文献を主に参照した。松下圭一『シビル・ミニマムの思想』東京大学出版会，1971；同『昭和後期の争点と政治』木鐸社，1988；同『市民自治の憲法理論』岩波新書，1975；地方自治センター『資料・革新自治体』日本評論社，1990 など。
(11) このシビル・ミニマムの思想の提起の意義と自治体の理論構成に関わる問題関心か

らは,「①市民による政策公準の提起,②自治体の政策基準の定立,③憲法理論をはじめ法学の再編」を指摘していた(東京自治問題研究所『月刊東京』編集部編, 1994:46頁)。

(12) この「東京都海上公園条例」の目的は,「海上公園の設置および運営管理に関する必要な事項を定め,海上公園の整備の促進および利用の適正化を図るとともに自然環境の保全および回復を図り,もって都民の福祉の増進と緑豊かな都市づくりに寄与する」(東京都,1975:第1条)とされ,すでに確立されている都市公園の体系とは異なる,「地方自治法」の規定(第244条公の施設条項)に基づき制定された独自条例であった(東京都港湾局,1994:1099頁)。

(13) 「海上公園審議会」は,海上公園条例に基づいて設置される知事の付属機関であり,海上公園の計画・区域の決定・変更・廃止ならびに海上公園の設置・管理運営に関する重要な事項を調査・審議・答申し,該当事項に関しては建議できる仕組みとなっている。委員は30名以内とし,学識経験者,海上公園利用者,港湾区域に隣接する特別区長,東京都議会議員,関係行政機関の職員から構成されている。

(14) 海上公園の管理には,昭和58(1983)年の「中間報告」において「民間活力」の導入が早急に検討すべき課題とされ,翌年,港湾局において「今後の海上公園の管理運営方針について」が決定発表された。この方針においては,上記の管理方針以外に,スポーツ・レクリエーション施設の管理,専門的管理方式の確立などが盛り込まれていた。

(15) 市町村が完全な基礎的自治体として制度的地位を獲得した昭和22(1947)年の地方自治法の制定当時は,都道府県と市町村の制度的区分はなく,その役割分担は制度的に明確ではなかった。昭和27(1952)年の地方自治法の改正により,都道府県と市町村間の役割が区分され都道府県の事務に関して「一般の市町村が処理する事が不適当であると認められる程度の規模のものを処理するもの」とされ,以後都が市町村の公園事業に協力できるようになった(東京都造園緑化業協会編,1997:59-67頁)。

(16) 多摩地域において東京都が公園事業を本格的に開始したのは,昭和46(1971)年からであり,その目的は丘陵部の開発から緑を保全するためであった。また,基地跡地利用計画の一環として昭和50(1975)年に「武蔵野中央公園」,昭和58(1983)年に東大和基地跡地の「東大和南公園」,平成7(1995)年に府中基地跡地の「府中の森公園」,調布関東村基地跡地に「武蔵野の森公園」がそれぞれ計画された。また,市部における官庁の移転跡地4か所,面積9.4haは,それぞれ公園として開園された。

(17) この市部における都市公園については,東京市町村自治調査会による調査研究を参照されたい。この東京市町村自治調査会では,自然型公園研究会が開かれ多摩地区における都市公園のあり方に関する調査研究が行われた。ここに参加している委員は,主に自治体の現場において都市公園づくりに携わっている公務員が主体となっており,いわゆる「エコパーク」づくりがその中心テーマである。東京市町村自治調査会編『多摩エコパークガイドブック』けやき出版,1996および『多摩エコパークハンドブック:自然型公園に関する調査報告書』1997,『エコパーク:自然を活かした

公園づくりのあり方』1996 などを参照されたい。
(18) 「緑被率」とは，空から見た緑被地（緑に被われているところ）の占めている面積の割合であり，「緑視率」（ある地点において人間の視野点に占める緑の見かけの量的割合）とともに緑地の量を表わすものである。その推移については，東京都造園緑化業協会編，1997 を参照されたい。
(19) 「緑を保全する五つの制度」には，借地公園，環境緑地（憩いの森・みんなの木），保存樹林，保存樹木，保存生垣が含まれている。この制度が策定された背景には，民有地における緑の保存を重視する考え方がある。すなわち，自然体の緑のうち，公園等の公共施設は全体緑被面積の約 4 分の 1（26.6％）しかなく，ほとんどは民有地である。なかでも，低層住宅地が全体の 4 割（39.1％）であり，この民有地の緑化が市全体の緑を保全するポイントであった。武蔵野市『きになるしくみ：緑の保護育成と緑化推進のために』1998 参照。
(20) 三鷹市における公園整備に関する特徴の一つは，公園整備が市全体の「まちづくり」の中に組み込まれていることであり，その進行に市民参加の徹底化が図られていることにある。市全体の緑に関する総合政策としての「緑と水のルート整備計画」では，3 か所の「ふれあいの里」を拠点とし，5 か所の市民広場，10 か所の出会いのスポットを回遊するためのルート整備以外に，河川沿いの緑や水を一体とした「公園都市」づくりがめざされた（清原慶子著・三鷹市編集，2000：172-176 頁）。
(21) ここでは区立公園の成立過程を中心に都市公園の機能変化を分析するため個別的な区立公園の現状には入らないが，23 区における都市公園の整備については，東京造園緑化業協会『東京都緑白書』第 17 号（東京特別区の公園緑地事業），1999 および東京都『東京の公園 120』1995 が詳しい。また，移譲・移管・委管などの用語は移譲に統一し記述した。
(22) 東京府は防空大緑地事業と景園地事業を，東京市は新市域の区画整理による公園整備と都市計画公園・緑地などの新設を担当していた。
(23) このとき移譲された事務は次のようなものであった。①福祉事務所の設置・管理，生活保護・児童福祉などの社会福祉関係事務，②保健所・優生保護相談所の建物の維持修繕と，トラホーム予防などの保健衛生事務，③土地区画整理事業の施行，都市地区画整理組合などの指導助成，④建築物の確認等建築主務の事務（特殊な構造・方法を用いる建築物，特定街区内の建築物等を除く），⑤都市公園の設置・管理（都市計画上重要な公園，文化財指定の庭園等を除く），⑥道路の設置・管理（複数の区を通る道路，主要地方道に指定されている道路等を除く）。
(24) 東京都事務事業移譲対策本部『地方自治法等の一部を改正する法律の施行に伴う特別区事務事業移譲措置要綱』1964 年 11 月，「事務引継要綱」参照。
(25) 昭和 22（1947）年 4 月 1 日付条例第 14 号および同年 4 月 1 日付規則第 12 号，同年 5 月 20 日付建総発第 761 号および同年 5 月 23 日付建公緑第 115 号次長通達参照。
(26) 新宿区「新宿区公園再整備計画」1994 年および新宿区『住む人が誇りをもてる公園からのまちづくり：新宿区公園再整備基本方針』案内パンフレット，1994 年より。

(27) 新宿区の公園の利用実態調査や移譲公園の整備などに関しては，以下の文献が詳しい。八住美季子「新宿区における公園利用の活性化について：プロジェクト報告」『都市公園』第139号，1997：49-62頁。天井誠「新宿区における移譲公園のその後」『都市公園』第140号，1998：50-61頁。

(28) 保存に関する基本方針としては，①現在の公園の特性や財産を生かし，文化的施設や環境を保存する，②創設当時から昭和初期にかけて持っていた良好な環境や，哲学堂の成立に由来する環境を復活させる，③住宅地化した公園周辺の環境や都市景観に対する意識の高まりに対応し，外から見た公園の景観を改善する，④隣接する妙正寺川公園およびオリエンタル第2期計画区画との連続性を確保する，⑤公園の成立思想と時代性を統一するため，公園全体が大正期をベースとした統一的なデザインによって，老巧施設や公園管理施設の整備，改善を行う，⑥管理形態は，公園内文化財を保護する意味で，夜間閉鎖を持続する，などの事項が決定されている（中野区，1988：37頁）。

(29) 「公園コンペ」と呼ばれる公園設計案の公募形式は，23区でははじめて世田谷区で行われた。同区においては区内に建設を予定している都市公園の設計案を一般から公募した。公募に際しては「お役所仕事とは一味違うユニークなアイデアで，区民が身近に感じられるような公園」をめざすという。3部門に分かれて行われたコンペには，全部で443点が寄せられた（『読売新聞』1990年12月20日付朝刊および同1991年8月14日付朝刊）。また，武蔵野市における公園緑地などの緑化に関する市民参加の流れとして参考になるのは，武蔵野市における市民委員会の活動である。昭和40年代後半からの「緑化市民委員会」がそれである。現在は，その名称を「武蔵野市緑化・環境市民委員会」に変え，緑とまちづくりや市民参加に対する提言などを行っている。武蔵野市緑化・環境市民委員会『未来に残そう いのちを育む豊かな緑：武蔵野市 第2期緑化・環境市民委員会 提言』1991，各種公園の計画については，武蔵野市『武蔵野市第三期基本構想・長期計画』1993参照。武蔵野市における緑化計画については，武蔵野市『むさしのリメイク；武蔵野市緑の基本計画』（平成9年版），1997参照。武蔵野市『市民の森公園』（平成11年版）1999参照。

(30) 市民参加による公園づくりの現状と紹介は，武蔵野市「特集よみがえれ！ 武蔵野森：緑豊かなまちへ，市民と市の取り組み」『クラブむさしの』（1999，9月号）を参照されたい。

(31) 平成8年末の行政改革委員会において，行政関与のあり方を見直す三つの原則，すなわち，①「民間でできるものは，民間に委ねる」，②「国民本位の効率的な行政」，③国民に対する「説明責任（アカウンタビリティ）」が提唱された。社会資本整備においても，この行政改革委員会の意見を踏まえ，官民の役割分担についての見直しを行っていく必要がある，とされた。

(32) その検討の目的は，「一般廃棄物処分場跡地を含む敷地に，運動施設など都市公園を設けたリサイクル公園を例にとって施設建設費・廃棄物受入量・廃棄物の三つを変化させ，さらに管理費・資金調達・返済を考慮して日本版PFIによるリサイクル

公園事業が成立する条件を検討する」とされ,その実用化に向けての前提条件を探っていた(コーエイ総合研究所,1999:70-74頁)。

(33) 経済企画庁「PFI推進研究会中間報告」1999参照。このPFIに関する資料としては以下のような資料が参考になる。日本版PFI研究会『日本版PFIのガイドライン』大成出版会,1998;井熊均『PFI:公共投資の新手法』(B&Tブックス)日刊工業新聞社,1998;井熊均編著『自治体のためのPFI実務:プロジェクト構築の現場から』ぎょうせい,1999;東京都総務局行政改革推進室編『東京都におけるPFI基本方針』2000など。

(34) 建設省「グリーンプラン2000」(1996),「1.策定にあたって」の「(2)緑の政策大綱の目標と「グリーンプラン2000」の意義,位置づけ」より。「緑の政策大綱(21世紀緑の文化形成を目指して)」平成6(1994)および「グリーンプラン2000」平成8(1996)については,建設省,1999:440-455頁参照。

(35) 地方分権推進に関する資料は近年多数が刊行されているが,ここでは地方分権推進委員会のメンバーであった西尾勝による記録と著書を主に参考した。主なものは以下である。西尾勝『未完の分権改革,霞ヶ関官僚と格闘した1300日』岩波書店,1999;同『分権型社会を創る,その歴史と理念と制度』(シリーズ分権型社会を創る第1巻)ぎょうせい,2001など。

(36) 日本都市計画学会地方分権研究小委員会編『都市計画の地方分権,まちづくりの実践』学芸出版社,1999「V都市計画の地方分権への動き,記録と資料」参照。都市公園に関しては,「第12回基本政策部会」(同356頁)の議論参照。

第5章　緑とオープンスペースにおける管理の社会化

5.1 都市公園の整備と管理

5.1.1 都市公園の整備と管理に関する答申

本章では，都市公園の管理問題を取り上げる。まず，都市公園法の規定などを踏まえた現況について述べ，次に都市公園の管理を取り巻く社会変化としての「社会的機能」形式とその対応としての「管理の社会化」について述べる。

1990年代以降の社会変化に対する能動的対応の必要性について，平成4 (1992) 年に「都市計画中央審議会」から出された答申「経済社会の変化を踏まえた都市公園制度をはじめとする都市の緑とオープンスペースの整備と管理の方策はいかにあるべきか」は，次のように述べていた。すなわち，「国民生活を取り巻く近年の状況を都市化の進展と国土・都市構造の変化，長寿社会の到来と高齢化社会への移行，自由時間の増大と国民のライフ・スタイルの変化に置き，都市環境の改善，快適性の増大，都市景観の向上，都市火災への対応などの総合的観点から都市公園を核とした緑とオープンスペースの系統的・有機的配置を進めるとともに，多種多様な緑の保全・創出を推進し，豊かで潤いのある生活空間の形成」を，都市の緑とオープンスペース政策の基本的方向として述べられた[1]。

この基本的方向の設定は，緑の中核としての都市公園政策にも影響を及ぼし，都市公園法の改正が行われた。この平成4 (1992) 年の答申によって行われた都市公園制度の見直しの内容は，「①都市公園の公園種別，設置基準等，②公園施設の内容，設置基準等，③都市公園等の対象地域，④占用許可制度および都市公園用地の立体的利用，都市公園に類似した都市公園以外の施設，⑤管理・運営の充実」などであった。

平成7 (1995) 年に都市計画中央審議会において出された答申「今後の都

市公園等の整備と管理は，いかにあるべきか」においては，都市公園の整備と管理体制に対し，「今後，社会資本整備の進展，少子・高齢社会の到来，国民の自由時間の増大を背景とした都市の成熟化の中で，多様化，高度化する国民のニーズと感性に的確に対応し，豊かさを実感できる国民生活の実現を図るとともに，阪神・淡路大震災の教訓を生かした国民が安全で安心して生活できる都市を構築するため，緑とオープンスペースを早急に確保する必要がある」と指摘した。ここには，従来の都市公園等の整備および管理に関する制度や各種の計画がその改善を図ったものの，ヒートアイランド現象の顕著化，自然との共生意識の高まり，高齢化の急速な進展などの社会情勢の変化の中で，依然として緑に関するニーズに十分応えられる体制にはなっていないことへの反省がある。すなわち，図5-1が示すように，私的な「にわ」の延長線上の，個人的で静態的な公園ではなく，そのつくりと管理への参加を踏まえ，動態的かつ地域的活動や文化を反映する新たな都市公園が求められているといえる。

ところが，平成4（1992）年の答申が「緑とオープンスペース」全体を対象としたのに比べ，平成7（1995）年の答申は都市公園を直接的な対象として取り上げ，「都市公園の機能的多様性を前提に，経済力にふさわしい生活

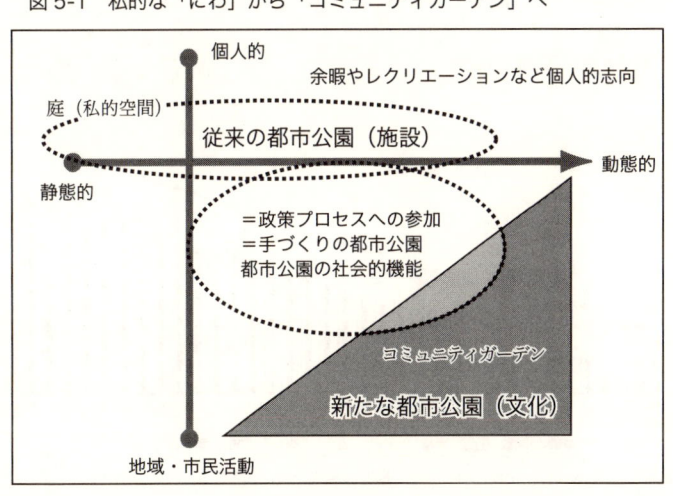

図5-1　私的な「にわ」から「コミュニティガーデン」へ

上の豊かさを実現できるようにその整備と管理の充実を図りたい」としていた(2)。そのうち、管理・運営の充実については、「指導者養成システムの整備、利用情報提供システムと利用受付・予約システムの整備、利用者のセキュリティ確保、利用者への技術的指導の推進、遊技施設など構造物の安全基準および保全基準の整備、地域に密着した管理・運営の推進」などを上げている。

また、都市公園に類似した都市公園以外の施設について、これまでは都市公園に属していなかった都市計画特許事業により設置された公園または緑地、都市公園法上の設置基準、とくに建ぺい率などから都市公園の要件に合致しないものなど、都市公園として設置・管理されていない類似施設の中で、都市公園と同様の効用を有するものに対しては適正な管理水準を確保するのが適当であるとされた(3)。

都市公園の量的整備がある程度充実してきたところで、その管理的な問題が重視されてきた。それは、一面では公園の量的整備が限界に達していることもある。すなわち、現行法制度上の規定1人当たり20㎡を達成するためには、地価の高騰による土地買収費の増大、人件費の増大等のため行政施策だけでは不可能に近い。そして、従来の設置観念に基づく整備の仕組みは地域において合意されないケースが増えつつあり、また利用者との関係を重視した管理的側面が欠けていることなどが原因として考えられる。

そのうえ、昭和50年代を中心に量的拡大政策によって生み出された公園

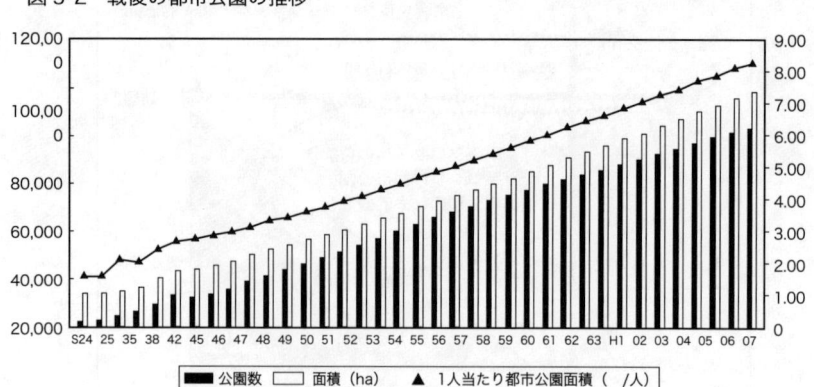

図5-2 戦後の都市公園の推移

出典：日本公園緑地協会，1999：120頁に追加作成

において，管理面での問題が多発している。すなわち，都市公園などは「施設のもつ諸機能が十分に発揮され，いつでも誰でもが安全，快適，楽しく利用できるような管理と運営がなされるべき」であるにもかかわらず，現状は，管理水準の低下，施設の老朽化，犯罪や迷惑行為の多発など，安全と快適さにおいて深刻な状況であり，小規模の公園ほどその状況はひどくなっているからである。

　すでに見てきたとおり，各種答申や施策において公園の管理問題は重要な課題として取り上げられているが，実際の都市公園の管理状況はそれほど変わっていないのが現状である。依然として施設管理の傾向が強く，公園利用にさまざまな規制を設け，しかもサービス提供ないし「マネジメント」の観点の欠如によって，市民的公園管理の自覚や参加を阻害している。今後の協働型社会に向けて解決してゆかねばならない問題がそこにはある。

　そこで，以下では従来の公園管理の内容を検討し，都市公園の管理活動が抱える問題を考える手がかりとしたい。そのため，従来の都市公園における管理の概念や内容規定を取り上げ，その特徴と課題を検討する。

5.1.2　都市公園の管理内容

　明治以降の都市公園の整備にかかわる各種政策において目立つ特徴は，公園の設置・配置などの計画論が非常に重視されてきたことである。公園・緑地などの配置に関する議論の背景には，すでに指摘してきたように，これらの設置行為がもっぱら行政によって担われ，いわゆる「存在機能」が優先された特有の事情がある。すなわち，「公園事業も基本的には自治体の自主的な事業としながらも，①都市公園法，都市計画基準といった計画論は国によって用意され，②5か年計画といった国家的な投資計画の中で，国庫補助事業として多くの公園事業が遂行されてきたことに，地方の自主性を損なうような制度的な問題点を生んできた」のであった（船引，1996：19頁）。そのため，利用者の視点に立たない行政独自の条件だけに合わせた都市公園づくりが進められてきた。それによって，本当に必要とされる場所ではなく，河川敷や公有諸施設の跡地など，市民生活から離れた場所に公園が設置されてきたきらいがある。用地の取得によって公園づくりの8割が終わるといった

「用地先行取得」の行政慣習はいまも根強く，工事期間が10年を越える場合さえ少なくない。また，公園の設置以後の管理体制も主に行政に集中しており，予算枠の変化によっては公園の管理費が半分になる場合もある。

そのうえ，都市公園の管理は，主に施設の維持管理と財産管理がその中核をなしている。戦後都市公園などの緑地空間が減少することへの懸念から管理強化のために制定された「都市公園法」の規定によれば，「都市公園の維持，修繕，災害復旧などの事実行為，公園施設の設置，管理許可，都市公園などの占用許可などの法律行為，都市公園の適切な利用を促進するための運営管理など都市公園の機能を維持し，適切な利用を増進するために行われる一切の行為」(4)を都市公園の管理内容として規定していた。

ところが，上述の「都市公園の適切な利用を促進する」という運営管理の内容は抽象的であり，適切な利用の意味とその判断が誰の立場からなされる

表5-1　公園利用における管理者と利用者の立場

事項	管理者の立場	利用者の意見
植込や芝への立入禁止	動物の保護，美観維持	自然にふれたい，鑑賞したい
樹木の剪定，伐採	正常な発育，樹形の維持	自然保護に反する，暗い，邪魔
薬剤散布		汚い，不衛生
樹木の寄付，記念植樹	計画的に植えている，景観のみだれ	木を増やす，木がかわいそう
公園を花でいっぱいに	予算がない	欧米では当たり前
犬を放してはいけません	安全確保，衛生上	犬がかわいそう，犬嫌い
ゴルフ，野球等の禁止		誰もいないのに
池に立入禁止	危険	親水，鑑賞したい
木登り禁止		自然の遊び
ギンナン採り		食べる楽しみ
園路，広場の舗装	ぬかる，足元が危険，管理が容易	地下浸透，なるべく自然に
パンくず等のエサ	水の汚れ，魚が増え困る	かわいそう
施設の汚れ，いたずら，こわれ	予算不足，いくら修理しても追いつかない	なにもしていない
スポーツ施設の全天候化	管理が容易	健康に悪い
スポーツ，文化施設導入	自由空間が減少	地元要望
園内灯の拡大	植物や野鳥への影響	暗くて歩けない，防犯
町内会の建物，倉庫設置	目的外施設，私権の制限をするため	地元要望

出典：住宅都市整備公団編，1996：20頁

のかによってその内容は違ってくる。たとえば，施設の主な提供者である行政側からすれば，適切な利用とは公園規則の遵守であるが，それだけでは，消極的な利用しか想定されていないことになろう。

公園における利用行動に対する規制が多くなればなるほど自由な利用は制限され，利用者の減少を招くことになる。ここでは，管理の強化は自由な利用の制限という相反関係が成立する。その反面，利用者の立場から見た適切な利用とは，規則に縛られない「自由空間の満喫」であり，自己責任の範囲での利用行為となる。すなわち，その適切な利用とは，公園を利用する人々の主観的満足がもっとも重要なものである。

このように主体およびその視点の相違によって，都市公園における適切な利用の内容は異なる。強いていえば，これまでの都市公園の管理活動においては，利用を促進するよりはむしろ利用を制限することによって都市公園管理の適正化を図ってきたともいえる。しかも，都市公園管理における施設管理中心の運営は施設物の保護のため利用規制を強化し，その規制によって利用者の自由行為の範囲が狭められているのが，現在の都市公園の管理状況である。

5.1.3　公園管理の内容規定

都市公園の管理問題を取り上げている各種研究報告書において説明される管理概念を比較すれば，上で引用した都市公園法上の管理概念とほぼ一致することがわかる。たとえば，建設省の公園緑地担当の建設専門官であった塩島大は，都市公園における管理を，①財産管理，②維持管理，③運営管理の三つに区分・規定した。また，都市公園を管轄する建設省（現国土交通省）[5]は，都市公園法による都市公園の管理内容を表 5-2 のように区分している。

都市公園の管理要素を利用という観点から捉えるのではなく「施設維持」として捉え，営造物としての施設とその維持管理をその間接的な施設保全の一環として，利用管理を位置づけているのが特徴である。

とくに，公園緑地に関する建設省の各種マニュアルの中で，広く公園管理の目的を「公園施設の機能の維持と増進」にあると述べており，その管理内容を大きく「施設機能の維持」と「施設機能の増進」とに区分している。「施

表5-2 都市公園法における都市公園の管理内容

管理区分	管理内容
維持管理	公園を構成している施設の物理的条件を整えて利用に供するとともに,施設の保全を図る業務(施設管理,植物管理,動物管理など)
利用管理	利用者との対応を通じて,利用のための条件を整えるとともに間接的に施設の保全を図る業務(利用案内,利用指導,利用者受付,催し物開催,利用者の組織化,その他の施設運営)
法令に基づいて行う業務	財産管理,許認可,使用料の徴収・減免,監督処分,賠償責任など
その他上記の業務を適正に行うために実施する業務	規格,調査,人事,給与,労務,契約,出納など

出典:建設省都市局公園緑地課,1980より作成

設機能の維持」には存在機能の維持と利用機能の維持が,「施設機能の増進」には利用密度と利用の質を高めることがそれぞれ管理内容として位置づけられている(建設省都市局公園緑地課都市緑地対策室,1979:348頁)。

「施設機能の維持」の主な内容は,環境の改善機能および災害防止機能を有効に働かせることと,公園利用者が安全で快適に過ごせるようにすることであり,施設機能の増進には,利用者数の増加や新しい利用方法を教え指導していくことが取り上げられている。しかも,「その他上記の業務を適正に行うために実施する業務」に関しては,本来公園管理固有の業務ではないと規定している点が特徴である。

にもかかわらず一方では,現行法制度の規定によって委任されている占用許可,違反の処分など法令に基づいて行う事務,公園施設の一部として扱われるプールや体育施設などの有料施設の使用に関連する業務は,公園管理の一部をなしている。このような管理概念は,実際の都市公園現場においても同様に適用され,したがってどの自治体においても公園管理の仕組みないし内容が画一的なものとなっている。

そこで,現在の,都市公園の管理に関する自治体の現場における管理業務の内容を整理してみると,「①運営管理——公園愛護会の指導育成,行事等の企画,実施および広報,利用指導・相談,要望処理・事故処理など主に対

外的業務，②維持管理——予算および積算基準などの作成，維持管理の計画・設計・工事監督，維持管理作業の実施，施設の点検，巡視・パトロール，契約に関する事務，失対事業の実施，調査・統計，③法令管理——公園施設の設置・管理に関する事務，都市公園の占用許可に関する事務，違反者などの処分，都市公園台帳の作成・保管，（公園内）行為の許可に関する事務，公園内施設利用の受付，使用料などの徴収など」のようにまとめられる（武蔵野市，1996：19頁）。

このように，法制度上における都市公園管理の概念と現場において実際に行われている管理業務の内容から見て，都市公園の管理概念は，施設の維持管理（メンテナンス）といった物的施設管理の性格が強く，実際の管理業務はこの施設の維持管理が中心となっているといえる。

5.1.4 都市公園の利用管理

他方，利用に関する事項としては，公園愛護会を中心とするところが多く，行政による各種イベントおよび行事を通じての利用が慣例化している。しかし，上述の都市公園の管理業務の中には，利用の受付，相談，各種イベントや行事などを通じて行われる利用者との対面接触が含まれており，その程度にかかわらず，利用管理業務も存在していることがわかる。

ところが，利用管理が公園管理上における重要な部分であるにもかかわらず，公園緑地を担当する各事務部署の管理規定や日常業務の中に公園の利用にかかわる具体的事務規定が設けられていないところが大半である。それは，前述したように公園緑地の物的基盤が公有財産であったことに主な原因があるが，「都市公園法」の性格によるものでもあった。すなわち，終戦後の公園地の不法的占用や転用などから生じる管理上の対応として昭和31（1956）年に制定された「都市公園法」が，公園施設の規格化・維持管理を中心に現状維持という消極的な視点で構成されていたことに主な原因があると考えられる。

そのうえ，量的な拡大が当面の目的とされてきた公園行政においては「設計論」ないし「計画論」が強調されるあまり，管理論が利用者論ないし利用者関係論を欠落ないし手薄なものにしてきたことも要因の一つである。

公園が造られる際，公園を提供する側はその公園が多くの人々によって利用されることを望み，公園の利用者はその公園が安全で，快適で，楽しい場であることを望む。しかし，多くの場合，両者の意図や願望，その結果はかけ離れているようにみえる。

　とくに，地域において身近に利用できる小公園の場合，このような傾向ははっきりと現われている。「もっぱら子どもの利用」から「街区における利用」へとその対象と内容を転換した小公園の場合は，東京都の全体公園数において約6割以上を占めており，身近な公園の利用は主に規模の小さい街区公園に行われている。こうした規模の小さい公園においては，定住する管理者がいない場合が多く，巡回や視察が主な管理方法である。[6]

　また，都市公園によって利用の頻度はかなり異なっており，誘致距離や施設の種類などという設置基準だけが公園の利用を規定する要因ではない。「都市公園法」による公園の種類には，もっぱら街区に居住する者の利用に供する「街区公園」をはじめ，災害時における避難路の確保，都市生活の安全性および快適性の確保などを図る目的で設けられる「緑道」までさまざまな公園がある。それぞれの公園は，その目的を果たすために計画的な誘致距離によって配置されることになっているが，「街区公園」のように誘致距離の250mおよび面積0.25haという標準から「レクリエーション都市」のように1000haを標準として配置される公園までさまざまである。

　このような状況にもかかわらず，都市公園の利用者は年々増加していた。建設省が6年ごとに実施する「都市公園利用者の実態調査」によれば，休日1日当たりの全都市公園利用者は，昭和58（1973）年に約2010万人であり，約5人に1人が都市公園を利用していることがわかった。また，昭和52（1977）年に1105万人であった利用者の数は6年間で約2倍に増えたという。その増加の原因としては，スポーツ人口の増加，家族ぐるみの利用が上げられる。利用層からは，小学生が街区公園，近隣公園を利用する場合が約40％，中高生の運動公園利用が約30％，60歳以上の高齢者の利用も年々増えつづけて，利用率および利用時間も増加が目立った。[7]

　ところが，このような利用者の増加に対して，公園の安全はどのように確保ないし管理されているのだろうか。主に施設物がその対象となっている都

市公園における安全管理は，後述するように利用者を満足させるものとはなっていないのである。

5.1.5 都市公園の安全管理

平成10（1998）年に建設省が行った全国の都市公園の遊具などの安全検査では，全国の都市公園約9万3000か所のうち，全体の13％に当たる1万2000か所の公園施設において安全上の問題があることが明らかになった。[8] 具体的には，ブランコ，滑り台，ジャングルジムなどの破損や腐食が多く，破損した状態で利用されている遊具もあった。これらの遊具の多くは設置後約16年以上経過したもので，全国の都市公園に設置されているブランコの4分の1がこれに当たることになる。公園の全国的な実態調査は今回がはじめてであり，調査結果からは，腐食や破損，ボルトの緩みなど約2万か所の公園で，1万7000個の遊具から問題が見つかった。[9]

また，これらの都市公園の点検や安全検査はほとんどの自治体において，年1回未満という調査結果が出ている。自治体がどのような点検を行っているのかを調べたところ，定期的な点検は年1回がもっとも多く（42％），全体の16％の自治体が年1回未満であり，年2回の点検を行っている自治体は全体の23％に止まっていることがわかった。

このような公園における管理の手薄さによって，公園遊具の使用中におこる事故は後を絶たない。平成11（1999）年以降，ブランコ，滑り台，シーソーなどで遊び中にけがをした件数は1440件にのぼっており，最近3年間は毎年250件以上報告されているという。また，警視庁の統計によれば，平成12（2000）年に全国の都市公園で発生した刑法犯罪（交通事故を除く）件数は1万2769件にのぼっており，近年，都市公園における安全管理の深刻さを物語っている（警視庁，2001資料より）。

他方，公園の自由な利用を妨げているのは管理規則だけではない。公園地内における公園利用を妨害する行為・破壊行為などはもっとも深刻な問題である。後述するように，文化破壊行為は公園地において日常的に行われているが，これらの行為の主体が一般利用者または不特定利用者であるため公園管理だけでは解決しえない難しさがある。

5.1.6 公園における破壊行為 (Vandalism)

　一般的に「文化破壊行為」として称される「バンダリズム」[10]は，公的・私的な空間や施設，財産における破壊的な行為やダメージを与える行為を指し，これらの行為は公園に深甚なダメージを与えている。文化的施設や公共的施設に対する破壊行為としてのバンダリズムは，都市公園においてとくに顕著である。日常的に行われているゴミ捨て，犬や猫の糞などによる砂場の汚れ，花火跡やゴミの散乱，池や噴水やトイレの汚れ，落書きなどの直接的な汚染行為，施設物の損傷，放火，そして，路上生活者・住所不定者・外国人・不良者，青少年の集団的行動など，これらによる不安や不快感などによって，公園の利用が妨げられている。

　都市公園における破壊的行為は，管理上における負担となるばかりではなく公園の利用を決定的に阻害する要因であるが，このような現象は都市公園だけに限定されたものではない。公共空間におけるこのような破壊的行為は，多くの利用者によって行われるため特定することができず，またその行為自体が犯罪であることが認識されていないため，管理の目が届かない場所においてはその頻度が高まる。日常的な管理点検が定期的に行われていない小規模の都市公園での破壊行為・迷惑行為の頻発は，都市公園の機能を麻痺させる決定的要因である。近年，社会的に流動性が高くなるにつれ，都市公園が犯罪の場・温床となる傾向が世論の関心を呼んでいる。その原因の一端は，都市公園における管理活動の貧弱さにあり，そのため各種の犯罪または利用者に対する妨害行為は増加する傾向にある。

　都市公園内におけるこれらの破壊ないし不愉快な行動に対する予防や安全対策は，欧米においては，都市公園行政における「リスク・マネジメント (Risk Managements)」の一環として取り込まれている。一般的に公園の管理者に対し警察権同様の権限を与えているのは，これらの破壊的行為への対処のためである。アメリカにおいて，一時期都心部の都市公園が犯罪や青少年の不良化の空間と化した原因の一つが財政的状況の悪化による公園管理の欠如であった。そのため現在は，都市公園において良い管理というのはこれらの危険を減らし，その予防に努めるものとして認識されている (Welch, 1991：98-102頁)。

このような都市公園内の破壊的行為はそれほど新しい問題ではなく都市公園や公的スペースにおいて日常的に行われるため，場合によっては都市公園が近隣市民には「迷惑施設」として感じられることもある。しかし，都市公園の「迷惑施設」化は管理活動の「手薄さ」にもよるが，より本質的な原因は，都市公園の管理活動がもっぱら行政において行われてきた歴史的経緯にある。言い換えれば，都市公園が近隣地域・市民の生活から物理的にも意識の上からも離れた空間に存在しているからである。前述のように，それは市民および地域の視点を欠いたまま量的拡大だけを重視してきた従来の政策によって生み出された必然的な問題である。

5.1.7　都市公園政策の評価

ところが，1990年代以後，社会の変化の中で，公園に関する評価制度の導入の動きが見られるようになった。1990年代半ばからの「政策評価」ないし「行政の責任」に関する議論にともない，都市公園政策においても評価を導入しようとする動きが建設省において試みられるようになった（英，1999：23頁）。

建設省では，都市公園事業の評価に際し都市公園の整備がもつ価値を，次のように分類している。すなわち，公園のような非市場財の整備によって発生する経済価値は，大まかに「利用価値」，「非利用価値」に大別される。「利用価値」は，直接利用価値，間接利用価値およびオプション価値（現在は利用しないがいつか利用することによって生じる価値）から構成され，「非利用価値」は存在価値，遺贈価値からなるとされる。このような分類の仕方は，従前の存在価値と利用価値とに区分けしたものに比べ，利用価値を中心に存在価値と遺贈価値を附加しているのが特徴である（新田，1999：40頁）。

他方，公共事業の効率性および事業実施過程の透明化の向上を目的とした「新規採択時評価システム」および「再評価システム」を平成10（1998）年度から，「事後評価システム」を平成11（1999）年度からそれぞれ試行することになった。そのなかで，都市公園事業に関しては，新規採択時評価および再評価について基準を定め試行しているが，「可能な限り費用対効果分析などの定量的評価が行われる事が望ましいが，都市公園事業のように環境質

に代表される非市場財の場合，便益の経済的価値の計測が難しく，研究蓄積もないことから実務において整備効果を定量的に把握するのは困難な状況である」（新田，1999：38頁）とされ，その実用化には多くの課題があることを示している。

この都市公園事業の評価に関する制度的枠組みは，「都市公園等事業の新規事業採択時評価実施要綱細目」および「都市公園等事業新規採択時評価の評価指標及び判断基準（案）」であり，その主な評価対象は，①予算要求年度までに，補助事業として一度も採択を受けていない事業，②過去に補助事業として採択を受けているが，予算要求年度以前の5年間補助事業を休止していた事業である。

つぎに，評価対象と手法については，大規模な都市公園，すなわち，国営公園，広域公園，レクリエーション都市に限って実施することや広域避難地となる防災公園については通常の評価に加え，「防災公園（広域避難地となる防災公園）の整備効果評価基準（案）」に基づいて評価を行うこととし，原則においては，費用対効果分析を上記の都市公園および防災公園において実施することとしている。

他方，都市公園における「公共事業」と「公物管理」のため従来見えなかった市民の視点を顧客志向ないし顧客満足の視点から評価しようとする動きも生じている。これらの手法による評価は民間においては珍しいことではないが，近年の評価ブームに便乗していくつかの市町村でも採用するようになった（吉川，2001：85-94頁）。

しかし，この都市公園の効用の合理的な評価基準や評価方法などはまだ確定的なものではないといえる。とくに，都市公園に対する良し悪しという価値判断が利用者の主観的な満足によって判断されることが多いうえ，都市公園を包括的に捉える評価の手法や評価モデルなどが充実していない現状では，今後とも十分な検討と議論を必要とする。

そして，もっと重要な点は，評価自体がもつ社会的意味にあるといえる。たとえば，従来の評価によって高く評価された都市公園が市民にとって必ずしも安全で快適であるとは限らないからである。そのため，そのような評価がだれにとって有効であり，合理的であるのか，評価そのものがもつ意味を

市民の立場から問いただすことが必要である。そのプロセスが政策論議である。

社会的機能に対応する都市公園の評価は，従来からの施設物の設置に対する評価やその手法ではなく，利用者である市民と地域の条件を反映し「自己決定」と「自己責任」のもとで都市公園のありようを選択していくためのシステムが前提とならなければならない。モノを重視する存在機能の評価だけではなく，都市公園をめぐる制度・計画・管理が市民とその地域社会の状況といかに有機的に結ばれているのかが議論され，それを反映するものでなければならない。そうしたプロセスは，利用者・設置者・管理者それぞれの主張・見解＝「政策論」の自由な提示と対話を踏まえて，都市公園がもつ社会的機能についての合意形成を追求することによってこそ可能である。[13]

公共の空間に対する認識の欠如が管理上のもっとも大きな問題として取り上げられてきた都市公園行政であるが，今も営造物施設の管理という明治以降固定化された管理観念が根強く潜んでいる。江戸以来の啓蒙性とともに営造物としての後見的制度のうえ，その施設保全のための硬直的な管理活動による利用の制限が都市公園から利用者である市民を閉め出してきたこと，そのことが自覚され，それを是正・克服するための制度的改革がなされなくてはならない。

5.2 協働型社会の都市公園の整備と管理

5.2.1 社会資本整備としての都市公園

ここまで見てきたように，都市公園の整備は，主に量的整備がその政策的目標であった。そのため，都市装置としての都市公園をいかに市民のものとして管理していくかという質的整備への考慮は，量的拡大に比べ遅れているのが現状である。とくに，昭和40～50年代を中心に取り組まれてきた大規模の広域公園ないしレクリエーション都市などの施策は，量的面積の拡大という面では大きな成果を上げているものの，都心部または都市化が進んでいる地域の整備水準はそれほど高くない。すなわち，人口密度の高い大都市，

政令指定都市における1人当たりの都市公園面積は，他の都市や全国平均の半分以下のところが多い。これはしかし，1人当たりの都市公園面積を算出する方法上の問題でもある。都市計画区域内の都市公園面積を人口で割った計算方法が用いられていることで，人口密度に反比例する，つまり人口密度が高くなるにつれ1人当たりの面積は減少することになる。したがって少子化が進行すれば，何もしなくても整備面積は増えることになる。

　このような問題を踏まえ，社会資本としての都市公園のあり方に対する市民のニーズが多様化され，都市公園に関する整備・管理への変化が求められるようになった。このような変化を『建設白書』は，「行政が独自に収集した情報をもとに自らの基準によりサービス内容を決定するやり方では，利用者である国民の満足度を向上させることは困難であり，……行政のみが専門

図5-3　都市規模別都市公園面積率

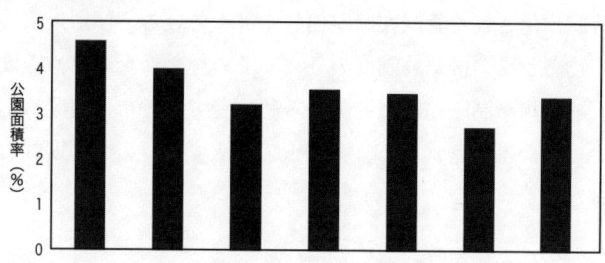

都市規模	100万人以上	100-50万人	50-30万人	30-20万人	20-10万人	10万人未満	計
市街化区域等における公園面積率（％）	4.6	4.0	3.2	3.5	3.4	2.7	3.3

図5-4　都市規模1人当たり都市公園面積

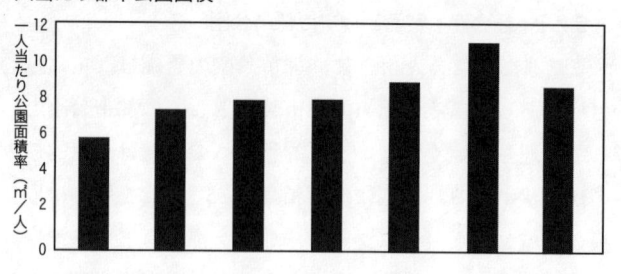

都市規模	100万人以上	100-50万人	50-30万人	30-20万人	20-10万人	10万人未満	計
1人当たり都市公園面積率（㎡/人）	5.7	7.1	7.7	7.8	8.7	10.6	8.4

家ではなく，利用者である国民も利用の専門家として経験と能力を発揮しうる分野があることや，利用者である国民は自らの経験や能力を生かして政策決定に参加することにより，サービスに対する満足度が向上することについての認識が必要である」と説明している（建設省，1998 参照）。

都市公園に関しても，このような社会資本に関する認識の変化が影響され

表 5-3 都道府県および政令指定都市の 1 人当たり公園面積
（平成 14 年 3 月 31 日現在）　　　　　　　　　（単位：㎡／人）

都道府県名	公園面積	都道府県名	公園面積	政令指定都市名	公園面積
北海道	28.6	福井県	13.6	札幌市	10.4
		滋賀県	7.3	仙台市	10.6
青森県	12.6	京都府	8.3	千葉市	8.7
岩手県	11.3	大阪府	5.5	東京特別区	3.1
宮城県	15.3	兵庫県	7.8	横浜市	4.4
秋田県	15.9	奈良県	10.5	川崎市	3.6
山形県	15.2	和歌山県	6.3	名古屋市	6.7
福島県	9.9			京都市	4.0
		鳥取県	12.1	大阪市	3.5
茨城県	7.5	島根県	15.9	神戸市	16.5
栃木県	11.7	岡山県	10.2	広島市	7.9
群馬県	11.6	広島県	10.4	北九州市	10.5
埼玉県	5.5	山口県	11.1	福岡市	8.5
千葉県	5.3				
東京都	6.8	徳島県	6.9		
神奈川県	4.5	香川県	10.5		
山梨県	8.5	愛媛県	10.4		
		高知県	7.5		
新潟県	9.3				
富山県	12.9	福岡県	7.1		
石川県	11.0	佐賀県	8.8		
		長崎県	10.7		
長野県	10.1	熊本県	8.5		
岐阜県	7.5	大分県	9.2		
静岡県	7.1	宮崎県	17.2		
愛知県	6.3	鹿児島県	11.2		
三重県	7.7	沖縄県	7.3		
都道府県計（政令市含まず）9.1				政令指定都市計	6.0
				全国計	8.4

出典：国土交通省資料

ており，従来の量的整備に合わせた画一的公園づくりから脱皮しつつあるといえる。それは，地域の個性に配慮した新しい公園づくりの試みであり，利用者である市民の視点を重要しする認識の拡大である。また，地域の生活空間において都市公園をもっと身近な施設にしたいとする願いは，市民参加による公園づくりと公園の運営管理に積極的に参加していく動きに現われている。

　従来の行政に加え，地域の市民と専門家，民間企業などが対等な立場で創造していく，「協働型社会」における公園づくりは，先進的な自治体の取り組みから始まったが，一過性の運動や流行に終わるものではなく，社会資本整備や市民生活に関わる長期的な社会の変動がもたらした必然的な流れである（建設省，2000：1頁）。すなわち，昭和50年代において一部の地域から始まった個性ある公園づくりの流れは，社会変化のもとで全国の都市公園において試みられるようになったが，このような都市公園ないしオープンスペースにおける市民参加の動向は，一時的なものではなく，量的整備から質的整備へと変化していく都市公園の政策形成の一段階なのである[14]。

　この協働型公園づくりがめざすものは，利用者の顔が見える公園である。すなわち，設置することで終わるのではなく，公園の管理運営過程での市民参加を通じて「つくり続けられる公園」であり，場所や地域の特性が生かされた「個性ある公園」，安全性と愉快が保障される公園である。そして，このような協働型社会への移行は，都市公園だけに限定されない大きな社会的うねりであることは言うまでもない。

5.2.2　「特定非営利活動促進法」（NPO法）

　都市公園政策における機能の社会化は，1990年代後半を中心に顕著化されつつある。その直接的なきっかけは，戦前の「関東大震災」同様，「阪神・淡路大震災」という自然的災害であった。太政官布達以来名所や社寺境内地など地盤国有地を公園用地とする貧弱な明治期の公園が関東大震災をきっかけに計画的公園の整備として量的整備が進められたとすれば，阪神・淡路大震災をきっかけとして都市公園の質的整備の序章ともいうべき市民活動とその管理の動きが具体化しているといえる。

「存在機能」から「利用機能」の重視へ，戦前から昭和に至る都市公園における機能の変遷は，この阪神・淡路大震災（1995年）を契機とする市民活動の制度化（「NPO法案」は最初，「市民活動活性化法案」という名前で提出されたものであった）と「地方分権推進一括法」の施行（2000年4月1日）という二つの大きな社会変化を踏まえ，都市公園における社会的機能の重視が本格化している。

この市民活動の制度化と分権的行財政の運営可能性という，二つの大きな社会変化は，従来の公的機関によって独占的に提供されてきた社会サービスの提供形態に加え，市民セクター，企業セクターによる公的サービス体系を再構築させるに十分な変化である。また，地方分権の一括的推進は大きな社会構造の変更であり，従来以上の市民参加と地域や市民の視点に立つ政策の運営とともに行政と市民活動による協働的運営の可能性を切り開くものである。

図5-5，5-6は，平成14年に東京都が実施したインターネットによるアンケートの結果である。このアンケートは，平成14年に東京都が東京都公園協会に諮問した「都市公園の整備と管理のあり方」についての参考資料として実施されたものであった[15]。このアンケート結果からは，都市公園管理におけるNPOのかかわりについて非常に強い期待がもたれていることがわかる。都市公園の管理などにおける市民活動は年々その比重を高めているが，NPO法の成立以降その動きは活発になっているといえる。

とくに，都市公園の管理や里山・緑地などにおける市民活動の活性化は「特定非営利活動促進法」（NPO法）という制度化によって加速されている。その目的が「特定非営利活動を行う団体に法人格を付与し，市民の自由な社会貢献活動の健全な発展を促し，公益の増進に寄付する（法律第1条）」こととされるこの法律は，市民活動を全部で12分野の活動に分類している。すなわち，①保健，医療または福祉の増進，②社会教育の推進，③まちづくりの推進，④文化，芸術またはスポーツの振興，⑤環境の保全，⑥災害救援活動，⑦地域安全活動，⑧人権の擁護または平和の推進，⑨国際協力の活動，⑩男女共同参画社会の形成の促進，⑪子どもの健全育成，⑫①から⑪の活動を行う団体の運営または活動に関する連絡，助言または援助の活動，

図5-5　東京都立公園アンケートにおけるNPOの位置づけ

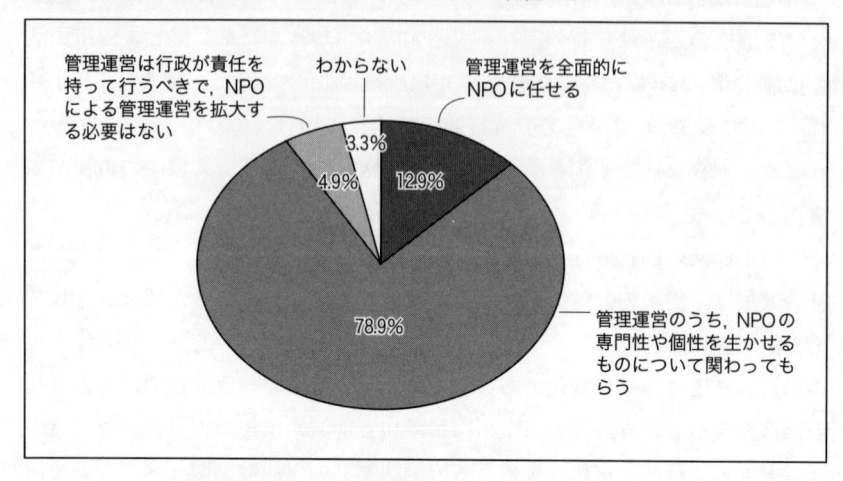

- 管理運営は行政が責任を持って行うべきで，NPOによる管理運営を拡大する必要はない：4.9%
- わからない：3.3%
- 管理運営を全面的にNPOに任せる：12.9%
- 管理運営のうち，NPOの専門性や個性を生かせるものについて関わってもらう：78.9%

図5-6　都立公園管理におけるNPOの必要性について

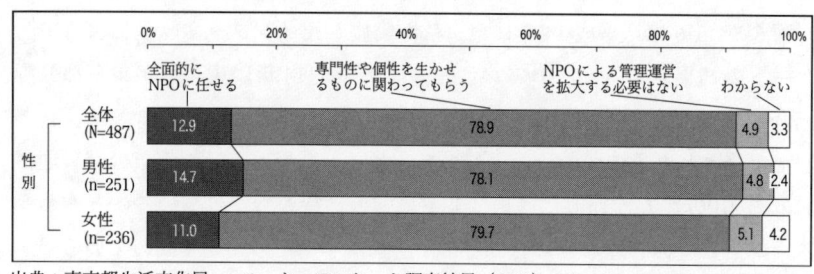

性別		全面的にNPOに任せる	専門性や個性を生かせるものに関わってもらう	NPOによる管理運営を拡大する必要はない	わからない
	全体（N=487）	12.9	78.9	4.9	3.3
	男性（n=251）	14.7	78.1	4.8	2.4
	女性（n=236）	11.0	79.7	5.1	4.2

出典：東京都生活文化局，eモニターアンケート調査結果（2002）より

のいずれかに該当する活動であって，不特定多数の利益の増進に寄付することを目的とする活動である。(16)

このような市民活動が芽生えた社会的要因，すなわち，NPOをはじめとする市民活動にかかわる議論の源流については，①福祉国家の危機と社会サービスの民間化，②ライフ・スタイルの転換と社会参加活動，社会貢献に対する企業の認識変化，などが上げられる（東京都政策報道室，1996：59-61頁）。

他方，市民活動の行政過程へのかかわりについては，第1に，個別的な政策や計画の実施過程における参加，第2に，行政の全体に対するかかわりが

考えられる。個別的な政策や計画に対する参加は，①行政サービスの補充，②行政サービスの補完，③行政との協力分担，④独自的なサービスの提供などがあり，行政全体に対する関与は，①行政課題の発掘，②政策提言，③市民反応の代弁，などが考えられる（東京都政策報道室，1996：75-79頁）。

また，NPO活動を活動目的ないし志向によって「地域志向」と「テーマ志向」に分けて考えることもできる。「地域志向活動」とは，身近な暮らしの中から生まれてくる生活上の問題点に関する活動である。住んでいる地域の問題から考える「住んでいるまちをよくしたい」という思いは，まちづくりの視点が強く，①安全で平等なコミュニティ・人間関係を重視する活動，②リサイクルや緑化などの快適なまちづくりをめざす生活環境型，③在宅福祉などのかなり福祉に集約され，実践的な活動をともなう福祉型などがある。「テーマ型志向」としては，お互い共有しうる理念的要因が強く，地域的なこだわりは弱い活動として，「環境保全」，「教育・スポーツ」，「健康」，「国際協力」などがある。

5.2.3 まちづくりと都市公園づくり

ところが，都市公園を含むすべての「緑とオープンスペース」がもつ社会的機能としてのビジョンは，自治体の政策としての「まちづくり」においてもっと具体的になる。たとえば，区市町村における個性ある都市公園づくりは，ほとんどがこのまちづくりの一環として行われている。豊かな緑環境を望む声はすでに定着しており，緑環境の整備は一時的ないし一部分に限られたものではない。

昭和60年代以後「まちづくり」が全国の市町村で行われるようになっているが，「まちづくり」概念を一般的に確定するのはそれほどたやすいことではない。[17]それは，まちづくりの概念が変化し，多様化してきたことによる。当初は都市計画やそれに関連する事業がまちづくりを指していた。つぎに，新たな物産のアピールや商業活動の展開をめざすまちおこしや種々のイベントなど地域の活性化につながることも「まちづくり」に含められるようになった。そして現在は組織づくりや人づくりも「まちづくり」の一環とされるようになり，ハードな面からソフトな面まで含むトータルなイメージを持つ

ようになった。

　従来の「○○計画」ではなく「まちづくり」という言葉が自治体において採用されるようになったのは，人々の住む地域をより良くしようとする行政側と市民側の変化によるものである。その変化はみずから地域の問題を解決していこうとする市民自治の自覚であり，地域の問題を見つけ多元的に解決していこうとする協働的政策形成への目覚めである。

　地方分権一括法の施行により本格的な分権型社会への進行を制度的に進めているが，この政府間関係の制度的再編というハードの改革をもっと具体的なものとして定着させるためには，政策づくりの仕組みの改革というソフトな側面を合わせて見直さなければならない。とくに，画一的な行政計画がもたらす弊害，たとえば「公共事業」に関する問題やそのための利権政治化などは自治・分権を阻害する要因でもある。[18]

　今日，まちづくりにおいて描かれている協働の仕組みは，住みよいまちをつくるためのプロセスが中心となっている。行政が設置し，住民が利用するといった従来の受動的で画一的なまちづくりではなく，何が必要でどのようにつくっていくのかという，すべての政策的課題の認識・検討・合意・実践が一連のプロセスとして組み込まれているのが特徴である。

　このような市民社会におけるさまざまな問題を解決するためには，そのニーズを正確に把握し対応する仕組みが必要であるし，そのための手法・技術が必要となる。それが，「地方分権」であり，「計画の分権化」[19]であり，協働のための「自治型の行政技術」[20]である。

5.3　都市化における都市公園の機能

5.3.1　都市化と公園緑地

　都市公園における機能の変化を中心に見てきた本書は，存在機能から社会的機能への変化の主要原因が「都市化」と同じ線上にあったことに注目したい。その理由は，都市公園における機能の多様化ないし重層化は，明治以降の「都市化」に対応する都市計画法制という同軸において展開されてきたか

らである。とくに，昭和前期においての「東京緑地計画」はもちろん，終戦後の都市緑地をめぐる各種の対策は進行する都市化に対するものであり，そこから生じる問題への対応であったといえる。

　都市化による都市人口の増加と宅地開発の進行，各種都市インフラの整備などの「開発」行為は，都市にあった緑の環境を削ることを通じて成り立つものであり，都市化の進行は「自然環境」の破壊を意味するものであった。持続的な開発をめざしてきた戦後の都市政策において，都市の緑は「保護する対象」より「開発される対象」であり，その結果は緑環境の減少を招き，次なる問題を呼び起こす悪循環となった。

　それは，明治期以降の都市化対策の不備・欠陥を示し，また都市公園政策の主な部分をコントロールしてきた都市計画とその法体系における緑環境の位置づけそのものに欠点があることを意味している。すなわち，「絶対的土地所有権，線・色・数値による都市計画，国家主導，メニュー追加方式」[21]の4点をその特徴とする都市計画に関する法体系において，都市の緑はそれほど重要なものではなかったのである。

　また，都市化の流れの中で，公園と緑地が有機的な関係を保つことなく個別に捉えられてきたのも都市公園の機能を狭める原因であったといえる。東京緑地計画において融合された公園と緑地は，その後の戦時体制の中で防空のための大・小緑地が優先された一方，公園は前述のとおり「体力向上施設」である運動場に変貌し，「緑の基本計画」によって総合化が図られるまで，縦割り行政の中で分離されたままであった。

　他方，「地盤国有」という土地所有権を中心とする太政官布達公園の制度的集権性と主な公園用地を土地区画整理によって調達した市区改正以降の計画公園の創出，戦時体制のための体力向上施設という戦前の流れは，都市公園を行政措置の一種として扱う行政慣行の前提となった。この慣行は戦後においても継承され，国庫補助というもう一つの集権的仕組みによって構造化されたといえる。そのため，予算措置の拡大，用地先行取得といった「ものづくり」の思考は今も根強い。

5.3.2. 都市公園政策における管理の社会化

今後の協働型社会における都市公園づくりの最大の論点は,「管理の社会化」に関するものである。都市公園の管理活動の不適切さの根本的原因は,前にも指摘したように,その管理活動の視点が利用者の視点ではないところにある。「管理」という概念には二つの意味があるといえる。一つは一般的な事物の保管・処理を意味する狭義の管理を意味し,もう一つは政策過程のすべてに及ぶ広義の管理である。それには専門分化した行政活動を能率化・総合化するという意味も含まれることになる。[22]

他方,都市公園法によって分類・固定化されている都市公園の種別は,都市公園の機能を狭める原因ともなっている。都市型社会の深化にともない都市公園に求められる機能は多様化しつつあるが,現行の都市公園法が規定する都市計画区域内の公園だけでは,これらの多様なニーズに対応するには限界がある。たとえば,街角の空間や駅前の遊休地,町中の空地などは,利用の仕方によってはりっぱな都市公園ともなるし,駅前のちょっとした広場が利用者にとっては安全で快適な公園として感じられるかもしれない。また,法的に区切られた施設物として都市公園よりこれらの空間の方がその機能において優れている場合も少なくはない。公園用地と施設物から成り立つこれまでの都市公園に対し,これからの都市公園は設置者であり管理者である行政からではなく,利用者からの視点を重視しなければならないのは言うまでもない。

すでに指摘してきたように,多様な主体間の共有のプロセスとそのしくみを重視する「社会的機能」においては,市民・企業・行政などの多様な主体が対等に協働していく政策プロセスを管理活動の内容としてシステム的に捉える視点が必要となる。たとえば,計画策定過程における市民参加や日常的な管理活動に加え,バリアフリー,ユニバーサルデザイン,福祉,水環境などの新しいニーズも,安全で快適な都市公園づくりにおいては必要不可欠なものである。今後の都市公園づくりには,少なくとも表5-4のような「七つの視点」[23]を含めた多様な視点が必要であると考えられる。もちろん,この多様な視点は上記の管理概念を踏まえ,地方自治体を中心に地域の問題をみずから解決していくために必要な視点の一部であり,地域社会の状況や市民の

表 5-4　管理の社会化を支える多様な視点

・市民文化の視点
・市民参画のルールの視点
・緑とまちづくりの視点
・パートナーシップの視点
・バリアフリー，ユニバーサルデザイン
・遊びの場としての視点
・福祉の視点
・農の視点
・生き物の視点
・水環境の視点
・伝統文化の視点
・安全と快適の視点　など

生活感情などさまざまな条件に対応して多様な視点が必要となる。これらの視点に立って，地域と市民にとって必要とされる都市公園の機能や種類・かたち・利用方法などのあり方を考えるプロセスないし枠組みとしての法体系が今後の都市公園法に求められている。

　従来の都市公園法の管理活動は，量的な拡大とその消極的な保全を目的としており，多様なニーズにもかかわらず「防災・避難場所」というイメージと実態を作り上げる結果となった。公共事業と公物（営造物）管理を土台とする行政による管理から分権的・協働的な社会による管理への変化は，両者の対立を意味するものではない。むしろ，隔離されていた機能の合理化であり，それらを「社会的機能」へと統合していく「機能の社会化」の過程である。

5.3.3　つくり続ける都市公園――里山の実験

　都市公園などの整備を主な目的として策定された「都市公園等整備7か年計画」の第6次計画はその課題を，「①安全で安心できる都市づくりへの対応，②長寿・福祉社会への対応，③都市環境の保全，改善や自然との共生への対応，④広域的なレクリエーション活動や個性と活力ある都市，農村づくりへの対応」と述べている[24]。

　この計画の策定は，平成7年（1955）の都市計画中央審議会の答申「今後の都市公園等の整備と管理は，いかにあるべきか」において述べられた都市公園等の整備方針の転換を反映している。従来の「都市の中に緑がある」と

いう発想の転換がそれである。すなわち，「都市施設」という都市計画上の営造物的施設観念から，自然的属性を含む緑へと都市公園の意義が変更されたのである。

そのような変更の背景には，近年都市を取り巻く環境の変化，すなわち，都市内の緑や自然環境に対する市民参加が飛躍的に増加していることや地域における自主的活動など，既存の制度上に想定されていない主体が参画し，担う環境保全事業・活動の多くなったことが考えられる。その中でも，都市にとっての「中間的自然」である里山の整備とその管理にかかわる市民参加の動向は，今後の都市公園がどのような方向に進むべきかを示唆するのである。すなわち，ワークショップ形式の公園づくりが都市内の「公園づくり」の今後を示唆するのに対し，里山における市民活動は都市外，周辺地域の「緑地づくり」を示唆する。

「里山」という言葉は，使われる目的や背景によってさまざまな定義がなされているが，一般的に地理的なもの，植生的なもの，里山が成立するメカニズムに着目したもの，社会文化的な規定などがあり，近年の傾向から見れば，その成立メカニズムを重視する定義が増えている。[26]

「里山」という言葉が一般的に用いられるようになったのは1970年代以降であるが，当時は高度経済成長によって生じたスプロールに対する都市周辺の緑地の確保や森林保全という観点から，里山が注目されていた。[27]ところが，1980年以降になると，都市周辺の里山が都市公園や武蔵丘陵森林公園などのように緑地系統に組み込まれるようになった。そのため，大規模都市公園におけるオープンスペースの評価，立地特性や整備内容など，公園化した里山の空間計画論や保全緑地の評価手法や自然環境特性などの研究が盛んに行われるようになった。

里山の整備に関して行政計画上にその位置づけが初めて明確に現われるのは，「第4次全国総合開発」（四全総）においてである。里山（林）に対し，「児童生徒の学習の場や山村における都市との交流拠点など……自然環境や国土の保全に留意しつつ，総合的な森林利用を図る」としている。[28]

近年，このような里山の存在意義が再認識され，各地で里山保全の取り組みが行われるようになったが，その背景には緑の整備保全に関するさまざま

な制度や政策が整備されたこともある。都市公園整備との関わりでは，都市公園法上の都市公園の種別の中に「都市林」という項目があり，また1970年代の「丘陵地公園」の整備や1980年代以降の「緑のマスタープラン」・「緑の基本計画」などにも含まれている。また，里山の保全に関する法制度としては，「都市緑地保全法」上の「市民緑地」や地域緑地制の中の「風致地区」などがある[29]。

　里山の保全活動について広く知られているのは，神奈川県の里山活動である。神奈川県における公的な取り組みには，昭和62(1987)年に始まった「きずなの森造成事業」がある。放置されていた雑木林を対象とし，所有者・利用グループ・行政（市町）間の「3者協定」を通じて事業を行うというものである。元来，森林の管理は所有者が行うことが前提であるが，ここではその管理を市民が行う。そのことで森林所有者にメリットがあり，森林所有者に対して行政が行う金銭上の優遇措置はないのがもう一つの特徴である[30]。

　里山活動をはじめ，都市公園にかかわる公園愛護会・ボランティア活動，森林の保全活動に本格的に参加するボランティアの増加などは，1990年代以降の特徴であって，その市民活動の活動タイプも従来の「作業請負型」から「ボランティア型」，「自主管理型」へと移行しているのも大きな変化である[31]。これらの市民活動，とりわけ森林の保全にかかわる市民活動においては，作業活動によって得られる結果に加え，「今，森に何が起きているのか」を理解し，「森を守るために私たちに何ができるか，何をすべきか」を考える，つまり自然認識・政策的思考のトレーニングの場としても機能しているのがその最大の特徴である[32]。

　また，市民や自治体における「トラスト運動」など，環境保全に関する最近の動きにおいて見受けられるのは，自立的な意識・活動への傾向である。これらの動きに共通しているのは，生活の場から近い公園などの整備にかかわる「小さな自然」と，里山に代表される「中ぐらいの自然」への関心の高さである。つまり，従来において法制度や行政の施策に縛られていた自然観やその保全を行政だけではなく，市民みずからが守り・保全していく必要性が，社会的認識として定着しつつあるといえる。

5.3.4 自治体政策としての都市公園づくり

すでに述べてきたように，「自治体の政策」(33)としての都市公園づくりは地域住民の生活感情や文化を反映しやすい仕組みであり，そのため地域の個性を生かした市民にとって親しみやすい都市公園ができるメリットがある。もちろん，地域の個性を生かした都市公園づくりの担い手はほかにもありうるが，その社会的機能を総合化できるのは地方自治体以外にない。また，都市公園における社会的機能の重視は，都市公園だけではなくまちづくりや自治体の行財政運営にも共通的にあてはまるため地域市民の政府である自治体の運用原理としても作用しうる。

前に述べたように，かつての18〜19世紀のイギリスやドイツにおいて都市公園づくりを積極的に進めたのは他ならない各都市自治体であった。その目的の相違はあるにせよ，自治体による都市公園づくりは欧米諸国では普遍的なものであり，その結果，現在においても多くの都市公園が設けられ都市民に親しまれている。

また，後見的な制度・計画と不適切な管理によって歪められてきた都市公園の歴史に対し，その政策的転換の手がかりを提供するのも自治体の都市公園政策である。もちろん，自治体における都市公園づくりがこれまでの集権的で画一的な仕組みに基づいて運用されてきたのは否定できない現実であり，いまも財政措置などその政策慣行を維持しようとする動きをみせる自治体もないわけではない。

しかし，従来の没個性的・後見的な仕組みから一歩踏み出て，地域に必要な都市公園のあり方を自ら模索する動きはすでに普遍化しつつあるといえる。しかも，そこには都市公園だけではなく地域の緑を総合的に捉えようとする視点が拡大しつつある。すなわち，図5-7が示すように，営造物施設として作られてきたこれまでの都市公園モデルは，都市公園のほかに，地域制公園・緑地（風致地区，近郊緑地保全地区，緑地保全地区，生産緑地地区，保安林，里山，道路緑化，歩道植樹）など地域の自然環境にかかわる公園緑地を総合的に「緑」として捉える，新たなモデルへと変化しつつある。それは，市民の参加を土台にして考えていく動きである。

これまでの量的な充足や拡大にその重点を置く後見的・画一的な視点では，

都市の緑に対する総合的な体系を設計できなかった。その理由は，それぞれの緑に対応している行政組織の縦割りによるものであり，そのため，「緑地空間を削り，都市公園をつくる」といった政策矛盾が循環するばかりであった。すなわち，緑地の中に都市公園を作るために緑を削り，そのために緑を育成し増やさねばならないという悪循環が構造化していたのである。従来の公的空間に限られていた政策対象が民有地を含む都市全体の緑空間に移行したのは，この悪循環による当然の帰結であった。

　緑豊かなゆとりある生活が実感できる生活空間を創ることはそれほど簡単

図5-7　都市公園モデルの変化

（在来モデル：営造物施設中心）

- 国民公園
- 都市公園（都市公園法規制）
- その他の公園（公園設置管理条例）
- 一時開放（根拠規定なし）

（新モデル：緑とオープンスペースの統合）

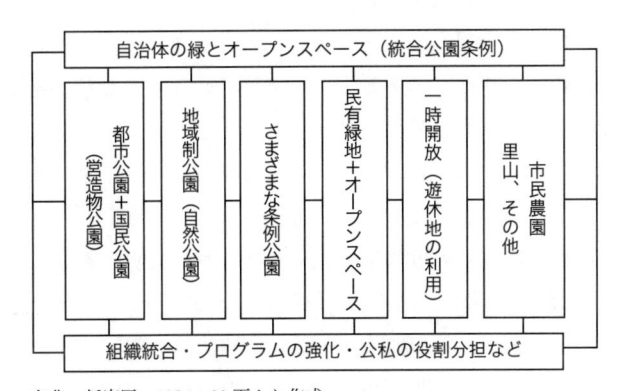

自治体の緑とオープンスペース（統合公園条例）

- 都市公園＋国民公園（営造物公園）
- 地域制公園（自然公園）
- さまざまな条例公園
- 民有緑地＋オープンスペース
- 一時開放（遊休地の利用）
- 里山，その他
- 市民農園

組織統合・プログラムの強化・公私の役割分担など

出典：新宿区，1994：80頁より作成

第5章　緑とオープンスペースにおける管理の社会化

ではない。都市公園の量だけが増えただけで豊かさが実感できるとはいえない。生活の質に対する満足は主観的であり，限られている行政資源から従来の量的拡大には限界がある。

　緑豊かな地域をいかに創造していくのかは地域の特殊性に即して決定すべきものである。それによって，画一的なマニュアルに沿った都市公園づくりではなく，それぞれの地域の事情と個性を反映する都市公園を地域みずから創造していくことができる。身近なところにあり，地域市民の必要が調和し，都市公園における「社会的機能」を共有していく過程が図 5-7 の新モデルに示されている。また，この都市公園の社会的機能を担う制度主体が地域の政府である自治体なのである。

　明治以降の都市公園を中心とする現在の都市緑化の流れはどのように変わるのであろうか。都市の「緑とオープンスペース」の開発・発展をめざす自治体（市町村）主導の「緑の基本計画」の推進は，「すべての緑」を対象とし，「自治体」をその事業主体とする。このような転換こそ，明治初期から現在までの都市公園の歴史が出した結論である。

　明治初期の太政官布達から戦後の「緑の基本計画」までの都市公園における存在機能から社会的機能への変化は，都市化を媒介とする対象と主体の社会化である。それぞれの対象と主体が担う機能的変遷は個別的なものから総合的なものへと，またそれぞれを支えてきた制度・計画・管理はその総合性に対応する「社会的なもの」へと変化してきた。この変化過程こそ，社会状況に対応する「機能の社会化」の過程である。

　また，分権型社会を担う制度主体としての自治体とその政策対象としての都市公園は，豊かでゆとりのある生活を実感させるもっとも重要な空間整備のひとつであることに異議はないはずである。しかし，その整備が「市民の文化」ではなく「施設」としての視点から行われるかぎり，都市の公園は「高級スラム」[34]を造り出す道具にすぎないであろう。

　本書は，明治維新以降の近代化過程における西洋文明の象徴として伝播・移植された都市公園の歴史的変遷を「機能の社会化」という歴史認識の新たな視点を用いることで，その機能が「社会的機能」へ応答的に変化する政策形成の歴史であったことを明らかにすることがその課題であった。本書にお

表 5-5　都市公園の機能類型

分類	存在機能	利用機能	社会的機能
目的	施設としての存在（営造物公園）	最低限の利用	市民文化の反映
主体	行政	利用者	多元的主体（市民・行政——中央・自治体・企業，NPOなど）
法制度	都市公園法・都市計画法・土地区画整理法・各都市公園の利用規則		自治体の条例・憲章，緑の基本計画，都市公園法，都市計画法など
管理の概念・内容	狭義（消極的管理）施設物（営造物）管理・画一的・予算状況中心		広義（管理の社会化）多元的・社会的管理
機能	防災を中心とする追加方式（緑とオープンスペースの4系統）		主体・対象・手続きにおける社会化，参加のプロセス機能
価値	公園の存在	原則的利用	市民・地域の文化性
原理	空地性・永続性	開放性	地域の状況と市民合意による
手続き	規模に応じて中央・都道府県・区市町村が都市公園法・都市計画法などによる新設・整備	各都市公園の管理規則	各都市公園における利用者のルール，地域の条例，都市公園法，都市計画法の順に補強
視点	設置者（行政）	管理者（行政）	市民・地域（自治体）・企業

いて繰り返し強調してきた「機能の社会化」は，都市における公園づくりが明治初期から現在まで設置者の視点から利用者の視点へ，集権的な仕組みから分権的な仕組みへ，また，公的分野だけではなく民間を含む総合的な緑へとその視点と仕組み，対象が変化してきたことを捉える分析軸であった。

　〈行政的な（governmental）もの〉を〈公共的な（public, common, or civic）なもの〉に近づけるということは何を意味するのだろうか。それは，「公共物」と「公の施設」の区分にみられるような利用者の特定の度合の問題だけではない。より重要なのは，市民が受動的に「利用する」立場にのみ立たされているのか，それとも能動的に「管理する」立場にも立っているのかである。真に〈公共的なもの〉とは，公共的な機能をもつべきものが公共的な仕組みによって管理されているものであろう。[35]

その意味で，本書のサブタイトル「協働型社会における緑とオープンスペースの原点」には，二つの意味を込めている。一つは，本書で述べてきた「機能の社会化」が都市公園という個別領域だけに限定された変化ではなく，社会におけるすべての制度や管理において行われている「公共的なもの」のための普遍的変化であるという主張であり，もう一つは，これまで設置する側の意図，すなわち後見的仕組みが優越してきた都市公園の歴史的変遷過程から得られた教訓を今後の協働型社会における都市公園づくりに生かしていくことへの期待である。

　これまで，静態的で受け身の歴史としてしか記述されてこなかったいわゆる個別の政策領域において，歴史を見る視点を変えることで新たな政策形成の歴史となりうることが本書の成果であったといえる。すなわち，時代背景や社会変化の中で存在するものは，それが市民社会にとって不可欠なものとして共有されるかぎり，市民的なものへと変化していくことになる。

　いかに都市公園をつくるかという命題に正確な答えはない。ただ，130年あまりの都市公園の歴史を振りかえってみて，そこにおいて何が足りなかったのかを見つけ，それを教訓とし実践していくのであれば，これからの都市公園はもっと市民に近くて安全で快適なものとなるはずである。都市における「緑とオープンスペース」の原点としての都市公園をいかに創造し守っていくのかに対する問いかけは，都市型社会における「市民文化」とそれを通じて「公共的なもの」をいかに創造していくのかという問いと同じものである，というのが本書の結論である。

(1) 都市計画中央審議会答申「経済社会の変化を踏まえた都市公園制度をはじめとする都市の緑とオープンスペースの整備と管理の方策はいかにあるべきか」(都計審答第23号) 1992参照。
(2) 都市計画中央審議会答申「今後の都市公園等の整備と管理はいかにあるべきか」(都計審答申第25号) 1995参照。
(3) この都市公園における許容建築面積について，通常建ぺい率は都市公園法第4条第1項の規定により2％とされていたが，平成5 (1993) 年の「都市公園法施行令」の一部改正が行われ特例建ぺい率と許容建ぺい率を従来の5％，7％から10％，最大22％まで引き上げた。また，公園施設の設置上における制限 (たとえば，広場・ブランコ・滑り台・売店など) が削除された。

(4) 昭和31（1956）年制定『都市公園法』による公園管理の概念（都市公園法第2条3規定）より。
(5) ①財産管理，行政財産としての都市公園の管理（公園台帳作成など），②維持管理，都市公園を常に良好な状態に保持させるための管理（清掃，樹木の剪定，草刈り，施設補修など），③運営管理，都市公園整備の趣旨に沿った利用のための管理（催し物の開催，利用者指導など）（塩島大『都市公園整備の地域開発に及ぼす効果に関する研究』1980参照）。
(6) 巡回管理の内容については，小さい規模の都市公園における路上生活者とゴミ問題の対応策として「公園巡回マニュアル」を作成し，公園管理系職員による毎日巡回を実施している台東区の事例を参照されたい（菊池正芳「台東区の公園管理」『都市公園』154（9），2001：59-64頁）。
(7) 『読売新聞』1987年3月24日付（東京・夕刊）「都市公園利用者の実態調査」参照。
(8) 建設省『都市公園における安全管理に関する調査について』集計概要，1998参照。
(9) 『読売新聞』1998年10月1日付（東京・夕刊）参照。
(10) 「語源はラティン語のVandal usで，BC.455にローマやスペインを侵略したゲルマン人の人々を指す言葉でその破壊的行為から由来したものとされる。とくに，公的施設や空間における破壊的行為，文化財などの破損行為などに使われている」（*The New Oxford Dictionary of English*, 1992：2044頁）。
(11) 都市公園における管理活動の不適正さを生じさせる要因について，従来次の四つが指摘されている。①なれ，②人員の不足，③財政の問題，④社会情勢の変化，機能の低下，すなわち公園の機能から見た社会情勢の変化（北村信正監修『造園管理の実際』（造園実務集成，公共造園編3）技報堂，1973：37-40頁）。
(12) 建設省『建設省所管公共事業の新規採択時評価実施要項』および『建設省所管公共事業の再評価実施要項』1998参照。
(13) 行政の評価ないし政策・事務事業の評価に関する資料は近年増加しているが，ここでは以下の資料を参照した。行政管理センター『行政の評価に関する論文集』(1999)，東京市町村自治調査会『市町村における政策評価制度第2次研究会報告』(2000)，同『市町村における政策評価制度の調査研究会報告書』(1999)，山谷清志『政策評価の理論とその展開』（晃洋書房，1997)，今井照『わかりやすい自治体の政策評価』（学陽書房，1999）など。
(14) これらの動向について年表の形式でまとめられたものとしては，建設省，2000：11-12頁「協働による公園づくり年表」が詳細なので参照されたい。
(15) 詳細は，東京都HP（http://www.metro.tokyo.jp/INET/CHOUSA/2002/12/60CCH100.HTM）を参照されたい。
(16) 「特定非営利活動促進法」1998，法律第7号参照。NPOに関する入門書を中心とした近年の資料としては次のようなものがある。NPO研究フォーラム編『NPOが拓く新世紀』（清文社，1999)，山岡義典他『NPO基礎講座（1～3)』（ぎょうせい，1999)，日本NPO学会編集委員会編『NPO研究2001』（日本評論社，2001)，塩澤

修平・山内直人『NPO 研究の課題と展望 2000』（日本評論社, 2000）, 山内直人『NPO データブック』（有斐閣, 1999）, NPO とまちづくり研究会編『NPO とまちづくり』（風土社, 1997）, 山内直人『NPO 入門』（日本経済新聞社, 1999）, 辻元清美他『NPO はやわかり Q & A』（岩波書店, 2000）など。

(17) 用語の使い方をみても「街づくり」「町づくり」「まちづくり」などがある。一般的に,「街づくり」は市街地などの街をつくる場合に,「町づくり」は自治体としての町をつくる場合に, そして「まちづくり」はソフトな意味を含めて幅広い意味で使う場合にそれぞれ用いられている。その中で, いち早くまちづくりの理念を構成し, 政策論と現実との狭間にある政策現場における「実践」の問題に関心を持ち続けてきた田村明は,「「まちづくり」という概念は,「都市計画」のような従来の堅苦しい官庁や行政用語ではなく, 市民に親しまれることを望んで使い始めた」と証言している（田村明の法政大学での講演, 2000 より）。なお, 同『まちづくりの発想』岩波新書, 1991 が詳細に述べている。同『都市ヨコハマをつくる』中公新書, 1983 も合わせて参照されたい。

(18) この公共事業の問題点に対する指摘・批判は数多くの文献があるが, 本稿では五十嵐敬喜の視点と問題提起から示唆を得た。五十嵐敬喜・小川明雄著『公共事業をどうするか』岩波書店, 1997；同『都市計画, 利権の構図を超えて』岩波書店, 1993；同『公共事業は止まるか』岩波書店, 2001；同『市民版行政改革, 日本型システムを変える』岩波書店, 1999；同『図解公共事業のしくみ, いっきにわかる「日本病」の本質と問題点』東洋経済新報社, 1999 など。

(19) ㈶行政管理研究センター編『中央地方関係における行政計画』1996：3 頁。また, 辻山幸宣編『分権化時代の行政計画』行政管理研究センター監修・発行, 1995 参照。

(20) 西尾勝「自治型の行政技術」『年報自治体学（第 1 号）』（自治体学会編）, 良書普及会, 1987。

(21) 五十嵐敬喜・小川明雄『都市計画：利権の構図を越えて』岩波新書, 1993：16 頁。

(22) 「行政制度における合理的な協力を達成しうるように意図された活動」辻, 1966：48-49 頁。なお, この「管理」概念を「内容規定」と「意味内容」に分け, 行政の過程における意味内容の側面を重視し道路行政を論じたものとして武藤博己『イギリス道路行政史：教区道路からモーターウェイへ』東京大学出版会, 1995 がある。本書で論じてきた「機能の社会化」は, この管理概念における意味内容の重視に強い示唆を受けている。

(23) この七つの視点は, 武蔵野市において行われた「市民の森」公園づくりの過程から提示された地域の森を作るための視点であった（武蔵野市『市民の森公園』1999）。

(24) 1998 年 1 月 30 日閣議決定『都市公園等整備 7 か年計画』より。

(25) 建設省『公園緑地マニュアル』（平成 10 年改訂版）1999：155 頁。

(26) 大住克博・深町加津枝「里山を考えるためのメモ」『林業技術』第 707 号, 2001：2 頁；日本林業技術協会編『里山を考える 101 のヒント』東京書籍, 2000：10 頁。

(27) 深津加津枝・佐久間大輔「里山研究系譜：人と自然の接点をあつかう計画論を模索

する中で」『ランドスケープ研究』61（4），1998：276頁。
(28) 上杉哲朗「自然環境保全の場としての里山」『ランドスケープ研究』61（4），1998：285頁。
(29) 角南勇二「緑地保全制度と里山」『ランドスケープ研究』61（4），1998：290-293頁。
(30) 中川重年「神奈川県における里山活動」『林業技術』第707号，2001：21-25頁。
(31) 都市公園などの公園管理にかかわる公園愛護会については，金子忠一・内山正雄「都市公園管理体制に関する研究：特に公園愛護会の発祥と現状の調査分析」『造園雑誌』46（5），1983：99-104頁参照。
(32) 日本林業技術協会編，2000：201頁。
(33) 公共政策の一種である自治体の政策は次のような三つの条件を必要とする。すなわち「①個人の能力を越える問題であること，②行政として対応することが効果的・効率的であること，③ミニマムの政策として市民の合意が得られること」である（松下，1991：10頁）。
(34) パトリック・ゲデス著，西村一郎他訳『進化する都市』鹿島出版会，1982：122頁。
(35) 西尾勝「公共空間の〈しくみ〉」田畑貞寿『都市のグリーンマトリックス』1979：3頁。

終　章　営造物施設から市民文化へ

1　都市公園における機能の社会化

　本書は，都市型社会の発展とともに都市装置の一つとしてその重要性が増してきている都市公園とそれをめぐる政策展開を対象として取り上げ，その歴史的変遷過程を機能の変化に着目して検討してきた。そして，都市公園の「機能の社会化」を踏まえての政策形成（policy formation）の視点から読み直すことが主要な課題であった。その都市公園政策の歴史的展開は，都市公園に求められてきた機能を社会的なものへと変遷させてきた政策形成の歴史であった。

　近代的都市公園の原型である江戸期以来の遊園における遊観機能が社会状況との対立・融合の中から新たな機能として生まれ変わり，また変化する社会状況との関係において変化してきたのが現在の「緑とオープンスペース」の4系統，すなわち「防災・レクリエーション・環境保全・都市景観の形成」である。

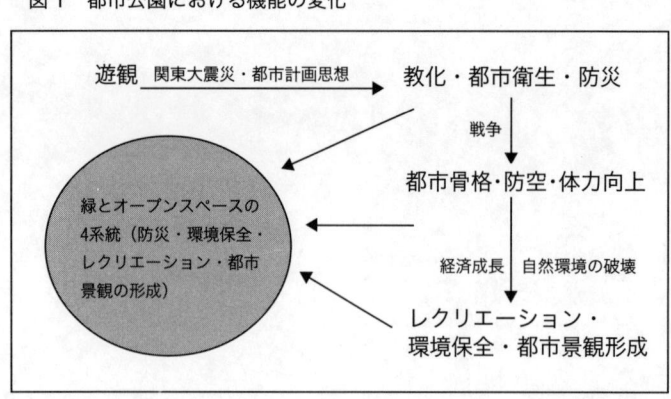

図1　都市公園における機能の変化

図2　都市公園政策における主体と対象の社会化

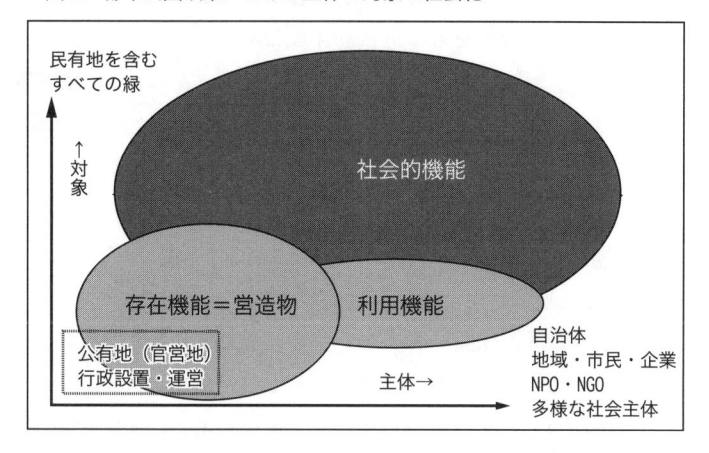

図中：
- 民有地を含むすべての緑
- ↑対象
- 社会的機能
- 存在機能＝営造物
- 利用機能
- 公有地（官営地）行政設置・運営
- 主体→
- 自治体
- 地域・市民・企業
- NPO・NGO
- 多様な社会主体

　もっぱら点的な施設物としての都市公園から都市全体の緑とオープンスペースへの「対象」の拡大と自治体・民間に広がった「主体」の変化をその特徴とする都市公園の歴史的変遷は，問題の発生とその対応が絶えず循環する過程であり，行政機能の合理化として，都市公園の政策過程において市民の視点を反映してゆく過程であったといえる。

　約130年の歴史的変化を中心に述べてきた本書の終わりに，これまで述べてきた都市公園政策における機能の変化過程，すなわち「機能の社会化」がどのようなものであったのかについてまとめておきたい。また，その機能の社会化が今後の社会状況，すなわち，分権型社会への加速と対等な主体間関係を重んじる協働型社会に対し，いかなる展望と課題をもつのかについて述べ，結論と同時に今後における研究課題としての手がかりとしたい。

　■遊園から公園へ（遊観と教化）
　明治6年（1873）の太政官布達による公園は「群集遊観」，「万人偕楽」の遊覧をその主な機能とし制度的に成立した。が，この万人遊覧を目的とする遊園の機能は，江戸期以降すでに社会に定着しており，近代的都市公園の必要性は自発的なものではなかった。

　太政官布達による公園制度の施行は制度的ねらいと実際の運用には相当の

開きがあり，万人遊覧のため遊観機能を規定していた初期太政官布達は，「国民教化」という思想的背景をもつ近代的洋風公園としての「日比谷公園」の開設とともに事実上消滅する。すなわち，実体性をもたない初期公園制度としての「太政官布達第16号」は，官有地の確認のための公園候補地の承認だけを述べており，その事実上の管理は市町村において行われていた。この管理における自律性は明治22 (1889) 年の「市制町村制」施行以後の各地方における公園開設の増加とあいまって「承認手続き不要」(明治39年内務省訓令第712号) を促し，初期公園制度は消滅することとなる。

しかし，その啓蒙的な思想的背景は「強い公的介入」によって継承・拡大されていく。すなわち，計画的洋風公園としての「日比谷公園」の登場は，伝統文化の否定を通じて新たな時代を告げるものであり，公園史を区切るエポックであった。「日比谷公園」に込められた機能はすべての公園において規範とされていくが，その期待とはかつて19世紀ドイツが都市公園に求めたものと同様なものであった。それは，「都市公園が果たすべき教育の内容は，全人格の形成に向けての教育から，国家に従順な盲目的臣民をつくりだすための教育（教化）まで，大きな幅をもってさまざまに揺れうごいた」のであった (白幡，1995：45頁)。

それは江戸期以前から存在してきた貴族の社交文化の下降と為政者の懐柔策から導かれ，「日比谷公園」の開設によって完成される啓蒙機能の変形であった。すなわち，太政官布達を媒介とするこの変化は江戸期以来，花見や遊覧を通じて行われていた非日常的な遊び空間から都市装置として日常的空間への移行であり，その背景には設置者の意図が強く作用していた。

■都市計画公園（都市衛生と防災）

やがて制度の近代化が本格化する明治中期以降の都市公園は，文明的措置に期待される「教化」機能と，東京市区改正から関東大震災以降の「防災」機能，そして明治後半の社会思想の中で活発に提起された「都市衛生」機能が都市計画という後見的制度の中において混在していく。

まず，「東京市区改正条例」による初期の計画公園は，公園に対する社会的認識の不足と戦時体制における財政不足を理由に計画上の縮小を余儀なく

され，本格的な計画公園の新設は「関東大震災」によってもたらされた「防災」の観点から実現されたものであった。すなわち，計画的公園づくりの要因となったのは人為的計画性ではなく，自然的災害によるものであり，主な公園機能は「防災」機能であった。

ところが，都市膨張が深刻な社会問題として登場した大正末期から昭和初期において紹介された欧米の「都市計画制度」と「グリーンベルト」の思想は，公園を緑地に融合させる契機となった。「都市公園」という概念が登場するのも，この時期示された「緑地体系」においてであり，もっぱら公園という点的な空間が緑地体系の中で計画・普及していくことになる。

■体力向上施設（防空と運動）

しかも，都市計画法の制定や都市衛生観念の普及によって形づくられていた都市公園の観念は，戦時体制への突入と同時に戦争遂行のための戦時対策として防空用の大・小緑地を急速に整備するが，皮肉にもこれが戦後都市公園の土台となった。また，緑地の中に融合された都市公園は「厚生行政」という総動員態勢の中で，国民の体力を向上させる手段（施設）として位置づけられた。

戦時において主な都市公園は，食料増産のために農地や焼死体の一時収容地，被災者のためのバラック用地などに転用された末，戦前において整備してきた多くの都市公園を失った。終戦とともに策定した「戦災復興計画」において，膨大な量の公園計画を樹立したものの，主な都市公園は戦前と同じく後見的性格の強い土地区画整理事業によって生まれたものが多かった。

■レクリエーション・景観形成（都市緑化）

終戦後の社会的混乱の中から多くの都市公園における不適切な管理とその対策として管理法的性格の強い「都市公園法」の成立までの状況と都市公園など緑地の整備の本格化には社会条件の変化とその対応のズレが目立ち，昭和40年代の「都市緑化」という総合的な体系の中に都市公園を融合する。その原因は，生活環境の悪化と余暇時間の増大，予想災害の防備など都市型社会の進行によって高まった「都市緑化」に対する要求であった。その対策

図3 都市公園機能の複合化

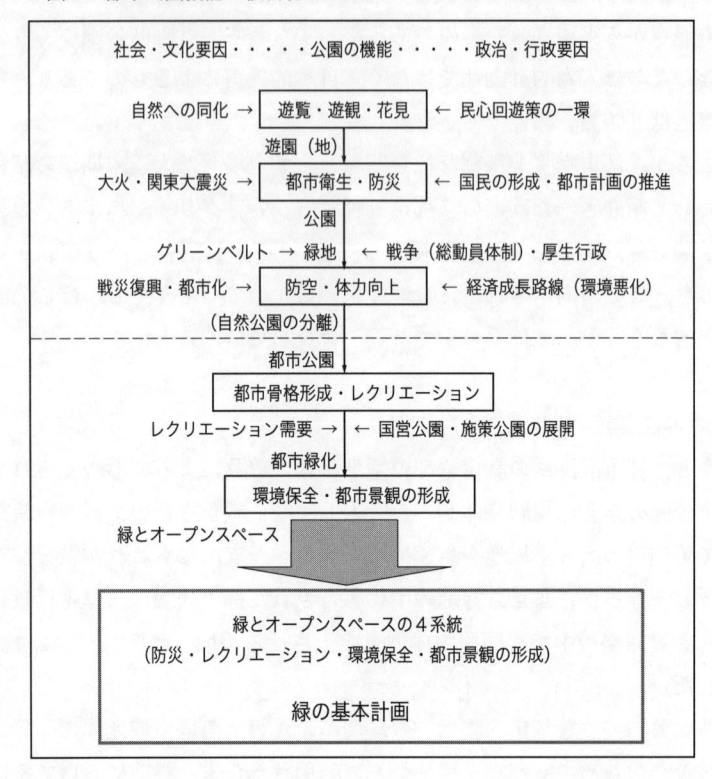

```
社会・文化要因 ‥‥‥ 公園の機能 ‥‥‥ 政治・行政要因

自然への同化 → 遊覧・遊観・花見 ← 民心回遊策の一環
              遊園（地）
大火・関東大震災 → 都市衛生・防災 ← 国民の形成・都市計画の推進
              公園
グリーンベルト → 緑地 ← 戦争（総動員体制）・厚生行政
戦災復興・都市化 → 防空・体力向上 ← 経済成長路線（環境悪化）
       （自然公園の分離）
- - - - - - - - - - - - - - - - - - - - - - - - - -
        都市公園
      都市骨格形成・レクリエーション
レクリエーション需要 → ← 国営公園・施策公園の展開
        都市緑化
      環境保全・都市景観の形成
  緑とオープンスペース
           ⇩
      緑とオープンスペースの4系統
  （防災・レクリエーション・環境保全・都市景観の形成）
          緑の基本計画
```

として都市緑化の総合化をめざす「緑のマスタープラン」の策定が進められるが，地域の自立性を保証しない計画性によって後に「緑の基本計画」へと拡大していくことになった。この時期に都市公園に求められた機能は「レクリエーション」が中心であった。

この社会状況に対応して「都市公園等整備5か年計画」が策定され，都市公園の整備が本格化していくが，それは身近な生活環境としての都市公園整備とはかけ離れたものであった。それは，昭和51（1976）年の都市公園法の改正において国のかかわる公園の整備が制度的に組み込まれ，生活の場からはほど遠い国営公園をはじめ大規模の広域公園や各種記念公園などが増えることとなったからである。

他方，都市公園の整備にかかわるこのような後見性とは反対に，戦後地方

自治法の制定・改正にともない比較的小規模である都立公園の一部を特別区に移管することとなる。また，昭和50年代を境に東京市部において多くの市立公園が整備され，東京都の都市公園面積の増加要因となる。そのうえ，陸地部の都市公園整備が地価上昇のため用地の取得が困難となるにつれその代替案としての意味が強い海上公園の整備も急速に展開された。

2　公園管理から公園経営へ：管理の社会化

　これまで述べてきたように，明治以降の近代的都市公園政策の歴史的変遷は，制度上においてはそれぞれの時代の社会的状況や社会的要請に対応してきた合理化の過程である。しかしながら，合理化とはいえ，都市公園の社会資本整備としての計画的整備というよりは，震災や戦争などの個別制度の力では制御できない災害とその災害に結びついた後見的仕組みの優越的意図によって達成できた側面も少なくない。したがって，その合理化には自ずから限界があり，その受益者で利用者である自治体や市民の視点からすれば，戦前戦後を貫く営造物としての都市公園の観念が今なお脱皮できたとはいえない部分がある。それが，「消極的な管理」によって特徴づけられる都市公園行政の閉鎖性であり，社会的機能の強化という社会的変化への効果的な対応を妨げている最大の要因である。

　本書を通して論じてきたように，「消極的な管理」という行政慣行は，明治以降の都市公園行政の歴史的産物の一部であるが，戦後においても都市公園の現状維持的な考え方だけでは，現代のように多様化した価値観とライフ・スタイルをその特徴とする多元化された社会の中で，社会的ニーズに対応できなくなるのは自明のことであろう。行政によってのみ提供される「営造物（公の施設）」としての都市公園の機能的役割はすでに終わっており，そのための公園行政の役割にも大きな変化を生じさせている。

　その変化によって，いまは都市公園をはじめとする公園緑地政策の転換期であることを近年の公園緑地分野の動きはよくあらわしており，それは図4が示すように，民有地・公有地，行政・民間を問わず都市の緑の全体に広が

図4 都市公園政策における管理の社会化

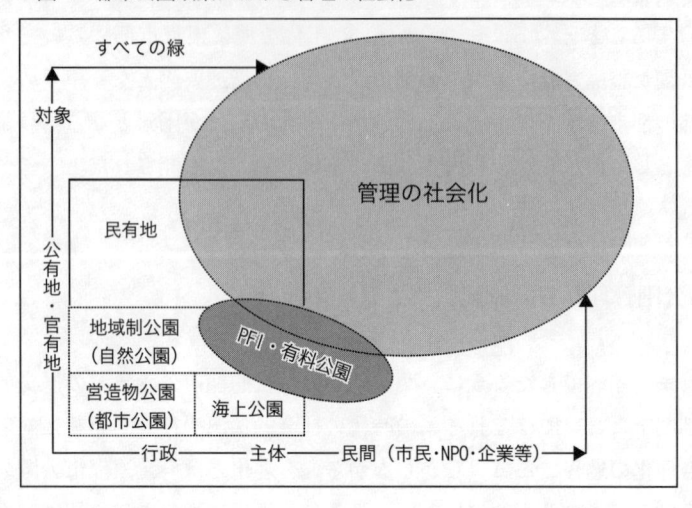

（図中テキスト）
すべての緑／対象／公有地・官有地／民有地／地域制公園（自然公園）／営造物公園（都市公園）／海上公園／管理の社会化／PFI・有料公園／行政──主体──民間（市民・NPO・企業等）

る管理対象・主体の社会化を意味しているといえる。

　しかも，このような変化が明治以降の集権的行財政システムから分権型・協働型システムへという社会構造的変化であることを考えれば，従前の管理の仕組みは抜本的に転換せざるを得ない。その変化の兆しが公園行政の内部から具体的に提示されつつある。すなわち，少子・高齢化や情報・国際化，政治・経済社会の条件変化を踏まえ，社会資本としての都市公園の今後の課題と展望に対する多様な政策提案が活発化されている。たとえば，国土交通省の「社会資本整備審議会」の下に設けられている都市計画・歴史的風土分科会の「都市計画部会公園緑地小委員会」が平成14年7月にまとめた「今後の緑とオープンスペースの確保方策について」第1次報告を筆頭に，東京都においても「都市公園」および「海上公園」の整備と管理に関する提案がそれぞれ出され，従来の行政中心の整備・管理から多様な主体を想定した，「パークマネジメント（公園経営）」の考え方への転換を促している。まず，社会資本整備審議会において示された報告は，既存の都市公園制度・緑地保全制度の中で，緑とオープンスペース確保のための政策をより総合的・計画的に進めるための提言をまとめたものであり，「地球環境問題への対応」「都市再生への対応」「豊かな地域づくりへの対応」「多様な主体の参画」の4点

が重点とされた。また，国・都道府県・市町村それぞれのレベルで都市の緑とオープンスペース確保のための総合的な政策運営を行うことが必要と指摘しているほか，実際に緑とオープンスペースの保全・創出を実施するにあたっては，(1) 生物多様性の保全や景観形成の視点から重要な緑地の保全，(2) 民有地の緑化と公共公益施設の緑化双方を視野に入れた都市の緑のネットワーク化，(3) 保全によって確保された緑地や緑化で創出された緑地と連携する都市公園の整備の三つの方向から施策を進めていくべきだとしている。

　他方，東京都においては，平成14 (2002) 年5月に知事から諮問された「東京都公園審議会」の「都立公園の整備と管理のあり方について」の答申が行われた。この答申の重要なポイントは，「公園緑地から始まる緑の都市再生」を基本理念として掲げ，そのため「より良い公園緑地サービスを提供していくという，経営的な発想である「パークマネジメント」へ転換するよう求めた点である。すなわち，「広域的視点に立ったマネジメント」，「地域的視点に立ったマネジメント」，「貴重なストックを活かすマネジメント」，「都民やNPOなどとの協働・連携によるマネジメント」，「幅広い公園緑地情報マネジメント」がパークマネジメントの五つの取り組みとして示されている。

　また，平成15 (2003) 年10月には「東京都都市計画審議会」から「東京らしいみどりをつくる新戦略」が示され，東京において望ましいみどりのかたちとして，①公園，崖線等のみどりのハード的側面と，みどりがさまざまな都市活動，都市生活の中で創られ，さらにその活動や生活の場を提供しているというソフト的側面とを，一体的に捉えたみどり，②多様な主体が新しい枠組みの中で連携を図り，戦略的に「東京らしいみどりのかたち」を創り出し，発展させていく計画や事業手法の展開が必要であるとの基本認識が示された。それは，従来のような行政による都市公園の整備や緑地の指定などを通じた量的拡大政策の限界が明確に見えてきたためである。すなわち，提案書においては，「区部は近年ほぼ横ばいの状態で推移しているものの，多摩部は依然として農地，樹林地が減少する」，「長期未着手の都市計画公園・緑地や限られた公園事業費などの課題が顕著」であるため，従来のようなみどりづくりはもはや限界が明らかになったことを指摘している。

　この「東京らしいみどりをつくる新戦略」においては，「目標年次を2025

年とし，23区のみどりの目標として，現在のみどり率（約29％）を2割程度増加させ，多摩地域のみどりの目標として，現在のみどり率を維持する。また，増加させるみどりのうち，おおむね3割が制度的に担保されたみどりの公的空間として充足する」とされる一方，(1)みどりの新しいとらえ方として，「公開性の原則」，「永続性の原則」，「ネットワーク化の原則」をみどりづくりの3原則とし，「公開され，永続性が高く，ネットワーク化が可能なみどり」として評価した新しい概念の「準公園」を導入する，(2)都が主体的に取り組む一方，自治体連携，民間プロジェクトと連動，都民やNPOとの連携により，多様な主体が連携してみどりを創出保全することが新しい戦略の内容として示された。

その中には，都市計画公園・緑地の見直しと事業の推進として，公園・緑地を新たに都市計画決定する場合の考え方と，既存の都市計画の見直しの考え方とを示した「見直し方針」を策定するなどを通じた規制緩和のほかに，①トラスト制度の導入と普及（民間からの寄付金や行政からの積立金等を財源に，保全する土地の購入や維持管理費用の確保等を図るため，みどりのトラスト制度を導入），②地域のまちづくり活動との連携（森林や里山の管理に都民自らが参加する制度を創設し，公園緑地や街路樹などについても里親制度を導入，オープンガーデンやコミュニティガーデン等の取り組みを支援），③公園計画やパークマネジメントに（公園の計画づくりから管理まで，ワークショップ形式等により住民参加を積極的に導入するとともに，パークマネジメントの仕組みをつくり財源を確保），④民間による新しいタイプの公園づくり，すなわち，条例による民設公園の認定，税制の優遇（減免）措置の導入も含まれているが，それは民間事業者が設置・管理する公園について，事業者と管理協定を締結し，民設公園として条例で認定，民設公園が適正な管理と永続性と公開性が担保できるようにインセンティブとして税の減免などの優遇措置の導入を検討するものである。

これらは「営造物施設」という明治以降の都市公園の位置づけを変えられるほどインパクトの強いものであるが，「計画のための計画論」としてではなく，地域と市民の情緒やニーズを的確に捉え，「政策論」として実行していくための，自治体をその中心に置いた総合的かつ包括的な枠組みの提示が

先行されるべきであろう。

　他方，この都市公園に先立ち，平成14（2002）年の2月には，東京都の公園面積の増加に大きな役割を果たしている海上公園についても同様の視点と仕組みが提案されている。すなわち，「今後の海上公園のあり方について」の答申は，今後の「海上公園のあるべき姿」は「都民とともに育む，緑豊かで活気にあふれた水辺空間」であるとし，これを実現するために「公園利用の活性化」，「自然の再生」，「都民との協働」という三つの基本的視点から施策に取り組むべきであるとして，具体的な施策について提言している。この答申においては，現在の海上公園がおかれている状況について，「海上公園をとりまく多くの課題を解決するためには，いままで実施してきた施策を継承し，発展させることも重要であるが，これまでの考え方からの転換を行うことが不可欠」であり，「公共サービス分野での民間セクターの進出や経営的な発想の導入などを背景に，公共サービスに対する都民の意識が大きく変化するとともに，公共セクターのあり方も変革を迫られている」と述べている。このような現状認識を踏まえた具体的な施策としては，①「規制優先」から「利用優先」への転換，②「環境の保全」から「自然の再生」への転

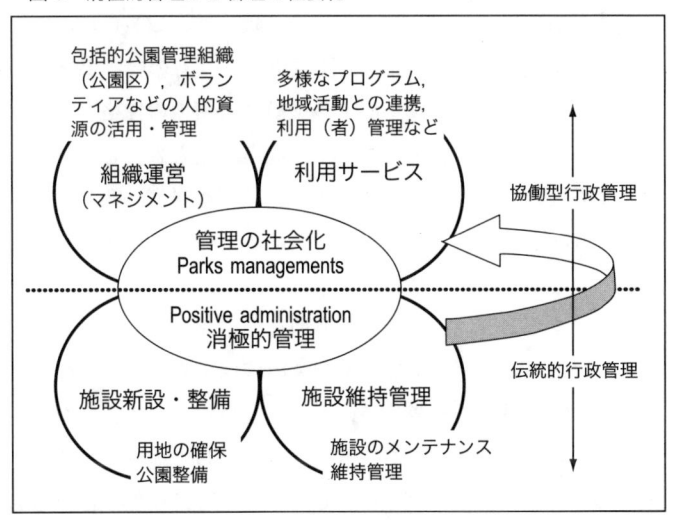

図5　消極的管理から管理の社会化へ

換，③「行政が提供する公園」から「都民と協働で育てる公園」への転換，④「民間活動の制限」から「民間活動との連携」への転換，⑤「公園の管理」から「公園の経営」への転換などが取り上げられた。

都市公園の政策と行政を取り巻く社会的条件の変化は，集権から分権へ，政府から社会へという大きな社会構造の変化の影響を反映しており，「参画社会への対応」，総合的かつ具体的な政策運営の強化が要求される。従来のような中央・地方関係や縦割り行政の中で閉鎖的に行われてきた都市の緑に関して，国・都道府県・市町村それぞれのレベルにおいて，既存の緑の保全，民有地・公共空間の緑化，都市公園等の整備を含めた都市の緑とオープンスペースを確保するための総合的な政策運営が必要となってきたことを意味する。なかでも，1人当たりの公園面積という指標については，「緑地保全地区等の地域制緑地を含んだ指標とし，これらの組み合わせによる1人当たりの「公園緑地」面積を指標とするべきであり，個別の政策の進捗達成をよりわかりやすく示すため，災害に強いまちづくり，生物の生息生育空間の確保等の重点的な政策分野に対応した目標・指標を用いることが必要」であると述べられた。戦後の都市公園政策を支えてきた「陰の柱」とも言うべき，この「1人当たり公園面積」という指標によって示された欧米諸都市との整備量の格差こそ，量的拡大を追求した都市公園政策の正当性を裏づけるものであった。この指標の見直しが意味するものは量的拡大政策の破綻であり，量（モノ）から質（文化）へという都市公園政策のあり方の転換である。

他方，公園整備に当たっては，都市の規模や市街地の性格など地域の実態に即して進めていくことが必要であり，①他の施設と公園とを立体的に活用すること，②従来の配置計画標準に則らない柔軟な対応，③学校，福祉施設といった公的施設との連携，④多様な主体による緑の保全・整備・管理が具体的な課題として取り上げられた。

以上で述べてきたように，今後の協働型社会における都市公園の包括的な政策運用は，都市の緑とオープンスペースの確保・充実・発展のための根幹としてますますその重要性を増していく。それに対応する新たな機能として都市公園の「社会的機能」は，この市民参加を通じて地域のコミュニティやNPO団体とのパートナーシップを形成し，また民間事業者との連携のもと，

図6 都市公園政策における機能の社会化

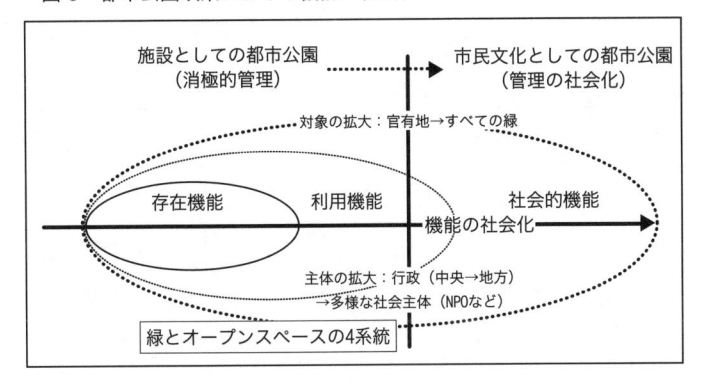

```
            施設としての都市公園              市民文化としての都市公園
             （消極的管理）                    （管理の社会化）
                    対象の拡大：官有地→すべての緑

              存在機能    利用機能         社会的機能
                                機能の社会化
                    主体の拡大：行政（中央→地方）
                        →多様な社会主体（NPOなど）
                  緑とオープンスペースの4系統
```

緑地保全，緑化，公園・緑地の整備・管理を進めていく過程として位置づけられる。そのうえ，自治体は，地域の行政主体として，緑とオープンスペースの確保のためのビジョンを示し，その実現を図るとともに，市民と民間とのパートナーシップを進めていくための主体として機能することが要求されている。そのプロセスの重視と多様な参画の仕組みの制度化を文化の次元まで底上げすることこそ世紀を新しくした行政において求められる新たな機能であり，ポスト行政国家の未来像であるといえる。

3 市民文化としての都市公園

これまで見てきたように，都市公園は行政主導で計画され，公園制度およびその整備は一般の市民生活とは関係のないところから決まってきた。明治初期の太政官布達においても，大正期以降の都市計画においても，生活から必要とされる公園はあまり議論されなかった。また，昭和40年代の公害や自然環境の破壊，昭和50年代のレクリエーション需要の急増という社会変化から生活上の公園を必要とする声にも，公園行政は十分な形で対応してきたとは言い難い。画一化されている公園行政においては，そのような生活から生じる詳細で具体的なニーズを反映する仕組みになっていない。それは，計画的設置はもちろん管理運営においても同じである。都市公園の後見的設

図7　都市公園政策の形成過程

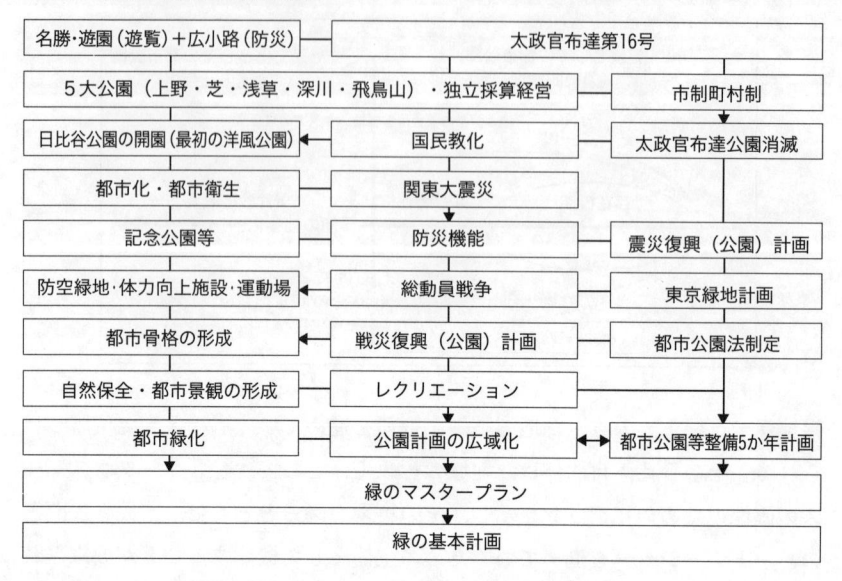

名勝・遊園(遊覧)＋広小路(防災)	太政官布達第16号
5大公園(上野・芝・浅草・深川・飛鳥山)・独立採算経営	市制町村制
日比谷公園の開園(最初の洋風公園)	国民教化	太政官布達公園消滅
都市化・都市衛生	関東大震災
記念公園等	防災機能	震災復興(公園)計画
防空緑地・体力向上施設・運動場	総動員戦争	東京緑地計画
都市骨格の形成	戦災復興(公園)計画	都市公園法制定
自然保全・都市景観の形成	レクリエーション
都市緑化	公園計画の広域化	都市公園等整備5か年計画
緑のマスタープラン
緑の基本計画

置と管理活動の貧弱性が目立つ旧来の公園行政の仕組みにおいては，市民文化を反映する文化としての公園づくりには限界があったのでる。

　それに対して，市民参加による公園づくり，なかでもワークショップ形式による公園づくりの過程において見られる共通的な特徴は，市民の視点からの公園づくりである。この市民の視点は，明治期以降の都市公園づくりにおいて欠如していた重要な要素である。「都市施設」として規定される都市公園は，都市という空間において施設としての必要と都市文化としての必要を同時に含んでいる。従来の施設としての都市公園は，誘致距離や面積，公園内施設の設置基準などの計画に基づいて設けられる都市装置であったが，そこには利用者である市民の文化的視点と必要性が十分に考慮されてはいなかった。

　都市における文化としての都市公園を支えるのは市民の視点である。すなわち市民文化を都市公園づくりにいかに反映していくのかが重要な課題となる。それは都市型社会という成熟した社会における市民の文化的志向であり，協働的な仕組みの土台である。同時に，地域空間のあり方を地域市民が決め

て責任をもつという成熟した社会における自治的仕組みである。

　戦後，市民自治の展望を提示し続けてきた松下圭一は，都市型社会において「緑」が持つ意義を，「緑は，福祉ないしシビル・ミニマムというかたちで富の配分をかちとった日本の市民の第二の出発という意味をもつ。もし，日本において市民自治・市民共和という言葉が意味をもつとするならば，この緑においてである。それは，シビル・ミニマムの質をめぐって，分権化・国際化・文化化をめざす〈市民政策〉の中枢となる」（松下，1985：210頁）と述べている。ここでの緑は，行政施策としてまたはその結果としての生態的なみどりではない，参加によって形作られる「市民文化」を象徴しており，それゆえ，この緑とオープンスペースをめぐる整備のあり方は市民社会のあり方を方向づける重要な意味合いをもっているといえる。

　分権型社会における都市公園は，その計画立案・設計・造園・管理・利用・評価の全過程を，その自治体・地域・市民が共有することから出発する。また，協働型社会において必要となる都市公園は，受動的な行政措置の産物ではなく，地域住民の生活感情や市民文化を反映する政策的仕組みである。行政と市民，企業など社会のアクターが都市公園のあり方を共有していく過程そのものがこれまで重視されなかった都市公園の「社会的機能」の一面なのである。

　都市公園の機能は，前述のワークショップ形式の公園づくりにおいて見たとおり，その主体の変化によってその整備視点は有機的になる。「有機的」とは，多様なアクター間の生きた関係であり，プロセスである。本書において，たびたび用いている「機能の社会化」ないし「社会的機能」は，プロセスを重要なモチベーションとして考える。多様な社会関係において開かれたシステムとして協働的に運営管理されていく「社会的プロセス」を通じてこそ「つくり続ける」都市公園政策は可能である。しかも，市民文化を反映するもっとも代表的な政策分野であるため，自治体における協働型政策運営の土台としてはもちろん，都市空間における「緑とオープンスペース」の原点であることは言うまでもない。

あ と が き

　本書は，私が法政大学（社会科学研究科政治学専攻）に提出した博士学位論文「都市公園政策の歴史的変遷過程における〈機能の社会化〉と政策形成：協働型社会における緑とオープンスペースの原点」をもとにして手を加えたものである。本書の第1章から第3章までの部分は，『法学志林』（第100巻2・3号，第101巻2号）に掲載した。

　1994年来日以来，留学生として過ごしてきた過去10年間に及ぶ修学の結果であるが，もちろん私自身の力だけで出来上がったものではない。この間，多くの人々に出会い，数えきれないほど多くの親切に恵まれた結果である。なかでも恩師である法政大学の武藤博己先生との出会いがなかったら，今の私もなく，この本が世に出ることもなかったはずである。

　都市公園の政策形成に関する研究は，大学院入学後，横浜市政の総合計画と政策観の変化の分析を通じて革新自治体の政策形成を論じた修士論文とは異なり，あまり馴染みのないものであった。にもかかわらず，都市公園を博士論文のテーマに決めたきっかけは，武藤先生から頂いたお言葉であった。修士論文の審査と博士課程の進学試験が終わった1998年3月に，政治学専攻の合宿が長野県の白馬村で行われた。当時は，行政改革が活発に議論され，とにかく流行るものをテーマにする雰囲気が漂う中にあって，博士課程へ進んだものの研究テーマが決まらず不眠症になるくらい私は悩んでいた。その気持ちを打ち明けたところ，先生は「これからはライフワークとして一生やっていくものだから，長くやっても飽きない，やって楽しいものにしなさい」と，ご自身の体験から得られたことを語って下さった。翌朝見上げた白馬の山々の雪景色が世界で一番綺麗なものに見えたのは私の心の迷いがきれいに消えたからであろう。考えてみれば，散歩が好きな私にとって都市の中の公園は絶好の体験的学問の対象となる空間であり，ハンディの多かった私にとっては無邪気に取り組める相性の良いテーマでもあった。その日以降，街角に何気なく存在する小さな公園も，一瞬の休憩や憩いを求める人にとっ

ては立派な自由空間であることが日々新しく見えてきた。

　ところが，資料を集めているうちに，社会資本としての都市公園を正面から取り上げた研究蓄積はほとんどなく，しかも戦前の多くの研究資料は戦争の影響もあり各地に散在していることがわかってきた。そこから造園学や都市計画などの断片的な歴史や思想史から接近した一部の資料を手がかりとしながら，博士課程の前半の2年間は，松戸の千葉大学園芸学部や府中市にある東京農工大学図書館まで足を運ぶ一方，国会図書館，日比谷公園にある東京市政調査会と緑の図書館，市ヶ谷の大学院を往来するのが日課となった。もちろん，時間が許す限り公園の探索も誠実に行ってきた。

　しかし，研究が進めば進むほど，公園はほんとうに都市施設として市民権を得たのかという本質的な疑問と，都市公園の機能を説明してきた通説としての「二元的機能」区分に対する欲求不満は深まるばかりであった。前者の疑問に対する解決の鍵は，「施設」から「文化」へという次元を異にする都市公園の社会的意味についての再考によって得られたのであり，また，後者の二元論的機能区分への抵抗感は，制度の規定と実態との乖離ならびにその対案への説明不足から生じるものであったことがわかった。

　従来の「存在」と「利用」という都市公園の機能論は，「費用対便益」というモノの存在を評価する方法や考え方に由来するものであり，主に設置する側の論理構造によって構造化されている。また，このような歪められた機能分担への傾斜は，集権的設置観念の上でのみ存在できる公園行政の弱い立場とその組織保持のための狭い管理観念から派生したものであり，そこには「利用の抑制」を通じて施設の最適状態を守ろうとする消極的な行政管理の慣行が常態化しているため，現実においては自由な利用と管理活動とが相入れないという矛盾が生じている。その乖離を説明する理論的道具はあるのか。自分を納得させる手がかりは見つからず，時間だけが流れていた。先行研究の浅い都市公園行政においての政策の変化を理解するためには，数少ない参考文献を丹念に黙々と読むしか方法はなかった。

　その過程で，従来の存在（設置）・利用という設置者の視点に立った二元的機能論ではなく，それぞれの時代の社会変化に対し存在・利用が「社会的な過程」として融合され，制度化されていく新たな視点が見えてきた。すな

わち，社会変化は「機能の複合化」を促し，その複合化した機能への対応は制度上における対象と主体の拡大である。そのうえ，「存在・利用・社会的」機能への流れは，社会制度における行政機能の合理化，すなわち「機能の社会化」という新たな視点およびその理論的枠組みを提示することができたのである。

　しかしながら，この説明枠は未完成のままであると言わなければならない。ひとつの新しい説明道具が用意されたにすぎず，都市公園および都市の緑とオープンスペースの政策づくりとその実現・利用・評価の全過程を追求することは，当然今後の課題となるだろう。

　終わりに際して，さまざまな形でご恩を頂いた多くの方々に心からの深い感謝を申し上げなければならないが，真っ先に武藤博己先生に感謝を申し上げたい。武藤先生は学問という第二の生命の目覚めを助けてくださった学問と人生の恩師である。博士論文の構想・作成から完成まで公私を問わず物心両面で支えてくださった。何度も断念しそうになった学問の道を今まで続けられたのはすべて武藤先生のおかげである。言葉に尽くせない学恩を賜わっており，申し上げる感謝のことばを知らない。この本の刊行を通じてその恩を少しでも返せることができたなら幸いである。

　法政大学の田村明先生・松下圭一先生・五十嵐敬喜先生・廣瀬克哉先生・宮崎伸光先生のほか，政治学専攻の各先生には大学院入学以来ゼミや研究会を通じて多くを教えて頂いた。この場を借りて深く御礼を申し上げたい。また，博士後期課程入学と同時に設けられた大学院の社会人対象の政策研究プログラムでは，多くの方から貴重な現場の話を聞かせて頂き，またさまざまな勉強会を通じてのお付き合いにも参加させて頂いた。頂いたすべてのものを返すことはできないが，一日でも長く社会に役立てることを忘れずに研鑽することが恩返しだと思う。ただ一人，同じ武藤門下の南島和久さんには並々ならぬ世話をかけた。多忙な生活の中でもささやかな生活上の問題の対応から学問上の討論まで快く付き合ってもらった。さぞかしご迷惑であったろうと思う。お詫びと謝意を表したい。

　大学院の入学後から㈶櫻田会をはじめ各種研究財団からご支援を頂いた。

これらの援助がなかったら長い修学生活は維持できなかったと思う。なかでも，大学院終了直後からすばらしい研究環境を提供して頂いている㈶地方自治総合研究所には深く感謝致したい。所長の今村都南雄先生（中央大），佐野幸次事務局長，辻山幸宣主任研究員をはじめ，研究員・事務局の皆さんには大変お世話になっており，豊富な事例分析に基づく学問的刺激は良い勉強となっている。とくに，今村先生は研究会などでお会いするたびに進捗状況をたずねてくださり，ご助言も頂いた。心から感謝を申し上げたい。また，公務員制度を中心に参加させて頂いている研究会では，先生方のみならず自治体現場の方々から貴重なアドバイスを頂いている。一人一人お名前をあげるのは控えさせて頂くが，この場を借りて深く感謝の意を申し上げたい。

　なお，本書執筆の過程では，東京都をはじめ多くの市区町村の担当者，㈶東京都公園協会，㈶日本公園緑地協会，㈶公園緑地管理財団ならびに日本造園学会など公園緑地関係の各種機関から資料を提供して頂いた。ご協力に感謝したい。

　本書は，平成15年度科学研究費補助金（研究成果公開促進費）の交付を受けて刊行されるものである。申請から刊行まで，法政大学出版局の平川俊彦理事にお世話になった。採択決定から刊行まで1年というあわただしい時間の中で約束を遅らせるなどご迷惑をおかけした。原稿を実に丹念にお読み頂き，精密な校正の上，貴重なアドバイスまで頂いた。心より感謝を申し上げたい。

　最後に，私事ながら，二人三脚ですべてを支えてくれた妻晟恵と二人のこども磨理・東賢にも感謝したい。母国の両親をはじめ私のすべてを支えてくれる家族の存在こそ神からの最大の恵みである。

　　　　　　　　　　　　　　　2003年12月25日
　　　　　　　　　　　　　　　日比谷公園開園100周年の年に

　　　　　　　　　　　　　　　　　　申　　龍　徹

都市公園関連年表（明治6年～現在）

元号	年	西暦	事項
明治	6	(1873) 年	太政官布達第16号 東京府知事は，浅草寺・寛永寺・増上寺・富岡八幡・飛鳥山の公園の設立計画を正式に上申，公園の運営方針（「公園取扱心得」）も添付
	17	(1884)	東京「公園地貸渡規則」改正 東京浅草公園の区画改正を行い，境内の公園化を実施
	18	(1885)	東京市市区改正審査会，第1回会議開催
	21	(1888)	「東京市区改正条例」の公布
	22	(1889)	「東京臨時公園改良取調委員会」設置 「東京市公園地使用規則」制定
	34	(1901)	日比谷公園の計画案決定
	36	(1903)	東京市当初計画を縮小し，「東京市区改正新設計」を告示 日比谷公園の開園
	41	(1908)	「東京市公園改良委員会」設置
	43	(1910)	東京市市区改正委員会，小公園設置に関する建議案提出
大正	8	(1919) 年	都市計画法の公布
	12	(1923)	関東大震災
昭和	7	(1932) 年	内務省都市計画東京地方委員会，「東京緑地計画協議会」発足
	8	(1933)	東京緑地計画協議会第1回総会：緑地の定義，分類基準を確定 公園計画標準，都市計画調査資料，風致地区決定基準，土地区画整理設計標準が定められる
	12	(1937)	東京緑地計画協議会協議事項に「帝都防備ト空地」追加される
	14	(1939)	東京府紀元2600年記念事業審議会設立 東京緑地計画協議会「東京緑地計画大綱」発表
	15	(1940)	東京府東京6大緑地の都市計画決定。紀元2600年記念事業として6大緑地造成事業開始
	21	(1946)	東京復興都市計画公園（戦災復興院告示第132号） 「自作農創設特別措置法」制定
	25	(1950)	ドッジ・ラインに基づく公園計画の縮小（「再検討」）
	31	(1956)	「都市公園法」公布 「東京都立公園条例」制定
	32	(1957)	東京都市計画区域の公園緑地計画の全面改定
	41	(1966)	「首都圏近郊緑地保全法」制定
	43	(1968)	「都市計画法」全面改正 東京都建設局，多摩川ガス橋緑地等4公園を開園

昭和 45（1970）年	東京都「海上公園構想」発表
46（1971）	都市計画中央審議会「都市における公園緑地等の計画的整備を推進するための方策について」中間答申
47（1972）	都市公園等緊急整備促進法
	「都市公園等整備5か年計画」（第1次計画）始まる
48（1973）	「都市緑地保全法」制定
50（1975）	東京都「海上公園条例」制定
51（1976）	「都市緑化対策推進要綱」通達
	「都市公園法」の改正，国営公園制度および兼用工作物制度の追加
56（1981）	建設省「緑のマスタープラン策定に関する今後の方針（その促進及び見直し）について」通達
	東京都「東京都緑のマスタープラン」決定
57（1982）	都市計画中央審議会「都市における総合的な緑化を推進するための方策」について答申
60（1985）	「東京都緑化基金」新設
	東京都都議会，公園の管理等の外部委託に必要な条例改正案議決
平成 1（1989）年	東京都建設局，都立動物園の整備計画「ZOO-2001 構想」
6（1994）	「都市緑地保全法」改正，「緑の基本計画」の策定
	建設省「緑の政策大綱」を公表
7（1995）	「都市緑地保全法」改正
	都市計画中央審議会「今後の都市公園等の整備と管理は，いかにあるべきか」答申
	東京都都市計画地方審議会「東京都緑のマスタープラン改定基本方針」発表
8（1996）	第6次都市公園整備5か年計画
12（2000）	「緑の東京計画」中間まとめ「目標みどり率」設定へ
14（2002）	東京都都市計画局，都市計画審議会に「東京がめざす新しい公園緑地のあり方について」諮問，公園緑地特別委員会の設置
15（2003）	東京都港湾局「新たな海上公園」策定
	東京都建設局公園審議会「都立公園の整備と管理のあり方」中間答申
	東京都知事の諮問機関である東京都公園審議会提言
	東京都都市計画審議会の公園緑地調査特別委員会「東京が目指す新しい公園緑地のあり方」について中間報告

参考文献

1 政治学・行政学・地方自治など

赤木須留喜（1970）『イギリス都市行政の起点：1835年の都市団体法』（都市研究報告3）東京都立大学都市研究委員会
─── (1991)『〈官制〉の形成』日本評論社
宇沢弘文・高木郁朗（1992）『市場・公共・人間：社会的共通資本の政治経済学』第一書林
───・茂木愛一郎編（1994）『社会的共通資本：コモンズと都市』東京大学出版会
宇都宮深志（1984）『環境創造の行政学的研究』東海大学出版会
片岡寛光（1978）『行政の設計』早稲田大学出版部
─── (1990)『国民と行政』早稲田大学出版部
白鳥令編（1990）『政策決定の理論』東海大学出版会
大霞会編著（1980）『内務省史』全4巻（明治百年史叢書）原書房
田村明（1996）『現代都市読本』東洋経済新報社
───編（1989）『自治体の政策形成』学陽書房
辻清明（1966）『行政学概論』（上）東京大学出版会
─── (1969)『新版日本官僚制の研究』東京大学出版会
─── (1976)『日本の地方自治』岩波書店
─── (1991)『公務員制の研究』東京大学出版会
辻清明編集代表（1976）『行政学講座』（全5巻）東京大学出版会
辻山幸宣編著（1998）『住民・行政の協働』（分権時代の自治体職員7）ぎょうせい
辻山幸宣・人見剛編著（2001）『協働型の制度づくりと政策形成』（市民・住民と自治体のパートナーシップ2）ぎょうせい
中川剛（1990）『地方自治制度史』学陽書房
中野実（1992）『現代日本の政策過程』東京大学出版会
西尾勝（1990）『行政学の基礎概念』東京大学出版会
─── (1992)『行政の活動』放送大学教育振興会
─── (1993)『行政学』有斐閣
───・村松岐夫編集（1994）『講座行政学』（全5巻）有斐閣
───・大森彌編（1986）『自治行政要論』第一法規
───責任編集（1983）『計画と参加』（事例地方自治第2巻）ほるぷ出版

─── 編著（2001）『分権型社会を創る：その歴史と理念と制度』《分権型社会を創る1》ぎょうせい
西尾隆（1988）『日本森林行政史の研究：環境保全の源流』東京大学出版会
C. A. ビアード著，東京都政調査会訳（1964）『東京の行政と政治：東京市政論』東京都政調査会
廣瀬克哉（1989）『官僚と軍人』岩波書店
松下圭一（1985）『市民文化は可能か』岩波書店
─── （1987）『都市型社会の自治』日本評論社
─── （1991）『政策型思考と政治』東京大学出版会
武藤博己（1995）『イギリス道路行政史：教区道路からモーターウェイへ』東京大学出版会
─── 編著（2000）『政策形成・政策法務・政策評価』（図説地方分権と自治体改革4）東京法令出版
─── 編著（2001）『分権社会と協働』（市民・住民と自治体のパートナーシップ1）ぎょうせい
薬師寺泰蔵（1989）『公共政策』東京大学出版会

2　都市公園・緑地・都市計画など

青木宏一郎（1984）『公園の利用』地球社
─── （1998）『まちがいだらけの公園づくり：それでも公園をつくる理由』都市文化社
秋元政三（2003）『協働のまちづくり：三鷹市の様々な取組みから』（地方自治土曜講座ブックレットNo.91）公人の友社
朝野蝸牛（1997）『江戸絵から書物まで』久山社
安部磯雄（1988）『応用市政論』（復刻版）神戸都市問題研究所
新居善太郎他（1974）『都市と公園緑地』日本都市センター
アルバート・J. ラットレッジ著，鹿島出版会訳（1975）『公園の解剖』鹿島出版会
飯沼二郎・白幡洋三郎（1993）『日本文化としての公園』八坂書房
五十嵐敬喜（1987）『都市法』ぎょうせい
─── 他（1998）『美の条例：いきづく町をつくる』学芸出版社
石川幹子（2001）『都市と緑地：新しい都市環境の創造に向けて』岩波書店
石田頼房（1987）『日本近代都市計画の百年』自治体研究会
─── （1992）『未完の東京計画』ちくまらいぶらり
磯村英一（1995）『厚生運動概説』(戦前期社会事業基本文献集第3巻)，日本図書センター
井手久登（1980）『緑地保全の生態学』東京大学出版会
─── （1997）『緑地環境科学』朝倉書店
─── ・亀山章編（1993）『緑地生態学』朝倉書店
伊藤章雄編著（2002）『今，公園で何が起きているのか：変わりゆく公園と地域における

新しい役割』ぎょうせい
伊藤邦衛（1988）『公園の用と美』同朋舎出版
井下清（1973）『都市と緑』都市公園協会
岩波講座（1973a）『現代都市政策Ⅱ　市民参加』岩波書店
―――（1973b）『現代都市政策Ⅴ　シビル・ミニマム』岩波書店
岩見良太郎（1978）『土地区画整理の研究』自治体研究社
上田篤（1974）『人間の土地：生活空間のモノグラフ』鹿島出版会
上原敬二（1924）『都市計画と公園』林泉社
―――（1974a）『造園大系』（第4巻公共造園）加島書店
―――（1974b）『公園論』（造園体系第3巻）加島書店
内山正雄（1988）『都市緑地の研究と設計』彰国社
―――他（1987）『都市緑地の計画と設計』彰国社
運輸省（1975）『港湾緑地計画調査報告書』運輸省港湾局開発課
―――（1978）『海の歴史公園計画調査報告書』運輸省
―――（1980）『港湾緑地調査報告書』運輸省
運輸省第五港湾建設局（1981）『港湾緑地計画調査報告書』運輸省第五港湾建設局
太田圓三（1925）『帝都復興事業について』内務省復興局
大林宗嗣（1923）『都市社会政策としての公園問題』大原社会問題研究所出版部
大屋霊城（1930）『公園及び運動場：計画・設計・施行』裳華房
小形研三・高原栄重（1978）『緑地施設の設計』鹿島出版会
尾崎文英（1991）『緑地』ヒューマン刊行会
小野佐和子（1997）『こんな公園がほしい：住民がつくる公共空間』築地書館
小寺駿吉先生論文集編纂会編（1976）『公園史と風景論』（小寺駿吉論文集）
俵浩三（1991）『緑の文化史：自然と人間のかかわりを考える』北海道大学図書刊行会
環境庁自然保護局（1981）『自然保護行政のあゆみ』
―――（1982）『ナショナル・トラストへの道』ぎょうせい
―――（1985）『首都圏における緑地環境の整備保全計画調査報告書』（昭和58-59年）
―――他（1987）『自然公園等施設整備技術指針』国立公園協会
環境デザイン研究所（1986）『こどもの遊び環境マスタープラン策定計画』環境デザイン研究所
北区飛鳥山博物館（2000）『花・遊・園：名所から公園へ』北区教育委員会
北村徳太郎生誕百年記委員会（1995）『北村徳太郎公園緑論集』日本公園緑地協会
北村信正監修（1987）『造園施行管理』（造園実務集成：公共造園別巻）技報堂出版
木村英夫（1990）『都市防空と緑地・空地』日本公園緑地協会
ぎょうせい編（1986）『都市緑化による都市景観事例集』ぎょうせい
清原慶子・三鷹市編（2000）『三鷹が創る「自治体新時代」：21世紀をひらく政策のかたち』ぎょうせい
経済企画庁（1969）『新全国総合開発計画』大蔵省印刷局

建設省（1963）『戦災復興誌（全10巻）』都市計画協会
─── (1978)『建設省三十年史』建設省広報協会
─── (1984)『日本の都市政策』建設省
─── (1987)『日本の都市』第一法規
建設省関東地方建設局（1980）『国営公園工事事務所の歴史：国民に愛される公園を造りつづけて』関東建設弘済会
───編（2000）『協同（パートナーシップ）による公園づくり読本：住民と共に考える公園づくり』大蔵省印刷局
建設省都市局（1984）『みどりあふれる街づくりにおける公園緑地等整備』建設省都市局
─── (1985)『高齢化社会に対応した都市公園施設の整備』建設省都市局
建設省都市局公園緑地課（1999a）『公園緑地マニュアル』（平成10年改訂版）日本公園緑地協会
─── (1999b)『防災公園の計画・設計に関する技術資料』建設省都市局公園緑地課
─── (1999c)『防災公園計画・設計ガイドライン』大蔵省印刷局
───編（1976）『公園とスポーツ施設計画：スポーツ施設基準調査』日本公園緑地協会
建設省都市局公園緑地課都市緑地対策室監修（1979）『公園緑地マニュアル』日本公園緑地協会
建設省都市局公園緑地部（1963）『公園小六法』全国加除法令出版
建設省都市計画課・公園緑地課監修（1996）『生産緑地を活用したまちづくり推進マニュアル』日本緑化センター
建設省土木研究所（1988）『大規模公園利用者分析調査』
─── (1997)『地方公共団体における民有地緑化及び緑地保全制度の現況』
─── (2000)『阪神・淡路大震災時の避難行動と公園利用状況に関する調査報告』
公園緑地管理財団（1987）『みんなで公園いきいき：身近な公園の活性化のための情報提供の手引き』
─── (1989)『都市公園利用実態調査報告書』公園緑地管理財団
─── (1990)『国営公園管理の概要』(1990年から各年度版) 公園緑地管理財団
───編（1985）『公園管理ガイドブック』公園緑地管理財団
───編（1991）『公園サイン計画：快適な利用空間をつくるために』公園緑地管理財団
───編（1995）『公園緑地管理財団20年史』公園緑地管理財団
公園緑地協会編（1960）『公園緑地制度の研究』（英国編1．2、米国編1）
公園緑地行政研究会（1975）『改正都市公園制度Q/A』建設省・公園緑地行政研究会
─── (1983)『判例・法令・例規都市公園・都市緑化・屋外広告』ぎょうせい
─── (1985)『公園緑地六法』（昭和60年版）全国加除法令出版
─── (1993)『改正都市公園制度Q＆A』ぎょうせい
─── (1997)『都市緑地保全法の解説と運用Q＆A』ぎょうせい
─── (2000)『公園・緑地・広告必携』（平成12年）ぎょうせい
公園・緑化工事積算研究会（1994a）『公園・緑地の維持管理と積算』経済調査会

――――(1994b)『公園・緑化工事の積算』経済調査会
厚生省（1952a)『都市計画講習会講義録』（第1回）厚生省
――――(1952b)『都道府県立公園及び景勝地』厚生省
――――(1957)『全国公園統計』厚生省
厚生省体力局編（1938a)『公園其の他体力向上施設概観：体力向上施設』（参考資料第1巻)
――――(1938b)『全国公園運動場調：体力向上施設』（参考資料第2巻）
――――(1940)『運動場及び運動公園：体力向上施設』（参考資料第4巻）厚生省体力局
故北村徳太郎氏記念会（1965)『国土計画と緑地問題』故北村徳太郎氏記念会
国営昭和記念公園工事所（2000)『建設省関東地方建設局国営昭和記念公園工事事務所20周年記念』建設省関東地方建設局
国民生活センター調査報告（1993)『都市の生活環境と農地』国民生活センター
越澤明（1991)『東京の都市計画』岩波書店
斎藤一雄・田畑貞寿編（1985)『緑の環境デザイン：庭から国立公園まで』日本放送出版協会
坂本新太郎（1981)『都市緑地対策について』地域社会計画センター
佐藤昌（1957a)『欧州の都市と公園』（建築文庫第9巻）彰国社
――――(1957b)『公園緑地制度の研究』公園緑地協会
――――(1957c)『世界の公園』公園緑地協会
――――(1960)『欧米の公園（英国2)』公園緑地協会
――――(1968)『欧米公園緑地発達史』都市計画研究所
――――(1977)『日本公園緑地発達史（上・下)』都市計画研究所
――――(1991)『佐藤昌と近代公園緑地の歩み』日本公園緑地協会
塩島大（1982)『緑の挑戦』鹿島出版会
住宅・都市整備公団・小公園研究会・進士五十八編（1996)『ちゃんと小公園のあるまちづくり』
首都圏整備研究会（1986)『首都の建設と首都圏の整備』首都圏整備研究会
首都圏総合計画協会（1971)『首都圏の未来像』（第2部）首都圏総合計画協会
白幡洋三郎（1995)『近代都市公園史の研究：欧化の系譜』思文閣出版
進士五十八（1987a)『緑からの発想：郷土設計論』思考社
――――(1987b)『緑のまちづくり学』学芸出版
末松四郎（1981)『東京の公園通誌（上・下)』郷学舎
鈴木敏，沢田晴委智郎（1993)『公園のはなし』技報堂出版
関一（1968)『都市政策の理論と実際』都市問題研究所
関口英太郎（1961)『造園技術』養賢堂
総合研究開発機構・地域政策研究グループ編（1986)『戦後日本の社会資本の整備過程と将来展望に関する研究』（事業別各論)
総合ユニコム（1989)『公園開発・整備実務計画資料集』総合ユニコム
高原栄重（1974)『都市緑地の計画』鹿島出版会

辰巳修三（1975）『緑地環境機能論』地球社
辰巳信哉（2000）『神戸からの公園文化：神戸の公園 1868 − 2000』プレーンセンター
田中幸太郎編著（1973）『上野公園とその周辺：目で見る百年の歩み』（上野恩賜公園開設百年記念）上野観光連盟
田中正大（1974）『日本の公園』鹿島研究所出版会
─── (1981)『日本の自然公園』相模書房
田村明（1991）『都市を計画する』（現代都市政策叢書）岩波書店
─── (1992)『江戸東京まちづくり物語』時事通信社
地域講座（1996）『昭和記念公園は飛行場だった』立川市中央公民館
地方自治総合研究所編（1996）『地方分権の戦略：市民自治の地方政府づくり』第一書林
津村恒夫（1992a）『街とみどりと公園と』自費出版
─── (1992b)『公園を模索』自費出版
─── (1992c)『市民が作った公園白書』自費出版
庭園協会編（1924）『都市と公園』成美堂
帝国図書館（1924）『上野公園御下賜記念図画展覧会陳列品目録』帝国図書館
東京都造園建設業協同組合編（1979）『緑の東京史』25 周年記念誌編集委員会，思考社
東京都造園緑化業協会（1997）『東京都緑化白書 pt.16』
─── (1999)『東京都緑化白書 pt.17』
東京都公園協会（1972）『公園資料館資料目録』
─── (1980)『公園資料館資料目録』(追録)
─── (1994)『東京都公園協会 40 年のあゆみ』
─── (1996)『上野公園ものがたり』
東京市区改正委員会（1919）『東京市区改正事業誌』東京市区改正委員会
東京市公園課編（1923）『東京市公園概観』東京市役所
東京市社会局保護課調査掛編（1931）『浅草公園を中心とする無宿者の調査』東京市社会局
東京市政調査会（1939）『文献目録』
─── (1952)『緑地問題』
東京自治問題研究所・『月刊東京』編集部（1994）『21 世紀の都市自治への教訓：証言みのべ都政，日本を揺るがした自治体改革の先駆者たち』教育史料出版会
東京市町村自治調査会（1996a）『「エコパーク」（自然を活かした公園）づくりのあり方』
─── (1996b)『豊かな自立都市圏をめざして』
─── (1997)『多摩エコパークハンドブック』
東京市役所（1931）『帝都復興区画整理誌』東京市役所
─── (1932a)『公園六十年』東京市
─── (1932b)『東京市史稿：遊園編 (1-7)』
─── (1942)『大東京の公園：開設 70 年記念』東京市役所
─── (1954)『東京の公園 80 年』東京市

―――編（発行年不明）『史蹟としての上野公園』東京市
東京都（1956）『東京都立公園条例』
――（1961）『首都圏整備計画資料図集』
――（1977）『東京における自然の保護と回復の計画』
――（1987）『東京都戦災復興土地区画整理事業誌』東京都
東京都荒川区土木部（1997）『あらかわの公園・児童遊園ガイドブック』荒川区土木部
東京都板橋区（1991）『区立公園への期待』板橋区
――（1993）『新たなる公園システムの構築に向けて』板橋区
――（1994）『「板橋の名所」と「区民のにわ」による公園づくり』板橋区
東京都葛飾区（1999）『小合溜井：水元公園の自然と文化』葛飾区
東京都建設局（1961）『公園事業概要1961』東京都建設局公園緑地部編
――（1963）『東京の公園：その90年のあゆみ』東京都建設局公園緑地部
――（1966）『東京都の自然公園』東京都
――（1970）『国立公園と国定公園』東京都
――（1975）『東京の公園百年』東京都建設局公園緑地部
――（1984）『光が丘公園の概要』東京都
――（1985）『東京の公園110年』東京都建設局公園緑地部
――（1986）『都立公園ガイド：緑の散歩道』東京都情報連絡室都民情報課
――（1995）『東京の公園120年』東京都建設局公園緑地部
――（1998）『公園緑地課緑化に関する調査報告』東京都建設局公園緑地課
――（1999）『平成11年度事業概要』
東京都港湾局開発部（1997）『海上公園ガイド』東京都
東京都神代植物公園管理事務所（1990）『神代植物公園のあらまし』（平成2年版）
東京都杉並区（1998）『大田黒公園周辺地区景観まちづくり』杉並区
東京都都市計画局（1991a）『東京都市白書　'91：豊かな生活都市をめざして』
――（1991b）『都市計画概要1990』東京都
――（1994）『東京都市白書　'94：明日の東京を支えるインフラストラクチュア』
――（1996）『東京都市白書　'96：豊かな都市空間の創造に向けて』
――（2000）『東京都都市計画公園緑地等調書』（各年度版）東京都
東京都政策報道室調査部編（1996）『行政と民開非営利団体（NPO）：東京のNPOをめぐって』
東京都政調査会（1970）『特別区の行政と政治：区政白書』
東京都中野区（1981a）『中野刑務所跡地にみどりの防災公園をつくるために』中野区企画課
――（1981b）『みどりの防災公園実現に向けて』中野区
――（1984）『中野のまちと刑務所』中野区企画部
――（1985a）『中野区平和の森公園北遺跡発掘調査報告書』中野区
――（1985b）『東京都中野区立哲学堂公園内古建築物調査報告書』中野区教育委員会

東京都南部公園緑地事務所（1986）『公園管理の技術指針』東京都
東京都文京区土木部公園緑地課編（1982）『旧東京教育大学移転跡地利用計画報告書』文京区
――― (1987)『緑・こころのやすらぎ：文京区の公園と緑地』文京区
東京都目黒区土木部公園緑地課（1989）『公園緑地維持管理マニュアル』目黒区
東京府（1934）『普通緑地調書』
東京府学務部社会課編（1920）『東京府下における公園並び児童遊園の調査：附それに対する改善意見』東京府学務部社会課
東京府公園改良方針調査委員会編（1917）『公園改良方針調査委員会地方公園調査報告』公園改良方針調査委員会編
東京府土木部編（1938）『東京緑地計画概要』
東京府内務部庶務課（1925）『東京府立公園設立に関する調査』東京府
都市計画協会（1963）『公園・緑地・街路樹・風致・霊園・観光等現行法令・条例』都市計画協会
都市計画協会編集委員会（1985）『戦災復興誌』都市計画協会
都市計画東京地方委員会（1935）『東京緑地計画協議会決定事項集録』
――― (1937)『東京緑地計画（景園地，行楽道路）』
都市防災美化協会（1982）『公園の変遷と利用形態に関する研究：都市近郊の規模の大きな公園に関して』
――― (1984)『都市内緑地空間の防災効果に関する研究』
――― (1993)『都市における緑地・空地の防災効果に関する調査研究』
――― (1994)『都市の緑地の実態と活用に関する調査研究』
――― (1997)『東京都における戦後50年の公園緑地の変遷に関する調査』
豊島寛彰（1956）『上野公園の歴史と史跡』綜合出版社
都市緑化技術開発機構編（1994）『公園・緑化技術5か年計画』大蔵省印刷局
――― (1999)『防災公園計画・設計ガイドライン』大蔵省印刷局
――― (2000a)『公園のユニバーサルデザインマニュアル：人と自然にやさしい公園をめざして』鹿島出版会
――― (2000b)『防災公園技術ハンドブック』公害対策技術同友会
都立大都市研究センター（1988）『東京：成長と計画1868-1988』都立大都市研究センター
内閣総理大臣官房広報課（1966）『世論調査報告書』
――― (1967)『都市公園に関する世論調査』
――― (1975)『公園・緑地等に関する世論調査』
内務省（1927）『都市計画要覧』（1．2．附図）内務省
内務省都市計画課編（1941）『都市研究会都市計画法令集』（昭和16年版）内務省
内務大臣官房会計課編（1972）『地盤国有ニ属スル公園ノ概況調』日本公園緑地協会
永嶋正信（1971）『環境緑化の資料と実例』理工図書
長田五郎（1987）『身近な自然の保全と創造：都市自然公園づくりと市民参加』横浜市立

大学経済研究所
中村貞一（1977）『緑地・造園の工法』鹿島出版会
中森保則（1984）『遊園地の文化史』自由現代社
日本公園緑地協会（1975）『造園施行管理』（技術・法規編）日本公園緑地協会
——（1977）『公園緑地関係資料集』
——（1978）『日本の都市公園』日本公園緑地協会
——（1990）『日本の都市公園100選』
——・建設省（1995）『緑の基本計画ハンドブック』（改訂版）
——編（1996）『公園緑地行政及び日本公園緑業務年表：協会創立60周年記念』日本公園緑地協会
——編（1999）『公園緑地マニュアル』（平成10年改訂版）日本公園緑地協会
日本港湾協会（1976）『港湾緑地整備マニュアル』
日本社会党出版部（1953）『吉田内閣の乱脈をあばく：対米債権，虎ノ門公園問題』日本社会党本部編
日本造園学会関東支部公共造園部会（1996）『公園・緑地の防災面からの検討と課題：阪神・淡路大震災からの検証』日本造園学会関東支部公共造園部会
日本造園学会阪神大震災特別調査委員会編（1995）『公園緑地等に関する阪神大震災緊急調査報告書』日本造園学会阪神大震災特別調査委員会編
日本造園修景協会編（1996）『ワクワク・ワークブック：公園はエコ・ファンタジーランド』大蔵省印刷局
日本都市計画学会地方分権研究小委員会編（1999）『都市計画の地方分権：まちづくりの実践』学芸出版社
日本都市センター（1974）『都市と公園緑地』
——（1981）『都市における政策形成のあり方』第一法規
——（1987）『景観行政のすすめ』
——編（1986）『自治体の行政サービス』学陽書房
沼佐隆次（1997）『厚生省読本』（戦前期社会事業基本文献集第47巻），日本図書センター
野間守人（1923）『理想の庭園及び公園』日本評論社出版部
野呂田芳成編著（1975）『公園・政策緑地』産業能率大学出版部
平野侃三（1981）『公園緑地の計画と実施』（全建技術シリーズ第12巻）全日本建設技術協会
平松紘（1999）『イギリス緑の庶民物語：もうひとつの自然環境保全史』明石書店
福富久夫・石井弘（1985）『緑の計画』地球社
フジ・テクノシステム（1992）『緑地と環境緑化計画』フジ・テクノシステム
藤森照信（1981）『明治の東京計画』岩波書店
復興事務局（1931）『帝都復興事業誌』（全6巻）復興事務局
クラレンス・A.ペリー著，倉田和四生訳（1977）『近隣住区論：新しいコミュニティ計画のために』鹿島出版会

ベン・ホイッタカー著,都市問題研究会訳(1976)『人間のための公園』鹿島出版会
堀池秀人(1989)『都市空間デザインと緑地景観保全学』技術研究会
本間義人(1992)『国土計画の思想:全国総合開発計画の30年』日本経済評論社
前島康彦(1957)『目でみる公園のあゆみ:世相史から見る公園のあゆみ』東京公園協会
────(1989)『東京公園史話』東京公園協会
丸田頼一(1983)『都市緑地計画論』丸善
丸山宏(1994)『近代日本公園史の研究』思文閣出版
御厨貴編(1994)『都政の五十年』都市出版
牟田基久(1975)『図説公園緑地汎論』池田公園研究会
武藤博己(1991)『ロンドンの公園とオープンスペース』(CLEAR REPORT,第24号)自治体国際化協会
森田栄吉(1925)『新しき上野公園案内』成武堂
山下武(1998)『旧虎ノ門公園潰廃の全容』日本公園緑地協会
余暇問題研究所編(1999)『アメリカの公園・レクリエーション行政:その歴史的背景と事例研究』不昧堂出版
横山光雄(1979)『緑地計画:地域計画』横山光雄教授退職記念委員会
寄居町にトンボ公園をつくる会(1993)『市民がつくるトンボ公園』けやき出版
林業経営研究所(1974)『首都圏緑地保全整備計画調査報告書』林野庁
David F. Culkin and Sondra L. Kirsch (1986), *MANAGING HUMAN RESOURCES IN RECREATION, PARKS, AND LEISURE SERVICES*, Macmillan Publishing Company
David Welch (1991), *The Management of Urban Parks*, Longman Group UK Limited
Hazel Conway (1991), *PEOPLE'S PARKS; The Design and development of Victorian parks in Britain*, Cambridge University Press, London
William S. Hendon (1981), *EVALUATING URBAN PARKS AND RECREATION*, Praeger Publishers CBS Educational and Professional Publishing A Division of CBS, inc.

3 雑誌・統計書・調書・白書など

環境庁『環境白書』(各年度版)
建設省(国土交通省)『建設白書』(各年度版)
────(国土交通省)『首都圏白書』(各年度版)
公園緑地管理財団(1986-)『公園の管理』
公害対策技術同友会編(1985-)『緑の読本』
国土地理院『土地白書』(各年度版)
国民生活センター『国民生活白書』(各年度版)
東京経済新報社(1980)『昭和国勢総覧』(上・下)
────(1982)『全国都市統計総覧:776都市(区)・20年間の全データ』
東京市政調査会(1924-)『都市問題』

東京市町村自治調査会（1998）『多摩地域データブック：多摩地域主要統計表』
─── （1994）『多摩地域自然環境資料集：データ資料編』
東京都建設局『公園調書』（各年度版）
東京都公園協会（1956- ）『都市公園』
特別区協議会（1999）『特別区の統計』（第 19 回）
都市計画協会（1945- ）『新都市』（『都市公論』の後継誌）
都市研究会（1918-1945）『都市公論』（全 28 巻）都市計画協会編集委員会
都市問題研究所（1949- ）『都市問題研究』
日本公園緑地協会（1937- ）『公園緑地』
日本造園学会（1924-1994）『造園雑誌』
─── （1994- ）『ランドスケープ研究』（『造園雑誌』58（1）：1994 年から名称変更）
その他，東京都の各種計画

4　雑誌論文

天井誠（1998）「新宿区における移管公園のその後」『都市公園』140
有路信（1992）「公園緑地行政の課題と展望」『都市計画』176：特集号「緑地計画の系譜と展望」
池田宏（1914）「都市計画について」『都市公論』1（8）
─── （1921）「自由空地論」『都市公論』4（1）
─── （1931）「社会の動的勢力の本源たる都市の慰楽政策」『都市公論』14（8）
─── （1936）「都市の運動公園」『都市問題』23（2）
石神甲子郎（1939）「国費による運動場の助成」『公園緑地』3（10）
─── （1940）「児童運動場の助成」『公園緑地』4（11）
石川幹子（1995）「社会資本整備論としてのランドスケープ研究」『造園雑誌』58（3）
─── （1996）「阪神・淡路大震災復興計画と緑地問題」『年報自治体学』自治体学会編（第 9 号）
石原耕作（1949）「我が国における児童公園の現況」『公園緑地』11（3）
伊藤英昌（1996）「都市公園法をめぐる最近の話題」『公園緑地』57（4）
井下清（1926）「社寺境内地の公園供用問題」『都市問題』17（3）
上原敬二（1925）「公園に対する受益者負担に就て」『都市問題』3（5）
浦田啓充（2000）「都市の緑と災害に強いまちづくり」『グリーンエージ』316
大石武朗・大野暢久（1993）「多摩ニュータウンとちのき公園の第 2 段階整備について」『公園緑地』53（5）
大田区土木部公園課（1992）「大田区くさっぱら公園」『公園緑地』53（11）
大田謙吉（1938）「大東京公園緑地の発展史と二十年の回顧」『都市公論』18
大貫誠二（1972）「都市公園の利用実態調査」『公園緑地』33（2）
小寺駿吉（1952）「東京市区改正設計に現れた公園問題」『都市問題』43（1）
─── （1953）「日本における公園の発達とその封建的基盤」『都市問題』44（5）

折下吉延（1927）「自由空地と公園」『第一回全国都市問題会議録』大阪都市協会編，大同書院
笠置正（1919）「都市計画と東京市の公園」『都市公論』2（8）
金子九郎（1964）「児童公園の新しい動向」『公園緑地』24（3・4）
金子忠一（1991）「わが国における都市公園管理関連制度の変遷に関する基礎的研究」『造園雑誌』54（5）
狩野力（1931）「土地区画整理に依る公園計画の実施」『都市公論』14（8）
北村徳太郎（1932）「都市の公園計画一応の理論」『都市公論』15（12）
─── （1933）「新しい区画整理と其の空地および修景問題」『都市公論』16（6）
─── （1937）「欧米各国運動競技場視察記」『公園緑地』1（1～6）
木村英夫（1986）「内務省時代の都市計画」『都市計画』144
「第75回帝国議会都市計画法中改正法律案委員会記録抄」『公園緑地』4（5）（1940）
越澤明（1992）「公園緑地計画の展開と近代日本都市計画」日本都市計画学会『都市計画』176
腰塚光子（1998）「公園緑地事務所組織および分掌事務の変遷」『都市公園』142
小林昭（2000）「防災公園に関する制度化の動き」『グリーンエージ』316
佐伯操次（1963）「公園管理と現状について」『都市問題』54（12）
佐藤昌（1931）「運動公園設計基礎としての運動場規格」『都市公論』14（8）
─── （1953）「公園行政の現状と問題点」『都市問題』44（5）
─── （1955）「公園法制の必要性」『都市問題』46（6）
白幡洋三郎（1991）「公園なんてもういらない」『中央公論』106（2）
─── （1992）「お上がつくる公園の時代は終わった」『中央公論』107（3）
関口鍈太郎（1943）「最近公園緑地問題の種々相」『造園雑誌』6（2）
高橋理喜男（1966）「公園の開発に及ぼした博覧会の影響」『造園雑誌』30（1）
田代順孝（1985a）「都市における環境創造の過程」『造園雑誌』48（4）
─── （1985b）「緑地計画分野における計画論の展開」『都市計画』156
玉越勝治（1942）「改正防空法と緑地」『公園緑地』6（1）
田村剛（1925）「近代公園と運動場の新傾向」『公衆衛生』44（9）
土肥真人（1994）「江戸から東京への社会的諸制度の変化と都市オープンスペースの形態的変化に関する考察」『ランドスケープ研究』58（1）
東京市（1924）「公園計画基本案」『都市公論』7（7）
東京緑地計画協議会（1939a）「東京緑地計画経過」『公園緑地』3（2・3合併号）
─── （1939b）「東京緑地計画協議会決定事項集録」『公園緑地』3（2・3合併号）
─── （1940）「東京大緑地特集」『公園緑地』4（4）
新田敬師（1999）「都市公園事業の評価システムについて」『新都市』53（9）
野嶋政和（1995）「近代公園の成立過程における国民統合政策の影響」『ランドスケープ研究』58（5）
英直彦（1999）「都市局所管事業における事業評価について」『新都市』53（9）

原科幸彦・山本佳世子『地域防災性指標としての公共的緑地の充足度評価』『総合都市研究』（東京都立大学都市研究所）70

林茂（1938）「東京市防空公園事業に就いて」『公園緑地』2（9）

船引敏明（1996）「地方分権と都市公園法制度」『公園緑地』57（4）

水谷駿一（1941）「防空大緑地の設計理念について」『造園雑誌』8（2・3）

丸山選一（1997）「都立公園の特別区への移管の足跡（上）」『都市公園』138（9）

三鷹市都市整備部（1999）「緑と水の公園都市をめざして：緑と水の回遊ルート整備計画の実現」『都市公園』146

武藤博己（1999）「第二次地方分権推進計画を読む」『地方自治職員研修』32（7）

八住美季子（1997）「新宿区における公園利用の活性化について：プロジェクト報告」『都市公園』139

矢田部正丈（1997）「ワークショップと公園計画づくり：世田谷プレーパーク事業」『都市計画』46（1）

柳五郎（1982）「太政官制公園の研究」『造園雑誌』45（4）

――― （1986）「公共空間における火除地」『造園雑誌』49（5）

山下武（1953）「公園と公園用地の諸問題について」『都市問題』44（5）

渡辺達三（1972）「近世広場の成立・展開：火除地広場の成立と展開」『造園雑誌』36（1，2）

索　引

あ　行

浅草公園　46, 58
『明日の田園都市』　108
アメリカ型都市公園　95
イギリス型都市公園　23
井の頭（恩賜）公園　118, 140, 185, 199, 214
慰楽（戸外慰楽）　37, 38
上野（恩賜）公園　7, 57-59, 118, 140, 145, 199
ヴィクトリアン公園　29
浦和記念公園　102
運動公園　8, 128
運動場　125-129
営繕会議所　61, 64
営繕大臣　28
営造物公園　7, 58, 129, 301
『江戸名所図会』　48
NPO（活動）　277-279
　──法　276, 277
オープンガーデン　304
「思いつき行政」　2
恩賜公園　117, 136

か　行

街区公園　8, 236, 268
海上公園　204-207, 254, 305
花苑・花園　38, 64
河川敷地占用許可準則　166
観桜　37
観光保勝委員会　114
緩衝緑地　8
閑地利導　70
関東大震災　67, 89, 106, 108, 109, 117, 119, 159
官房学　23
官有財産管理規則　66, 85, 86
紀元2600年記念事業　56, 114, 115, 117
　東京府──審議会　116

きずなの森造成事業（神奈川県）　285
記念公園　23, 33, 55, 56
寄付公園　117
休養系統　99
丘陵地公園　285
行政史　13
協働型社会　13, 249, 290
近隣公園　8, 91, 92
区移譲事務条例　218
区画整理審査標準　95
くさっぱら公園（大田区）　236, 237
区立公園（東京）　216, 224, 226
グリーンプラン2000　245, 247, 248
グリーンベルト（計画）　108, 110, 170, 299
群衆・群桜・群食　38
群集遊観　37, 41, 53
景園地　132
啓蒙（専制）主義　22, 32
啓蒙と愛国心　31
減歩（率）　103, 119
広域緑地計画　163
公園
　教化装置としての──　33
　──及び風致地区調査資料　94
　──管理官　28
　──管理の社会化　2, 17, 260, 282
　──協議会　93
　──行政　69
　──計画基本案　93
　──計画区域　102
　──計画標準　93
　──系統（パークシステム）　88, 95-99
　──コンペ　256
　──史　1
　──思想　15
　──職制　81
　──贅沢論　49, 51, 76
　──地3％留保　102, 105, 107
　──道路　96

331

——取締法 27
——取締規則 57
——の欧米規範性 11
——の機能の社会化 2, 12, 14, 288, 292
——の機能の複合化 3, 15
——の社会的機能 3, 12, 283
——の消極的管理 2, 3, 11, 301, 305
——の歴史的集権性 11
——不要論 147
——予定地調査 88
——緑地管理財団 197
——緑地特別委員会 165
——連絡 89
「公園地内出稼仮条例」 60, 62
「公園取扱心得」 56-60
公開空地 70, 71
高級スラム 288
公共歩道 25
公共緑地 31
麹町公園（千代田区） 50, 197
公衆衛生法 25, 26, 28
耕地整理法 104
公的空間 2
公用財産 143
行楽 37
小金井公園 185, 199,
国営公園（制度） 8, 169, 170, 192-196, 253, 300
　海の中道海浜公園（福岡市） 169, 194, 195
　国営明石海峡公園（兵庫県） 194, 195
　国営飛鳥歴史公園（奈良県） 169
　国営アルプスあづみの公園（長野県） 194, 195
　国営越後丘陵公園（新潟県） 194, 195
　国営沖縄記念公園（沖縄県） 169, 194, 195, 196
　国営木曽三川公園（愛知・岐阜・三重県） 194, 195
　国営讃岐まんのう公園（香川県） 194, 195
　国営昭和記念公園（東京都） 194, 195, 196
　国営常陸海浜公園（茨城県） 194, 195

国営備北丘陵公園（広島県） 194, 195
国営みちのく杜の湖畔公園（宮城県） 194, 195
国営武蔵丘陵森林公園（埼玉県） 169, 194, 195, 197, 284
国営吉野ヶ里歴史公園（佐賀県） 194, 195
滝野すずらん丘陵公園（札幌市） 194, 195
淀川河川公園（大阪府） 169
国民教化（民衆教化も見よ） 10, 70
国民公園 193, 287
　皇居外苑（東京都） 193, 194
　新宿御苑（東京都） 193, 196
　北の丸公園（東京都） 193, 196
　千鳥ヶ淵戦没者墓苑（東京都） 194
　京都御苑（京都市） 193
国有財産法 82
国有土地森林原野下戻法 143
コミュニティガーデン 304

さ 行

盛り場 53, 66
里山 16, 284, 285
市制町村制 49
自然公園法 7
児童公園 119-123, 170, 202
児童福祉施設 123, 225
児童遊園 120-123
芝公園 58, 199
シビル・ミニマム 203, 309
市民の森公園（武蔵野市） 230, 232, 233
市民文化としての都市公園 290, 307, 308
市民緑地制度 185
社会資本整備審議会 302
社会的共通資本 13
社寺境内地公園 142
自由空地 71
自由空間 4, 29
上地処分 39
受益者負担 84, 100-102
首都圏近郊緑地保全法 171
首都圏整備計画 165
首都圏整備法 164

小公園　47, 52, 72, 91, 100, 104, 110, 111, 119, 120
　——調査委員会　53, 119
　　震災復興計画——　118
小公園ニ関スル建議案　52, 53
殖産興業政策　56
新規採択時評価システム　271
神代植物公園　200
新都市計画法　153, 154
生活公準　203
生活都市東京構想　183
政策評価　13, 271
全国総合開発計画　168
全国都市計画主任官会議　94
戦災地復興計画基本方針　136, 137, 139
戦災復興都市計画標準　139
先用地後工事　48
造園家・造園職　35

た　行

大公園　111
大緑地増産協力臨機処置要綱　141
太政官布達公園　39, 49, 50, 57, 58, 66, 67, 80, 142, 281, 297
太政官布達第16号　2, 10, 39-43, 56-58, 65, 81, 85, 136
団体訓練指導　121
地域制公園　7, 287
地租改正　39
地盤国有地　67
地方分権推進委員会　249
地方分権推進一括法　250
中央集権の行政システム　249
帝都復興院　89
　　——評議会　89
帝都復興審議会　89
出稼人　59
哲学堂公園（中野区）　230
田園都市　108
ドイツ型都市公園　23
統一的公園計画（公園系統も見よ）　98
東京公園計画書　88
東京市区改正　44
　　——委員会　47

　　——委員提出修正案　50
　　——事業　11, 44
　　——条例　47, 49, 71, 82, 100, 298
　　——新設計公園案　49, 52
　　——設計計画公園案　48
　　——設計審査（案）　44, 45, 47, 48
東京市土地区画整理助成規定　106
東京都海上公園条例　204, 254
東京都公園条例　166
東京市計画緑地　117
東京都中期計画 68　203
東京都立公園　197
東京緑地計画　10, 109, 112-114, 116, 182, 250
　　——協議会　109
統制と秩序　121
都区行政調整協議会　217
都市型社会　17, 290
都市計画公園　136
都市計画講習会　85
都市計画地方委員会　84, 94
都市計画中央審議会　155
都市計画調査会　82, 100
都市計画法　6, 83, 84, 87, 104
都市研究会　82
都市公園　6, 8
　　——運動　29
　　——台帳　267
　　——等整備緊急措置法　157-59
　　——等整備5か年計画　158
　　——問題研究会　157
都市公園法　6, 11, 84, 144, 149-152, 169, 196, 202, 208, 222, 230, 266, 267
『都市社会主義』　71
都市庭園保護法　25, 27
都市緑地保全法　4-6, 17, 175, 285
都市緑化　173
都市緑化対策推進要綱　173
都市林　285
土地区画整理　103-108
　　——設計標準　105
土地増価税勅令案　100
とちのき公園（多摩市）　240
戸山公園（新宿区）　199

索引　333

トラスト運動　285
虎ノ門公園　119, 141, 144-146

　　　な　行

内務省訓令第712号　67
内務省都市計画局第二技術課私案　93
奈良公園　57
縄延　107

　　　は　行

パークマネジメント　302-304
ハーフメイド方式　239, 240
バッターシー公園　30
バリアフリー　282
花見　38
羽根木プレーパーク（世田谷区）230, 234-236
浜離宮恩賜庭園　185, 199
パルク　22
阪神・淡路大震災　159, 261
PFI事業（方式）　241, 242
東山公園（名古屋市）　101
氷川公園　50
ヒートアイランド現象　261
日比谷公園　23, 46, 47, 50, 53-55, 72, 110, 118, 122, 129, 141, 199, 298
　──造営委員会　54
費用対効果分析　272
火除地　37, 38, 74, 160
広小路　38, 39, 160
広場公園　8
広場と青空の東京構想　204
フォルクスガルテン（国民公園）　23, 24, 32-34
深川公園　50, 58
福祉国家化　23
富士見公園（川崎市）　102
富士森公園（八王子市）　208
府中の森公園（東京都）　185,,
船岡山公園（京都市）　102
文化破壊行為　270
分権型社会　11, 288
平和の森公園　230
防空緑地　114-116, 199, 200

防災公園整備プログラム　160-162
本町プレーパーク（豊島区）238, 239

　　　ま　行

まちづくり　280
緑とオープンスペースの4系統　3, 9, 12, 289, 296, 307
緑と水の公園都市（三鷹市総合計画）　214
緑のオンブズマン制度　233
緑の基本計画　2, 5, 173, 175-178, 245, 300
緑の政策大綱　245
緑のマイスター制度　233
緑のマスタープラン　156, 172, 173, 175, 176, 210, 300
緑のリメイク（武蔵野市）　212
緑町公園　49, 50,
みどり率　304
美濃部都政　202
MUSE7（新宿区公園再整備計画）　227
民衆教化　22, 34, 35
民衆の精神　24
武蔵野中央公園　185, 200, 213
迷惑施設　271

　　　や　行

遊園　13, 37, 38, 45, 47, 53, 55, 64, 86, 129
遊観（群集遊観も見よ）　3, 37
遊戯指導　122
ユニバーサルデザイン　283
用地先行取得　264
四谷公園　50

　　　ら　行

リサイクル公園　242, 243
リージェント・パーク　25
リスク・マネジメント　271
緑地　99, 111
　──計画標準　151
　──地域制度　170
緑被率　213
緑化市民委員会　213
緑化推進地区　156
緑化政策　16
臨時公園改良取調委員会　46

歴史的風土保存のための特別措置法　171
レクリエーション　24, 26, 27, 29-31, 70, 99,
　　110, 164, 207, 283, 299
　——行政　147
　——系統　99
　——需要　167, 168, 307
　——地法　26, 27
　——都市　8, 168, 169, 268, 273

わ　行

ワークショップ形式の公園づくり　230-233,
　　284, 309
和魂洋才　42

● 著者紹介

申　龍徹（シン ヨンチョル）

1969 年韓国ソウル市生まれ．2002 年法政大学大学院社会科学研究科政治学専攻，博士後期課程修了（政治学博士）．現在，（財)地方自治総合研究所特別研究員，法政大学法学部非常勤講師（行政過程論）．研究領域：行政学・地方自治・政策研究・公園行政．主要論文：「都市公園政策の歴史的変遷過程における〈機能の社会化〉と政策形成 (1) ～ (3)」（『法学志林』法政大学法学志林協会，2003 年），「都市公園における機能変化と管理の社会化」（『自治総研』286 号，2003 年）．

都市公園政策形成史
協働型社会における緑とオープンスペースの原点

2004 年 2 月 27 日　初版第 1 刷発行

著者　申　　龍　徹

発行所　㍿　法政大学出版局

〒 102-0073 東京都千代田区九段北 3-2-7
電話 03(5214)5540／振替 00160-6-95814

整版／緑営舎 印刷／三和印刷 製本／鈴木製本所
© 2004 Shin Yongcheol
Printed in Japan

ISBN4-588-62513-6

岡本義行編　　　　　　　　　　　　　　3150 円
政策づくりの基本と実践

岡本哲志　　　　　　　　　　　　　　　6300 円
銀　　座　土地と建物が語る街の歴史

陣内秀信・岡本哲志編著　　　　　　　　5145 円
水辺から都市を読む　舟運で栄えた港町

陣内秀信・新井勇治編　　　　　　　　　7980 円
イスラーム世界の都市空間

陣内秀信（執筆協力・大坂彰）　　　　　6615 円
都市を読む*イタリア

法政大学第6回国際シンポジウム　　　　3990 円
都市の復権と都市美の再発見　ローマ・東京

村串仁三郎・安江孝司編　　　　　　　　4830 円
レジャーと現代社会　意識・行動・産業

森　實　　　　　　　　　　　　　　　　6090 円
水の法と社会　治水・利水から保水・親水へ

法政大学出版局
（表示定価は税 5% を含む）